"十四五"职业教育系列教材

流体力学泵与风机

主　编　侯　静

副主编　王思文　王睿怀

参　编　穆小丽　李　芳

主　审　孙丽君

中国电力出版社

CHINA ELECTRIC POWER PRESS

内 容 提 要

本书为"十四五"职业教育系列教材．全书共十章，主要阐述了流体静力学，一元流体动力学，流动阻力与能量损失，孔口管嘴管路流动，气体射流，相似性原理和因次分析，离心式泵与风机的构造与理论基础，离心式泵与风机的工况分析、调节与选择以及其他常用泵与风机等．为了便于读者学习和理解，每章后配有小结及习题．

本书可作为高职高专建筑设备工程技术、供热通风与空调工程技术、建筑电气工程技术等相关专业教材，也可供有关工程技术人员参考．

图书在版编目（CIP）数据

流体力学：泵与风机 / 侯静主编 . —北京：中国电力出版社，2021.3（2025.1 重印）
"十四五"职业教育系列教材
ISBN 978-7-5198-3330-5

Ⅰ．①流…　Ⅱ．①侯…　Ⅲ．①流体力学－职业教育－教材②离心泵－职业教育－教材③风机－职业教育－教材　Ⅳ．① 035 ② TH311 ③ TH43

中国版本图书馆 CIP 数据核字（2020）第 023718 号

出版发行：中国电力出版社
地　　　址：北京市东城区北京站西街 19 号（邮政编码 100005）
网　　　址：http://www.cepp.sgcc.com.cn
责任编辑：吴玉贤（010—63412540）
责任校对：黄　蓓　王海南
装帧设计：赵姗姗
责任印制：钱兴根

印　　　刷：三河市航远印刷有限公司
版　　　次：2021 年 3 月第一版
印　　　次：2025 年 1 月北京第五次印刷
开　　　本：787 毫米 ×1092 毫米　16 开本
印　　　张：13
字　　　数：330 千字
定　　　价：42.00 元

前　　言

拓展资源

　　本书结合职业教育教学现状，编写中以应用为目的，精选教学内容，紧紧围绕专业和工程实际，着重于基本概念的理解和基本原理的应用，注重学生应用能力的培养和工程素质的提高，加强了实际应用及工程实例的介绍，同时注重与相关课程的关联融合，明确知识点的重点和难点。

　　本书包括流体力学及泵与风机两部分内容。其中流体力学借鉴了一般力学的研究方法即理论分析、实验研究和数值计算的方法。教学内容包括静力学和动力学，前者讲述流体的平衡规律及在平衡状态下流体的作用力问题，后者讲述流体的运动规律及运动状态下流体的作用力问题。泵与风机部分讲述泵与风机的基本概念及其基本规律。

　　由于相关专业大多数实际工程中的流动问题均可简化为一元流动问题进行处理，因此本书在基本理论的论述上，主要采用一元流动分析方法论；在泵与风机部分，结合配图讲述，简明易懂。为便于读者理解和掌握，各章均附小结、思考题与习题。本书配有部分课件和习题答案等数字资源，辅助读者对相关内容的学习，请扫描二维码获取。

　　本书由内蒙古建筑职业技术学院侯静主编，其中第一章由内蒙古建筑职业技术学院王思文编写；第二章由内蒙古建筑职业技术学院穆小丽、王思文编写；第三、七章由侯静编写；第四章由内蒙古建筑职业技术学院李芳、王思文、侯静编写；第五章由王睿怀、穆小丽编写；第六章、第八～十章由内蒙古建筑职业技术学院王睿怀编写。本书第七章相似性原理和量纲分析为拓展学习内容，请扫描二维码获取。

　　本书由郑州电力高等专科学校孙丽君教授主审，孙教授对本书进行了细致的审阅并提出了许多意见和建议，在此表示衷心的感谢。

　　由于编者水平所限，书中疏漏之处在所难免，敬请读者批评指正。

编　者

2020 年 12 月

目　　录

第一章　流　体　力　学　概　述

流体力学是在人类同自然界做斗争中逐步发展起来的，是人类智慧的结晶。流体力学作为经典力学的一个重要分支，是研究流体平衡和运动规律及其应用的一门技术科学。流体力学的基本任务在于建立及求解描述流体运动和平衡的基本方程，以获得流体流过各种通道和绕流不同物体时的速度和压强分布规律、能量转换的关系以及各种损失的确定方法，解决在运动和平衡状态下流体和固体之间相互作用力的问题。

流体力学研究的内容包括静力学和动力学。前者研究流体的平衡规律以及在平衡状态下流体和固体作用力的问题，后者研究流体的运动规律以及运动状态下流体和固体作用力的问题。流体力学借鉴了一般力学的研究方法，即理论分析、实验研究和数值计算的方法。

流体在供热通风与空调工程技术、城市燃气工程技术专业中应用非常广泛，供热工程、通风除尘、空调工程、建筑给水排水工程及燃气输配等，都是以流体作为工作介质，通过流体的各种物理作用，对流体的流动有效地加以组织来实现的。因此，只有学好流体力学，才能对专业范围内的流体力学现象做出合乎实际的定性判断，进行足够精确的定量计算，正确地解决专业范围内涉及流体力学的测试、运行、管理、设计及计算等问题。

在学习过程中，要着重理解与掌握基本概念、基本理论和基本方法，通过学习流体力学这门课程，能够具备将流体力学理论应用到工程实际中并解决工程实际中遇到的各种流动问题的基本能力。

本教材主要采用国际单位制，但工程领域习惯使用工程单位，在学习和应用过程中，要掌握两种单位之间的换算关系，比如在对力的单位描述中工程领域常用千克力（kgf）表示，而国际单位制常用牛顿（N）表示，1kgf＝9.807N。

第一节　作用在流体上的力

研究流体的运动规律，首先必须分析作用于流体上的力。力是使流体运动状态发生变化的外因，根据力作用方式的不同，作用在流体上的力可以分为质量力和表面力。

一、质量力

作用于流体的每一个质点上的力称为质量力。例如重力场中地球对流体的引力所产生的重力（$G=mg$）、直线运动的惯性力（$F=ma$）等。

质量力常以单位质量力的形式出现。若某均质流体的质量为 m，所受的质量力为 F，则单位质量力 f 为

$$f = \frac{F}{m} \tag{1-1}$$

设 F 在三个空间坐标轴上的分量分别为 F_x、F_y、F_z，则 f 在相应的三个坐标轴上的分量 X、Y、Z 分别表示为

$$
\left.
\begin{array}{l}
X = \dfrac{F_x}{m} \\[2mm]
Y = \dfrac{F_y}{m} \\[2mm]
Z = \dfrac{F_z}{m}
\end{array}
\right\}
\tag{1-2}
$$

在国际单位制中，质量力的单位是牛顿，N。单位质量力的单位是 N/kg，由于 $1N=$ $1kg \cdot m/s^2$，所以单位质量力的量纲与加速度的量纲相同，是 LT^{-2}。

在涉及流体力学的应用中，大部分流体所受的质量力只有重力。由于重力 G 的大小与流体的质量 m 成正比，即 $G=mg$，因此，流体所受的单位质量力的大小等于重力加速度，$G/m=g$。

二、表面力

作用在所考虑的流体系统（或称分离体）表面上的力称为表面力。

要特别强调的是表面力是就所研究的流体系统而言的。它可能是周围同种流体对分离体的作用，也可能是另一种相邻流体对其的作用，或是相邻固壁的作用。例如，敞开容器内的液体，若把整个液体作为研究系统，则它仅受到自由面上的大气和相接触的容器壁面的作用；若把和固壁接触的自由面附近的部分液体取作分离体，则上述三种表面力都存在。

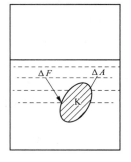

图 1-1　作用在静止液体上的表面力

如图 1-1 所示的分离体 K 面积为 ΔA，因为流体内部几乎不能承受拉力，所以作用于流体上的表面力只可分解为垂直于表面的法向力和平行于表面的切向力。

表面力的分布情况可用单位面积上的表面力，即应力来表示。与质量力的表达形式类似，表面力常采用单位表面力的切向分力和法向分力来表示。作用于流体的法向分力即为流体的压力，作用于流体的切向分力即为流体内部的内摩擦力。单位面积上的压力称为压应力（或压强），以 p 表示；单位面积上的切向力称为切应力，以 τ 表示。

第二节　流体的主要力学性质

固体存在着抗拉、抗压和抗剪三方面的能力。和固体比较，流体的抗拉能力极弱，抗剪能力也很微小，静止时不能承受切力，只要受到切力作用，不管此切力怎样微小，流体都要不断发生变形，各质点间发生不断的相对运动。流体的这个性质称为流动性。在生产和生活中，有许多现象表明了流体的流动性，如水在管中流动、气流通过门窗流入、燃气从喷嘴喷出等。

正是由于流体具有流动性，才使得它可以用管道、渠道进行输送，适宜作供热、制冷等工作介质，同时，流体的抗压能力较强，这个特性和流动性相结合，使我们能够利用水压推动水力发电机，利用蒸汽压力推动汽轮发电机，利用液压、气压传动各种机械。

流体包括气体和液体，它们具有各自的特性，在某些方面又具有共性。下面介绍与流体运动有关的几个主要的物理性质。

一、惯性

惯性是物体维持原有运动状态能力的性质。气体和液体同样具有惯性，生活中这样的例子有很多，比如吹熄蜡烛的行为，由于气流的惯性，出口后的气流才能以某一速度到达蜡烛，将蜡烛熄灭；碗内盛满水，放在小车上，如果突然拉动小车，则原来静止的水，会向小车运动的相反方向泼去，如果小车已在运动中，突然遇到前方障碍物而停止时，则碗中水会向前方泼去，这就是液体有惯性的表现。

表征某一流体的惯性大小可用该流体的密度。对于均质流体，单位体积流体的质量称为流体密度，以符号 ρ 表示，表达式为

$$\rho = \frac{m}{V} \tag{1-3}$$

式中：ρ 为流体的密度，kg/m^3；m 为流体的质量，kg；V 为流体的体积，m^3。

密度对流体的影响主要体现在单位体积流体的惯性力和加速度的大小。低密度流体，如气体，惯性力小，达到相同加速度时需要的力小。因此，物体在空气中的运动比在液体（如水）中的运动要容易；同样，提升相同体积的空气比水要容易得多。

在计算中常用的流体密度如下：

当温度为 290K，压强为 1MPa（760mmHg）时，干空气的密度为 $\rho_a = 1.2kg/m^3$；水的密度为 $\rho_{H_2O} = 1000kg/m^3$；汞的密度为 $\rho_{Hg} = 13\ 595kg/m^3$。

二、黏滞性

这是流体的一种固有物理属性。流体内部质点间或流层间因相对运动而产生内摩擦力（内力）以反抗相对运动的性质，称为黏滞性。在此过程中，产生了摩擦阻力，此内摩擦力称为黏滞力。在流体力学研究中，流体黏滞性十分重要。

为了说明流体的黏滞性，现分析两块忽略边缘影响的无限大平板间的流体。如图 1-2 所示，平板间距离为 δ，中间充满了流体，下平板静止，上平板在力 F 的作用下以速度 u 做平行移动，平板面积为 A。在平板壁面上，流体质点因黏性作用而黏附在壁面上，壁面处流体质点相对于壁面的速度为 0，称为黏性流体的不滑移边界条件。因此，上平板处流体质点的速度为 u，下平板处流体质点的速度为 0，两平板间流体质点速度的变化称为速度分布。如果平板间距离不是很大，速度不是很高，而且没有流体流入和流出，则平板间的速度分布是线性的。

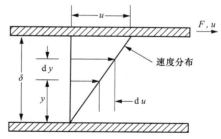

图 1-2　平板间速度分布

对于大多数流体，实验结果表明，平板拉力 F 具有如下性质：① 与平板平移速度 u 成正比，和平板间距离 δ 成反比；② 与平板面积 A 的大小成正比；③ 与流体的种类有关；④ 与流体的压力大小无关。

将以上特点写为数学表达形式：

$$F \propto A \frac{u}{\delta} \tag{1-4}$$

根据相似三角形原理，可以用速度梯度 du/dy 代替 u/δ，并引入与流体性质有关的比例系数 η，可以得到任意两个薄平板间的切向应力为

$$\tau = \frac{F}{A} = \eta \frac{u}{\delta} = \eta \frac{du}{dy} \tag{1-5}$$

式（1-5）称为牛顿内摩擦定律。现对各项阐述如下：

（1）τ 为切应力，常用的单位为 N/m^2，即 Pa。切应力 τ 不仅有大小，还有方向。对于相接触的两个流层来讲，作用在不同流层上的切应力，必然是大小相等，方向相反的。

（2）du/dy 为速度梯度，表示速度沿垂直于速度方向 y 的变化率，单位为 s^{-1}。速度梯度就是直角变形速度。这个直角变形速度是在切应力的作用下发生的，所以，也称剪切变形速度。因为流体的基本特征是具有流动性，直角变形速度用来描述它的剪切变形的快慢。所以，牛顿内摩擦定律也可以理解为切应力与剪切变形速度成正比。

（3）η 为动力黏度，单位为 $N \cdot s/m^2$ 或 $Pa \cdot s$ 表示。不同流体有不同的 η 值，流体的 η 值越大，黏滞性就越强。η 的物理意义可以这样来理解：当取 $du/dy = 1$ 时，则 $\tau = \eta$，即 η 表征单位速度梯度作用下的切应力，所以它反映了黏滞性的动力性质，因此称 η 为动力黏度。

在流体力学中，经常出现 η/ρ 的比值，用 ν 表示，即

$$\nu = \frac{\eta}{\rho} \tag{1-6}$$

式中：ν 为运动黏度，也称为运动黏滞系数，m^2/s。

流体流动性是运动学的概念，所以衡量流体流动性应用 ν 而不用 η。通常压强对流体的黏滞性影响不大，可以认为，流体的动力黏度 η 只随温度而变化。

表 1-1 列举了在不同温度时水的黏度。

表 1-1			水 的 黏 度		
$t(℃)$	$\eta(\times 10^{-3} Pa \cdot s)$	$\nu(\times 10^{-6} m^2/s)$	$t(℃)$	$\eta(\times 10^{-3} Pa \cdot s)$	$\nu(\times 10^{-6} m^2/s)$
0	1.792	1.792	40	0.656	0.661
5	1.519	1.519	45	0.599	0.605
10	1.308	1.308	50	0.549	0.556
15	1.140	1.140	60	0.469	0.477
20	1.005	1.007	70	0.406	0.415
25	0.894	0.897	80	0.357	0.367
30	0.801	0.804	90	0.317	0.328
35	0.723	0.727	100	0.284	0.296

表 1-2 列举了一个工程大气压下（压强为 98.07kPa）不同温度时空气的黏度。

表 1-2　　　　　　　　　　　　一个工程大气压下空气的黏度

$t(℃)$	$\eta(\times10^{-3}\mathrm{Pa\cdot s})$	$\nu(\times10^{-6}\mathrm{m^2/s})$	$t(℃)$	$\eta(\times10^{-3}\mathrm{Pa\cdot s})$	$\nu(\times10^{-6}\mathrm{m^2/s})$
0	0.017 2	13.7	90	0.021 6	22.9
10	0.017 8	14.7	100	0.021 8	23.6
20	0.018 3	15.7	120	0.022 8	26.2
30	0.018 7	16.6	140	0.023 6	28.5
40	0.019 2	17.6	160	0.024 2	30.6
50	0.019 6	18.6	180	0.025 1	33.2
60	0.020 1	19.6	200	0.025 9	35.8
70	0.020 4	20.7	250	0.028 0	42.8
80	0.021 0	21.7	300	0.029 8	49.9

　　空气和水是最典型的流体，从表 1-1 及表 1-2 中不难看出：水和空气的黏度随温度变化的规律是不一致的，水的黏度随温度升高而减小，空气的黏度随温度升高而增大。这是因为黏度是分子间的吸引力和分子不规则的热运动产生动量交换的结果。温度升高，分子间吸引力降低，动量增大；反之，温度降低，分子间吸引力增大，动量减小。对于液体，分子间的吸引力是决定性因素，所以液体的黏度随温度升高而减小；对于气体，分子间的热运动产生动量交换是决定性的因素，所以气体的黏度随温度升高而增大。图 1-3 所示为黏度随温度变化的趋势。

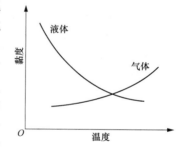

图 1-3　黏度与温度的关系

　　值得强调的是，牛顿内摩擦定律只适用于一般流体，对某些特殊流体是不适用的。为此，将在做纯剪切流动时满足牛顿内摩擦定律的流体称为牛顿流体，如水、空气和部分润滑油等；将不满足该定律的称为非牛顿流体，如泥浆、污水、油漆、人体中的血液和高分子溶液等。本书仅研究牛顿流体。

　　【例 1-1】　如图 1-4 （a）所示，气缸内壁的直径 $D=12\mathrm{cm}$、活塞的直径 $d=11.96\mathrm{cm}$，活塞的长度 $l=14\mathrm{cm}$，活塞往复运动的速度为 $1\mathrm{m/s}$，润滑油液的 $\eta=1\mathrm{P}(1\mathrm{P}=0.1\mathrm{Pa\cdot s})$，试问作用在活塞上的黏滞力为多少？

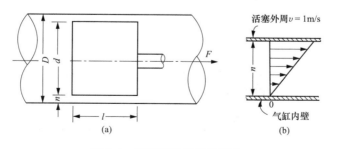

图 1-4　活塞运动的黏性阻力

　　解：

　　因黏性作用，黏附在气缸内壁的润滑油层速度为零，黏附在活塞外沿的润滑油层与活塞速度相同，即 $v=1\mathrm{m/s}$。因此，润滑油层的速度由零增至 $1\mathrm{m/s}$，油层间因相对运动产生切应力，故用 $\tau=\eta\dfrac{\mathrm{d}u}{\mathrm{d}y}$ 计算。该切应力乘以活塞面积，就是作用于活塞上的黏滞力 F。

我们将间隙 n 放大，绘出该间隙中的速度分布图，如图 1-4（b）所示。由于活塞与气缸的间隙 n 很小，速度分布图近似认为是直线分布，故

$$\frac{\mathrm{d}u}{\mathrm{d}y}=\frac{v}{n}=\frac{100}{\dfrac{1}{2}\times(12-11.96)}=5\times10^{3}\,\mathrm{s}^{-1}$$

将以上数值代入式（1-5）得

$$\tau=\eta\frac{\mathrm{d}u}{\mathrm{d}y}=0.1\times5\times10^{3}=5\times10^{2}\,\mathrm{N/m^{2}}$$

接触面积

$$A=\pi dl=\pi\times0.119\,6\times0.14=0.053\,\mathrm{m^{2}}$$

所以

$$F=A\tau=0.053\times5\times10^{2}=26.5\,\mathrm{N}$$

三、压缩性和热胀性

流体受压体积缩小、密度增大的性质，称为流体的压缩性。流体受热体积膨胀、密度减小的性质，称为流体的热胀性。

（一）液体的压缩性和热胀性

液体的压缩性用压缩系数 β 来表示。设某一体积 V 的流体，密度为 ρ，当压强增加 $\mathrm{d}p$ 时，体积减小，密度增大 $\mathrm{d}\rho$，密度增加率为 $\mathrm{d}\rho/\rho$，则 $\mathrm{d}\rho/\rho$ 与 $\mathrm{d}p$ 的比值称为流体的压缩系数，即

$$\beta=\frac{\mathrm{d}\rho/\rho}{\mathrm{d}p}\quad \mathrm{m^{2}/N} \tag{1-7}$$

压缩系数 β 的倒数称为流体的弹性模量，以 E 表示，即

$$E=\frac{1}{\beta}=\frac{\mathrm{d}p}{\mathrm{d}\rho/\rho}=\rho\frac{\mathrm{d}p}{\mathrm{d}\rho}\quad \mathrm{N/m^{2}} \tag{1-8}$$

β 值越大或 E 越小，则流体的压缩性也就越大。

流体被压缩时，其质量并不改变，假设液体原有的体积为 V，在压强增量作用下，体积改变了，则压缩系数又可以表示为

$$\beta=-\frac{\mathrm{d}V}{V}/\mathrm{d}p \tag{1-9}$$

式中的负号是由于 $\mathrm{d}p>0$，$\mathrm{d}V<0$，为使压缩系数为正值而加的。

水在温度为 0℃时，不同压强下的压缩系数见表 1-3。

表 1-3　　　　　　　　　　　　　　水在不同压强下的压缩系数

工程大气压[①]	5	10	20	40	80
β（0℃时，$\mathrm{m^2/N}$）	0.538×10^{-9}	0.536×10^{-9}	0.531×10^{-9}	0.528×10^{-9}	0.515×10^{-9}

① 1 工程大气压，即 1at=98.07kPa。

液体的热胀性可用热胀系数 α 来表示，与压缩系数相反，当温度增加 $\mathrm{d}T$ 时，液体的密度减小率为 $-\mathrm{d}\rho/\rho$，则热胀系数 α 为

$$\alpha = -\frac{\mathrm{d}\varrho/\varrho}{\mathrm{d}T} \quad \mathrm{K}^{-1} \tag{1-10}$$

或

$$\alpha = \frac{\mathrm{d}V/V}{\mathrm{d}T} \tag{1-11}$$

式（1-10）中的负号是由于 $\mathrm{d}T>0$，$\mathrm{d}V<0$，为使热胀系数为正值而加的。α 值越大，则液体的热胀性也就越大。

水在一个工程大气压下，不同温度时的密度见表 1-4。

表 1-4　　　　　　　　　　　　　　不同温度时水的密度

温度（℃）	密度（kg/m³）	温度（℃）	密度（kg/m³）	温度（℃）	密度（kg/m³）
0	999.9	15	999.1	60	983.2
1	999.9	20	999.1	65	980.6
2	1000.0	25	999.1	70	977.8
3	1000.0	30	999.1	75	974.9
4	1000.0	35	999.1	80	971.8
5	1000.0	40	999.1	85	968.7
6	1000.0	45	999.1	90	965.3
8	999.9	50	999.1	95	961.9
10	999.7	55	999.1	100	958.4

从表 1-3 及表 1-4 看出：水的密度随压力升高和温度升高变化很小，这表明水的热胀性和压缩性是很小的，一般情况下可忽略不计。只有在某些特殊情况下，例如水击、热水采暖等问题时，才需要考虑水的压缩性及热胀性。

（二）气体的压缩性及热胀性

气体与液体不同，具有显著的压缩性和热胀性。在温度不过低、压强不过高时，理想气体密度、压强和温度三者之间的关系，服从理想气体状态方程式，即

$$\frac{p}{\varrho} = RT \tag{1-12}$$

式中：p 为气体的绝对压强，Pa；ϱ 为气体的密度，kg/m³；R 为气体常数，J/(kg·K)；T 为气体的热力学温度，K。

对于空气，$R=287$；对于其他气体，在标准状态（温度为 0℃，压强为 101.325kPa）下，$R=8314/n$，n 为气体的分子量。

在等温情况下，$T=C_1$（常数），所以 $RT=$ 常数。因此，状态方程简化为 $p/\varrho=$ 常数，写成常用形式为

$$\frac{p}{\varrho} = \frac{p_1}{\varrho_1} \tag{1-13}$$

式中：p_1、ϱ_1 为初始压强及密度；p、ϱ 为其他状态下的压强及密度。

式（1-13）表示在等温情况下压强与密度成正比。也就是说，压强增加，体积缩小，密

度增大。根据这个关系，如果把一定量的气体压缩到它的密度增大一倍，则压强也要增加一倍。这一关系与实际气体的压强和密度的变化关系几乎是一致的。但是，气体有一个极限密度，对应的压强称极限压强。若压强超过这个极限压强时，不管这压强有多大，气体再不能压缩了。所以只有当密度远小于极限密度时，式（1-13）与实际气体的情况才是一致的。

在压强不变的情况下，$p=C_2$（常数）。所以 $p/R=$ 常数。因此，状态方程简化为 $\rho T=$ 常数，写成常用的形式为

$$\rho_0 T_0 = \rho T \tag{1-14}$$

式中：ρ_0 为热力学温度 $T_0=273.16\text{K}\approx273\text{K}$ 时的密度；ρ、T 为其他某一状态下的密度和温度。

式（1-14）表明：在定压情况下，温度与密度成反比，即温度增加，体积增大，密度减小；反之，温度降低，体积缩小，密度增大。这一规律对不同温度下的一切气体都是适用的。只有在温度降低到气体液化的程度，才有比较明显的误差。

表 1-5 列举了在标准大气压（为海平面上 0℃时的大气压强，即等于 760mmHg）下，不同温度时的空气密度。

表 1-5 标准大气压下空气的密度

温度（℃）	密度（kg/m³）	温度（℃）	密度（kg/m³）	温度（℃）	密度（kg/m³）
0	1.293	25	1.185	60	1.060
5	1.270	30	1.165	70	1.029
10	1.248	35	1.146	80	1.000
15	1.226	40	1.128	90	0.973
20	1.205	50	1.093	100	0.947

【例 1-2】 已知压强为 1at，0℃时，烟气的密度为 1.34kg/m³，求 200℃时的烟气密度。

解：

因压强不变，故为定压情况，用 $\rho T=\rho_0 T_0$ 计算密度。

气体热力学温度与摄氏温度的关系为

$$T = T_0 + t = 273\text{K} + t$$

所以

$$\rho = \frac{\rho_0 T_0}{T} = \frac{1.34 \times 273}{273 + 200} = 0.77\text{kg/m}^3$$

可见，温度变化很大时，气体的密度有很大的变化。

气体虽然是可以压缩和热胀的，但是，具体问题也要具体分析。对于气体速度较低（远小于声速）的情况，在流动过程中压强和温度的变化较小，密度仍然可以看作常数，这种气体称为不可压缩气体；反之，对于气体速度较高（接近或超过声速）的情况，在流动过程中其密度的变化很大，密度已经不能视为常数的气体，称为可压缩气体。

在供热通风工程中，所遇到的大多数气体流动，速度远小于声速，其密度变化不大（当速度等于 68m/s 时，密度变化为 1%；当速度等于 150m/s 时，密度的变化也只有 10%），可当作不可压缩流体看待。也就是说，将空气认为和水一样是不可压缩流体。就是在供热系统中蒸汽输送的情况下，对整个系统来说，密度变化很大，但对系统内各管段来讲，密度变化并不显著，因此对每一管段仍可按不可压缩气体计算，只不过这时不同管段的密度不

同罢了。

在实际工程中，有些情况是需要考虑气体压缩性的，例如燃气的远距离输送等。

四、汽化压强

所有液体都会蒸发或沸腾，将它们的分子释放到表面外的空间中。这样宏观上，在液体的自由表面就会存在一种向外扩张的压强（压力），即使得液体沸腾或汽化的压强，这种压强就称为汽化压强（或汽化压力）。因为液体在某温度下的汽化压强与液体在该温度下的饱和蒸汽压力所具有的压强对应相等，所以液体的汽化压强又称为液体的饱和蒸汽压力，汽化压强随温度升高而增大。

在任意给定的温度下，如果液面的压力降低到低于饱和蒸汽压力时，蒸发速率迅速增加，称为沸腾。因此，在给定温度下，饱和蒸汽压力又称为沸腾压力，在涉及液体的工程中非常重要。

液体在流动过程中，当液体与固体的接触面处于低压区，并低于汽化压强时，液体产生汽化，在固体的表面产生很多气泡；若气泡随液体的流动进入高压区，气泡中的气体便液化，这时，液化过程产生的液体将冲击固体表面。如果这种运动是周期性的，将对固体表面造成疲劳并使其剥落，这种现象称为汽蚀。汽蚀是非常有害的，在工程应用时必须避免。

五、表面张力特性

由于分子间的吸引力，在液体的自由表面上能够承受极其微小的张力，这种张力称为表面张力。表面张力不仅在液体与气体接触的周界面上发生，而且还会在液体与固体（汞和玻璃等），或一种液体与另一种液体（汞和水等）相接触的周界上发生。即对液体来讲，表面张力在平面上并不产生附加压力，因为那里的力处于平衡状态。它只有在曲面上才产生附加压力，以维持平衡。

因此，在工程问题中，只要有液体的曲面就会有表面张力的附加压力作用。例如，液体中的气泡、气体中的液滴、液体的自由射流、液体表面和固体壁面相接触等。所有这些情况，都会出现曲面，都会引起表面张力产生附加压力的影响。不过在一般情况下，这种影响是比较微弱的。

由于表面张力的作用，如果把两端开口的玻璃细管竖立在液体中，液体就会在细管中上升或下降 h 高度，这种现象称为毛细管现象，如图 1-5 及图 1-6 所示。上升或下降取决于液体和固体的性质。

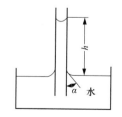
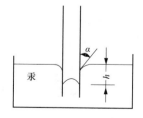

图 1-5　水的毛细现象　　　　图 1-6　汞的毛细现象

表面张力的影响在一般工程实际中是被忽略的。但在水滴和气泡的形成、液体的雾化、汽液两相流的传热与传质的研究中是不可忽略的因素。

第三节　流体的主要力学模型

由于客观上存在的实际流体，其物质结构和物理性质是非常复杂的。如果全面考虑所有因素，将很难推导出它的力学关系式，为此，在分析流体力学问题时，对流体加以科学的抽象，建立力学模型，以便于列出流体运动规律的数学方程式。下面介绍几个主要的流体力学模型。

一、连续介质模型

我们知道，流体是由大量的分子构成的，分子与分子间存在间隙。也就是说，流体的物理量在空间上的分布是不连续的，加上分子随机无规律的热运动，也导致物理量在时间坐标轴上的不连续。但是，流体力学是研究宏观的机械运动（无数分子总体的力学效果），而不是研究微观的分子运动。作为研究单元的质点，也是由无数的分子所组成的，并且有一定的体积和质量。因此，可以把流体视为由无数质点组成的没有空隙的连续体，并认为流体各物理量的变化也是连续的，这种假设的连续体称为连续介质。

本课程所分析的流体力学问题，都采用连续介质模型。

二、理想流体模型

一切流体都具有黏性。理想流体通常定义为没有摩擦的流体，也称为无黏性流体。虽然实际工程中理想流体并不存在，但是许多流体在远离固体表面时可近似地处理成无摩擦的流动。这是因为在某些问题中，黏性不起作用或不起主要作用。如在某些问题中黏性影响较大而不能忽略摩擦的流体就是实际的流体，称黏性流体。对于实际流体，往往当作无黏性流体分析，得出主要结论，然后采用实验的方法考虑黏性的影响，加以补充或修正。

三、不可压缩流体模型

不可压缩流体模型是不计压缩性和热胀性而对流体物理性质的简化。

液体通常认为是不可压缩流体，但是当声波即压力波在液体内传递时，液体是可压缩的，如水锤现象需要考虑液体的压缩性。

气体在大多数情况下也可以处理成不可压缩流体。如空气在通风管道内的流动，压力变化很小，密度变化也微不足道，故可视为不可压缩流体。但是当气体或蒸汽以很高的速度在长管内流动时压力降可能非常大，此时不能忽略压力降引起的密度变化，应视为可压缩流体。

本课程研究的流体力学问题，不考虑流体的压缩性，所用模型是不可压缩流体模型。

以上三个是流体力学的主要力学模型，以后在分析具体问题时，还会提出一些模型。

小　结

本章首先分析了作用在流体上的力，包括质量力和表面力。接下来，讲解了流体的主要物理性质，包含惯性、黏滞性、压缩性、热胀性、汽化压强、表面张力特性等，帮助读者更深入了解流体自身的特点。最后，为了便于分析考虑研究流体的力学问题，建立三个常用的力学模型。通过以上内容的学习，为后续研究流体的运动规律奠定了基础。

思考题与习题

1-1　什么是连续介质模型？在流体力学中为什么有必要且也有可能建立连续介质模型？

1-2　什么是流体的黏滞性？它对流体流动有什么影响？动力黏滞系数和运动黏滞系数有何区别及联系？

1-3　什么是流体的压缩性及热胀性？它们对流体的密度有何影响？

1-4　已知水的密度 $\rho=1000\text{kg}/\text{m}^3$，若有这样密度的水 1L，它的质量和重力各为多少？

1-5　已知水的参数：$\rho=1000\text{kg}/\text{m}^3$，$\eta=0.599\times10^{-3}\text{Pa}\cdot\text{s}$，求它的运动黏度 ν。

1-6　已知空气的参数：$\rho=1.165\text{kg}/\text{m}^3$，$\nu=0.157\text{cm}^2/\text{s}$，求它的动力黏度 η。

1-7　油的体积为 0.4m^3，重力为 350kN，求密度。

1-8　求 10m^3 水在恒定大气压下温度由 60℃ 升高到 70℃ 条件下的体积变化。

1-9　气体温度由 0℃ 上升到 20℃ 时，运动黏度增加 0.15 倍，密度减少 10%，问动力黏度 η 变化了多少？

1-10　如图 1-7 所示，三种情况中，试分析水体 A 受哪些表面力和质量力的作用。

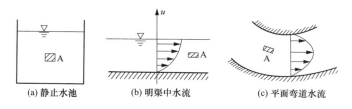

(a) 静止水池　　　　(b) 明渠中水流　　　　(c) 平面弯道水流

图 1-7　习题 1-10 用图

1-11　两平行平板间距离为 2mm，平板间充满密度为 $885\text{kg}/\text{m}^3$，运动黏度为 1.61×10^{-3} m^2/s 的油，上板匀速运动速度为 4m/s，求平板间的切向应力。

1-12　氢气球在 30km 高空（绝对压力为 $1100\text{N}/\text{m}^2$、温度为 −40℃）膨胀到直径为 20m，如果不计气球的材料应力，求在地面上绝对压力为 101.3kPa、温度为 15℃ 时充入的氢气的质量。

1-13　图 1-8 所示为一水暖系统，为了防止水温升高时体积膨胀将水管胀裂，在系统顶部设一膨胀水箱。若系统内水的总体积为 8m^3，加温前后温差为 50℃，在其温度范围内水的膨胀系数 $\alpha=0.000\,51/℃$。求膨胀水箱的最小体积。

1-14　如图 1-9 所示，一底面积为 40cm×45cm、高 1cm 的木块，质量为 5kg，沿着涂有润滑油的斜面（倾角 α，$\sin\alpha=5/13$）等速向下运动。已知速度 $v=1\text{m/s}$，油层厚度 $\delta=$ 1mm，求润滑油的动力黏度。

1-15　如图 1-10 所示，一边长为 0.5m 的正方形薄板在两壁面间充满甘油的缝隙中以 $v=1\text{m/s}$ 的速度移动。平板与两壁面间的距离均为 2cm，甘油的动力黏度 $\eta=0.86\text{Pa}\cdot\text{s}$。求平板的拖拽力 F。

1-16　如图 1-11 所示，气缸和活塞的间隙中充满动力黏度 $\eta=0.065\text{Pa}\cdot\text{s}$ 的油，气缸直径 $D=12\text{cm}$、间隙 $\delta=0.4\text{mm}$、活塞长 $L=14\text{cm}$。活塞在力 $F=8.6\text{N}$ 的作用下做匀速运动，求活塞的运动速度 v。

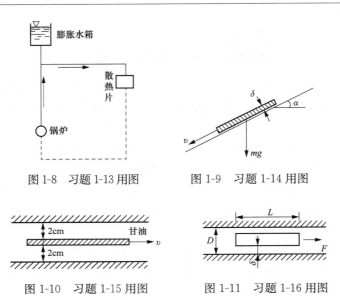

图 1-8　习题 1-13 用图　　　　图 1-9　习题 1-14 用图

图 1-10　习题 1-15 用图　　　　图 1-11　习题 1-16 用图

第二章 流体静力学

流体静力学是流体力学的一个部分，流体静力学研究流体处于静止状态下的力学规律及其实际应用。它研究流体处于静止或相对静止时的力学规律及其在工程技术上的应用。

当流体处于静止或相对静止时，由于各质点之间均不产生相对运动，两者都表现不出黏性作用，即切向应力都等于零。所以，流体静力学中所得的结论，无论对实际流体还是理想流体都是适用的。

根据力学平衡条件研究静压强的空间分布规律，确定各种承压面上静压强产生的总压力，是流体静力学的主要任务。研究流体静力学必然用理想流体力学模型。

第一节 流体静压强及其特性

一、流体静压强的定义

在设计水箱、挡水闸门、油罐等设备时，经常会遇到静止流体对固体壁面作用的总压力计算问题。事实上处于静止状态下的流体，不仅对与之相接触的固体边壁有压力作用，而且在流体内部，相邻的流体之间也有压力作用。这种压力称为流体静压力，用符号 P 表示。

如图 2-1 所示，在静止或相对静止的均质流体中，任取一体积 V，该流体所受一定的作用力以箭头表示。设用一平面 $ABCD$ 将此流体分为 I、II 两部分，假设移去 I 部分，以等效力代替它对 II 部分的作用，使 II 部分不失原有的平衡。

从平面 $ABCD$ 上取一小块面积 ΔA，a 点是该面积的几何中心，令力 ΔP 为移去流体作用在面积 ΔA 上的总作用力。在流体力学中，力 ΔP 为面积 ΔA 上的流体静压力，它们的比值称为面积 ΔA 上的平均流体静压强，以 p_{av} 表示，即

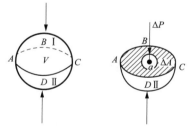

图 2-1 流体静压强

$$p_{av} = \frac{\Delta P}{\Delta A} \tag{2-1}$$

当面积 ΔA 无限缩小至 a 点时，比值趋近于某一个极限值，此极限值称为 a 点的流体静压强，以 p 表示，即

$$p = \lim_{\Delta A \to a} \frac{\Delta P}{\Delta A} \tag{2-2}$$

由以上分析表明，流体静压强和流体静压力都属于压力的一种量度。静止流体作用在单位面积上的流体静压力称流体静压强。所以，它们是有区别的，主要表现在以下方面：流体静压强是作用在某一面积上的平均压强或某一点的压强，而流体静压力则是作用在某一面积上的总压力。

流体的静压力和流体静压强概念不同，因此，单位也不同。在国际单位制中，流体静压

力 P 的单位是牛顿（N）或千牛顿（kN）；流体静压强 p 的单位是帕斯卡，简称帕（Pa），$1Pa=1N/m^2$，或巴（bar），$1bar=10^5Pa$。在工程单位制中，流体静压力的单位为 kgf，流体静压强的单位为 kgf/cm^2。

二、流体静压强的特性

如图 2-2 所示，假设流体静压力 P 的方向是任意的，根据力学知识，将 P 分解为垂直于作用面的法向分力 $P\cos\theta$ 和平行于作用面的切向分力 $P\sin\theta$。静止流体是不承受拉力和切力的，所以切向的分力为零，即 θ 角为 $0°$，所以流体静压强的方向只能是垂直指向作用面的，即与受压面的内法线方向一致，这就是流体静压强的第一个特性。

接下来，我们分析流体静压强的第二个特性。如图 2-1 所示，我们发现，通过 a 点可以做无数个方向不同的微小面积 ΔA，相应地存在作用于 a 点的不同方向的流体静压强，那么流体静压强的方向和数值大小有何关联呢？为了解决这个问题，进行如下分析。

在平衡流体中任取一点 O，建立直角坐标系如图 2-3 所示，在直角坐标系上，取包括原点 O 在内的无限小四面体 $OABC$，正交的三个边长分别为 dx、dy、dz，用 P_x、P_y、P_z 和 P_n 分别表示垂直于 x、y、z 的坐标面及斜面的总压力。以 p_x、p_y、p_z 和 p_n 分别表示坐标面 OAB、OAC、OBC 和斜面 ABC 上的平均压强。为了学习不同方向平均压强间的相互关系，需要建立作用于微小四面体 $OABC$ 上各力的平衡关系。

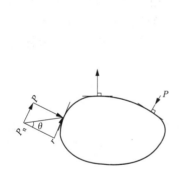

图 2-2　流体静压强的方向

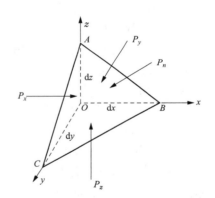

图 2-3　微小四面体的平衡

1. 表面力的分析

由于静止或相对静止的流体不存在拉力和切力，因此，表面只有压力，即 P_x、P_y、P_z 和 P_n，根据压力与压强间的关系，则有

$$P_x = \frac{1}{2}dydzp_x$$

$$P_y = \frac{1}{2}dxdzp_y$$

$$P_z = \frac{1}{2}dxdyp_z$$

$$P_n = dAp_n（dA 为斜面 ABC 的面积）$$

2. 质量力的分析

作用在微小四面体 $OABC$ 的质量力，各轴向的分力等于单位质量力在各轴向的分力与流

体质量的乘积。微小四面体 $OABC$ 的质量为流体密度 ρ 与微小四面体的体积 $dV = \dfrac{1}{6}dxdydz$ 的乘积，令 X、Y、Z 分别为流体单位质量的质量力在相应坐标轴 x、y、z 方向的分量，则质量力 F 在各坐标轴方向的分量分别为

$$F_x = X\rho dV = X\rho \frac{1}{6}dxdydz$$

$$F_y = Y\rho dV = Y\rho \frac{1}{6}dxdydz$$

$$F_z = Z\rho dV = Z\rho \frac{1}{6}dxdydz$$

以 θ_x、θ_y、θ_z 分别表示倾斜面法向与 x、y、z 轴的交角。由于流体处于平衡状态，利用理论力学中作用于平衡体上的合力为零的原理，分别写出作用在四面体 $OABC$ 上的各种力对各坐标轴投影的平衡方程为

$$\begin{aligned}
P_x - P_n\cos\theta_x + F_x &= 0 \\
P_y - P_n\cos\theta_y + F_y &= 0 \\
P_z - P_n\cos\theta_z + F_z &= 0
\end{aligned} \tag{2-3}$$

下面讨论各式中的第二项。以对 x 轴的投影为例，其中 $P_n\cos\theta_x = p_n dA\cos\theta_x = p_n \dfrac{1}{2} \times dydz\left(\dfrac{1}{2}dydz\right.$ 为斜面 dA 在坐标面 yOz 上的投影值$\left.\right)$，将上述各式代入后，式（2-3）中第一式可写为

$$\frac{1}{2}dydz p_x - \frac{1}{2}dydz p_n + \frac{1}{6}dxdydz X\rho = 0 \tag{2-4}$$

以 $\dfrac{1}{2}dydz$ 除全式后，得

$$p_x - p_n + \frac{1}{3}dx X\rho = 0 \tag{2-5}$$

当四面体无限缩小时，上述方程式中的 $\dfrac{1}{3}dx X\rho$ 便趋近于零，而压强 p_x 与 p_n 的值是有限的，因此

$$p_x - p_n = 0 \text{ 或 } p_x = p_n$$

同理可得

$$p_y = p_n$$

$$p_z = p_n$$

因为斜面的方向是任意选取的，所以当四面体无限缩小至一点时，各个方向的流体静压强均相等，即

$$p_x = p_y = p_z = p_n \tag{2-6}$$

式（2-6）说明流体静压强的第二个特性：在静止或相对静止的流体中，任一点的流体静压强的大小与作用面的方向无关，只与该点在静止或相对静止流体中的位置有关，即任一点各方向上的流体静压强大小均相等。

这个特性告诉我们：各点的位置不同，压强可能不同；位置一定，则不论取哪个方向，压强的大小完全相等。因此，流体静压强只是空间位置的函数。

第二节　流体静压强的分布规律

通过上节的学习，我们知道静止的流体对容器的底部和侧壁产生静压强，同时，作用于静止流体的质量力只有重力，根据这一特点，我们来分析静止流体中压强的分布规律。

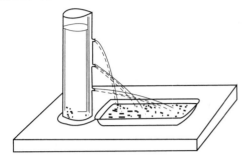

图 2-4　侧壁开有小孔的容器

如图 2-4 所示，在容器侧壁上开三个小孔，容器内灌满水，然后把三个小孔的橡胶塞同时打开，可以看到：水流从三个小孔喷射出来，孔口越高，水喷射就越缓；孔口越低，水喷射就越急。实验说明水对容器侧壁不同深度处的压强是不同的，即压强随着水深度的增加而增大。如果在容器侧壁同一深度处开几个小孔，则可以看到各孔口喷射出来的水流都一样，这说明水对容器侧壁同一深度处的压强是相等的。

下面我们来进行具体的理论分析。

一、液体静力学的基本方程式

在静止液体内，任意取出一倾斜放置的微小圆柱体，如图 2-5 所示，设微小圆柱体端面积为 dA，长为 ΔL，圆柱体轴线与垂直面夹角为 α。我们来分析倾斜放置的微小圆柱体在质量力和表面力共同作用下的轴向平衡问题。

（一）表面力的分析

周围的静止液体对圆柱体作用的表面力有侧面压力及两端面的压力。作用在液体柱侧面上的压力，垂直指向作用面，所以侧面压力与轴向正交，沿轴向分力为零；作用在液柱两端的压力沿轴向从端面反方向作用的压力分别为 P_1 和 P_2。

（二）质量力的分析

静止液体受的质量力只有重力 G，而重力的方向是垂直向下作用的，与轴线夹角为 α，G 可以分解为平行于轴向的力 $G\cos\alpha$ 和垂直于轴向的力 $G\sin\alpha$。

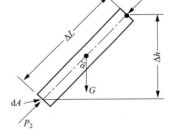

图 2-5　液体内压强的分析

所分析液体是处于静止状态的，根据力的平衡原理，沿轴线方向的平衡方程式为

$$P_2 - P_1 - G\cos\alpha = 0$$

由于微小圆柱体的端面面积 dA 极小，端面上各点压强的变化可以忽略不计，可以认为端面上压强是相等的。设圆柱体两端上的压强为 p_1、p_2，则两端面的压力为 $P_1 = p_1 dA$ 和 $P_2 = p_2 dA$，圆柱体受的重力为单位体积液体的重力 ρg 乘以圆柱体的体积，即 $G = \rho g \Delta L dA$，代入上述平衡方程式，得

$$p_2 dA - p_1 dA - \rho g \Delta L dA \cos\alpha = 0 \qquad (2\text{-}7)$$

消去 dA，经过整理得

$$p_2 - p_1 - \rho g \Delta L \cos\alpha = 0$$

又 $\Delta L\cos\alpha=\Delta h$，将上式经过替换，得

$$p_2 - p_1 = \rho g \Delta h \tag{2-8}$$

或写成

$$\Delta p = \rho g \Delta h \tag{2-9}$$

推导过程中采用的倾斜放置的微小圆柱体的端面是任意选取的。式（2-8）和式（2-9）具有普遍意义，表明：静止液体中任两点的压强差等于两点间的深度差乘以单位体积液体的重力 ρg。

式（2-8）很容易改写为

$$p_2 = p_1 + \rho g \Delta h \tag{2-10}$$

式（2-10）表明，压强随深度不断增加，同时，深度增加的方向就是静止液体的质量力——重力作用的方向。也就是说，压强增加的方向就是质量力的作用方向。在实际工程中修堤筑坝，越到下面的部分越要加厚，以便承受逐渐增大的压强，其道理也在于此。

现在，把压强关系式应用于求静止液体内某一点的压强。如图 2-6 所示，则根据式（2-10）得

$$p = p_0 + \rho g h \tag{2-11}$$

式中：p 为静止液体内某点的压强，Pa；p_0 为静止液体的液面压强，Pa；h 为该点在液面下的深度，m。

式（2-11）称为液体静力学的基本方程式。它表示静止液体中，压强随深度的变化规律。从公式的两个组成部分看出，压强的大小与容器的形状无关。因此，不论盛装液体的容器形状怎么复杂，只要知道液面压强 p_0 和该点在液面下的深度 h，就可以求得该点的压强。

当液面压强 p_0 增大或减小时，液体内各点的流体静压强也相应地增加或减少，即液面压强的增减将等值传递到液体内部其余各点。这就是著名的帕斯卡定律。水压机、液压千斤顶及液压传动装置都是利用了这一原理。

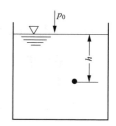

图 2-6 敞开水箱

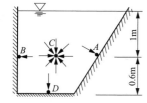

图 2-7 池壁和水体的点压强

【例 2-1】 敞口水池中盛水，如图 2-7 所示，已知液面压强 $p_0=98.07\text{kPa}$，求池壁 A、B 两点，C 点以及池底 D 点所受的静水压强。

解：

$$p_C = p_0 + \rho g h = 98.07 + 1 \times 9.807 \times 1 = 107.88\text{kPa}$$

A、B、C 三点在同一水平面上，水深 h 均为 1m，所以压强相等，即

$$p_A = p_B = p_C = 107.88\text{kPa}$$

D 点的水深是 1.6m，故

$$p_D = p_0 + \rho g h = 98.07 + 1 \times 9.807 \times 1.6 = 113.76\text{kPa}$$

静压强的作用方向垂直于作用面的切平面且指向受力物体（流体或固体）系统表面的内法线方向。A、B、D 三点在固壁上，液体对固壁的作用方向如图 2-7 中所示，C 点在各个方向上都存在大小相等的静压强。

我们继续讨论液体静力学基本方程式的另一种形式。

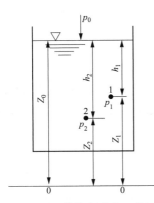

图 2-8　液体静力学方程推证

如图 2-8 所示，设水箱水面的压强为 p_0，水中 1、2 点到任选基准面 0—0 的高度为 Z_1、Z_2，压强为 p_1 及 p_2，将式中的深度 h_1 和 h_2 分别用高度差（Z_0-Z_1）和（Z_0-Z_2）表示后得

$$p_1 = p_0 + \rho g(Z_0 - Z_1)$$
$$p_2 = p_0 + \rho g(Z_0 - Z_2)$$

上式除以 ρg，并整后得

$$Z_1 + \frac{p_1}{\rho g} = Z_0 + \frac{p_0}{\rho g}$$

$$Z_2 + \frac{p_2}{\rho g} = Z_0 + \frac{p_0}{\rho g}$$

两式联立得

$$Z_1 + \frac{p_1}{\rho g} = Z_2 + \frac{p_2}{\rho g} = Z_0 + \frac{p_0}{\rho g}$$

由于水中 1、2 点是任选的，故可将上述关系式推广到整个液体，得出具有普遍意义的规律，即

$$Z + \frac{p}{\rho g} = C（常数） \tag{2-12}$$

式（2-12）是液体静力学基本方程式的另一种形式，也是我们常用的液体静压强分布规律的一种形式。它表示在同一种静止液体中，不论哪一点的 $Z + \dfrac{p}{\rho g}$ 总是一个常数。

二、液体静压强基本方程式的应用含义

如图 2-9 所示，从水力学的角度来说，Z 为该点的位置相对于基准面的高度，称为位置水头；$\dfrac{p}{\rho g}$ 是该点在压强作用下沿测压管所能上升的高度，称为压强水头；$Z + \dfrac{p}{\rho g}$ 称为测压管水头，它表示测压管液面相对于基准面的高度。$Z + \dfrac{p}{\rho g} = C$ 表示同一容器的静止液体中，即使各点的位置水头 Z 和压强水头 $\dfrac{p}{\rho g}$ 互不相同，但各点的测压管水头必然相等。因此，在同一容器的静止液体中，所有点的测压管液面必然在同一水平面上，测压管水头中的压强 p 必须采用相对压强表示，关于相对压强的概念将在后面讲述。

从物理学的角度来说，方程式 $Z + \dfrac{p}{\rho g} = C$ 中，Z 项是单位重力液体质点相对于基准面的位置势能，$\dfrac{p}{\rho g}$ 项是单位重力液体质点的压力势能，$Z + \dfrac{p}{\rho g}$ 项是单位重力液体的总势能，$Z + \dfrac{p}{\rho g} = C$ 表明在静止液体中，各液体质点单位重力的

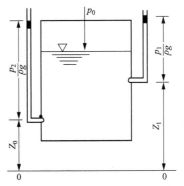

图 2-9　测压管水头

总势能均相等。

三、气体压强的计算

上述推导的规律是在液体的基础上分析而得出的，对于不可压缩气体也同样适用。只是气体的 ρg 值较小，所以在高度差不是很大的时候，气体所产生的压强很小，认为 $\rho g h = 0$。压强基本方程式简化为

$$p = p_0$$

即认为空间各点的压强相等。但是如果高度差超过一定的范围时，还应使用式（2-11）来计算气体压强。

四、等压面

在流体中，由压强相等的点组成的面称为等压面。常见的等压面总结如下：

（1）在连通的同种静止液体中，水平面必然是等压面，在这里特别强调：静止非均质流体的水平面是等压面、等密面和等温面。这个结论是有实际意义的，在自然界中，大气和静止水体、室内空气，它们均按密度和温度分层，是很重要的自然现象。

（2）静止液体的自由液面是水平面，是一种特殊的分界面，该自由液面上各点压强均为大气压强，所以自由液面是等压面。

（3）两种密度不同、互不混合的液体，在同一容器中处于静止状态，一般是密度大的在下，密度小的在上，两种液体之间形成分界面，这种分界面既是水平面又是等压面。

根据流体静力学基本方程（2-11）可知：在连通的同种静止液体中，深度 h 相同的各点静水压强均相等。结合这一基本原理，通过图 2-10 来具体判断等压面。如图 2-10（a）所示，位于同一水平面上的 A、B、C、D 各点压强均相等，通过该四点的水平面为等压面。如图 2-10（b）所示，由于液体不连通，故位于同一水平面上的 E、F 两点的静水压强不相等，因而通过 E、F 两点的水平面不是等压面。如图 2-10（c）所示，连通器中装有两种不同液体，且 $\rho_{H_2O} > \rho_{oil}$，通过两种液体的分界面的水平面为等压面，位于该水平面上的 G、H 两点压强相等，而穿过两种不同液体的水平面不是等压面，即位于该水平面上方的 I、J 两点压强则不等。

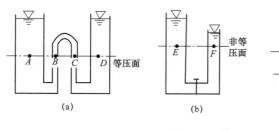

图 2-10　等压面

【**例 2-2**】　如图 2-11 所示，密度为 ρ_a 和 ρ_b 的两种液体，各液面深度已在图中标示。若 $\rho_b g = 9.807\mathrm{kPa}$，大气压强 $p_a = 98.07\mathrm{kPa}$，求 $\rho_a g$ 及 p_A。

解：

先求 $\rho_a g$，由于自由面的压强均等于大气压强，所以，$p_1 = p_4 = p_a = 98.07\mathrm{kPa}$。

根据静止、连续、同种液体的水平面为等压面

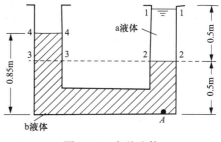

图 2-11　多种液体

的规律，$p_2 = p_3$。从式（2-11）得

$$p_2 = p_a + \rho_a g \times 0.5$$
$$p_3 = p_a + \rho_b g \times (0.85 - 0.5)$$

由于 $p_2 = p_3$，故得

$$0.5 \rho_a g = (0.85 - 0.5) \rho_b g = 0.35 \rho_b g$$

所以

$$\rho_a g = 0.7 \rho_b g = 0.7 \times 9.807 = 6.865 \text{kPa}$$

再求 A 点的压强 p_A。先求出分界面上的压强，然后应用分界面是多种液体压强关系的联系面，再求出分界面以下 A 点的压强 p_A。

分界面 2—2 是等压面，面上各点压强相等，即

$$p_2 = p_a + 0.5 \rho_a g$$

再根据分界面上的压强 p_2，求 A 点的压强 p_A 为

$$p_A = p_2 + 0.5 \rho_b g = p_a + 0.5 \rho_a g + 0.5 \rho_b g$$
$$= 98.07 + 0.5 \times 6.865 + 0.5 \times 9.807 = 106.406 \text{kPa}$$

实际上，求 A 点的压强，可以不先求出分界面上的压强，就直接以分界面为压强关系的联系面，一次就可求出 A 点的压强，即

$$p_A = p_a + 0.5 \rho_a g + 0.5 \rho_b g = 98.07 + 0.5 \times (6.865 + 9.807)$$
$$= 106.406 \text{kPa}$$

另外，我们也可以根据容器底面水平的特点，利用水平面是等压面的规律，从容器左端一次求出 A 点压强，即

$$p_A = p_a + 0.85 \rho_a g = 106.406 \text{kPa}$$

第三节　压强的计算基准和量度单位

在实际工程中，流体中任意一点的压强或者空间中某一点的压强可以采用不同的计算基准和度量单位。

一、压强的两种计算基准

压强的计算可采用两种不同的计算基准来进行计算，因而有两种表示压强的方法，即绝对压强和相对压强。

1. 绝对压强与相对压强

绝对压强：以毫无气体存在的绝对真空状态作为零点起算的压强，称为绝对压强。常以 p' 表示。当问题涉及流体本身的性质，例如采用气体状态方程进行计算时，必须采用绝对压强。在表示某地当地大气压强时也常用绝对压强值。

相对压强：以某地当地大气压强 p_a 为零点起算的压强，称为相对压强。常以符号 p 表示。在工程上，相对压强又称为表压。采用相对压强表示时，则大气压强值为零，即 $p_a = 0$。

相对压强、绝对压强和当地大气压强之间的关系为

$$p = p' - p_a \tag{2-13}$$

某一点的绝对压强只能是正值，不可能出现负值。但是，某一点的相对压强可能大于大气压强，也可能小于大气压强，因此，相对压强可以是正值，也可以是负值。当相对压强为

正值时，称该压强为正压，为负值时，称为负压。

2. 真空压强

若流体某处的绝对压强小于大气压强，则该处处于真空状态，其真空程度一般用真空压强 p_v 表示，也叫真空度（即真空表读数），计算式为

$$p_v = p_a - p'　\qquad(2-14)$$

即

$$p_v = -p　\qquad(2-15)$$

为了正确区分上述三种压强，用图 2-12 表示它们的相互关系。在实际工程中常用的压强计量基准为相对压强。因为在自然界中，任何物体均放置于大气中，引起固体和流体力学效应的只是相对压强的数值，而不是绝对压强的数值。此外，绝大部分测量压强的仪表，都是与大气相通的或者是处于大气压的环境中。因此工程技术中广泛采用相对压强。以后讨论中所提及的压强，如果没有说明，均为相对压强。

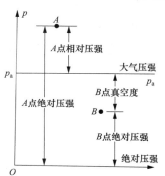

图 2-12　压强计量基准

二、压强的量度单位

工程技术上常用的压强量度单位有三种。

（1）根据压强的定义，用单位面积上所受的压力来表示压强的大小，即 N/m^2。法定计量单位为 Pa（帕斯卡）。压强很高时，可用 kPa 或者 MPa（兆帕），$1MPa = 10^6 Pa$。在工程单位制中用 kgf/m^2 或 kgf/cm^2 表示。

（2）压强用测压管内的液柱高度来表示。将液柱高度乘以单位体积该液体的重力 ρg 即为压强。常用的液柱高度为水柱高度或汞柱高度，单位为 mH_2O（米水柱）、mmH_2O（毫米水柱）、mmHg（毫米汞柱），换算关系为

$$1mmH_2O = 9.807N/m^2 = 1kgf/m^2$$

$$1mmHg = 133N/m^2 = 13.6kgf/m^2$$

（3）压强大小也常用大气压强的倍数来表示。其单位为标准大气压和工程大气压。国际上规定温度为 0℃、纬度 45°处海平面上的绝对压强为标准大气压，用符号 atm 表示，其值为 101.325kPa，即 $1atm = 101.325kPa$。而在工程上，为了计算方便，规定了工程大气压，用符号 at 表示，其值为 98.07kPa，即 $1at = 98.07kPa$。

换算关系为

$$1atm = 101\ 325Pa = 10.33mH_2O = 760mmHg$$

$$1at = 98\ 070Pa = 10mH_2O = 736mmHg$$

三种压强量度单位之间的换算关系是计算中经常用到的，必须熟练掌握。表 2-1 给出了各种压强单位之间的换算关系，以供查用。

表 2-1　　　　　　　　　　　　压强单位的换算关系

压强单位	标准大气压（$1.03 \times 10^4 kgf/m^2$）	工程大气压（$\times 10^4 kgf/m^2$）	$Pa(N/m^2)$	kPa（$\times 10^3 N/m^2$）	bar（$\times 10^3 N/m^2$）	mH_2O	mmH_2O	mmHg
换算关系	1	1.03	101 325	101.325	1.013 5	10.332	10 332	760

压强单位	标准大气压（1.03×10^4 kgf/m²）	工程大气压（$\times 10^4$ kgf/m²）	Pa(N/m²)	kPa（$\times 10^3$ N/m²）	bar（$\times 10^3$ N/m²）	mH₂O	mmH₂O	mmHg
换算关系	9.68×10^{-1}	1	9.807×10^4	98.07	0.980 7	10	10^4	735.6
	9.68×10^{-3}	10^{-1}	9807	9.807	9.807×10^{-2}	1	10^3	7.356×10^{-2}
	9.68×10^{-5}	10^{-4}	9.807	9.807×10^{-3}	9.807×10^{-5}	10^{-3}	1	7.356×10^{-5}
	1.32×10^{-3}	1.36×10^{-3}	133.33	0.133 33	1.33×10^{-3}	0.013 6	13.595	1

【例 2-3】 假设自由液面的绝对压强为一个工程大气压，求自由表面下 1m 深处的绝对压强 p' 和相对压强 p，分别用 kPa、工程大气压、水柱、汞柱表示。

解：

绝对压强为 $p' = p_0 + \rho gh = 98\ 070 + 9807\times 1 = 107900\text{Pa} = 107.9\text{kPa}$
$$= 1.1\text{at} = 11\text{mH}_2\text{O} = 809.6\text{mmHg}$$

相对压强为 $p = \rho gh = 9807\times 1 = 9807\text{Pa} = 9.807\text{kPa}$
$$= 0.1\text{at} = 1\text{mH}_2\text{O} = 73.6\text{mmHg}$$

【例 2-4】 虹吸输水管中某点的绝对压强为 48.5kPa，大气压强为 98.07kPa。试求该点的相对压强，判断该点是否存在真空度，真空压强为多少？

解：

相对压强为 $p = p' - p_a = 48.5 - 98.07 = -49.43\text{kPa}$

该点的相对压强为负值，所以该点存在真空度，真空压强为

$$p_v = p_a - p' = 98.07 - 48.5 = 49.43\text{kPa}$$

第四节　液柱式测压计

测压计是工程上用于测量流体压强的仪表。测压计有很多种，常用的有弹簧金属式、电测式和液柱式三种。金属式中压强使金属元件变形，从而测出表压力，量程较大；电测式利用传感器将压强转化为电阻、电容等电量，便于控制；液柱式测压计方便直观，精确度较高但量程较小，因而多用于实验室测量，工程中也有应用。下面介绍几种常见的液柱式测压计。

一、测压管

测压管是一根玻璃直管或 U 形管，一端开口直接和大气相通，另一端连接在需要测定的容器或者管道侧壁孔口上，如图 2-13 所示。由于相对压强的作用，水在管中上升或下降，与大气相接触的液面相对压强为零，这样就可以根据管中水面所测点的高度直接读出水柱高度。

如图 2-13（a）所示，测压管水面高于 A 点，$p_A = \rho gh_A$。

如需测定气体压强，可以采用 U 形管盛水，如图 2-13（b）所示。因为空气密度远小于水，一般容器中的气体高度又不十分大，因此，可以忽略气柱高度所产生的压强。认为静止气体充满的空间各点压强相等，这样可以计算出 A 点压强。由于测压管水面低于 A 点，以 1—1 为等压面，则

$$p_A + \rho gh_A = 0$$

故 A 点的负压或真空度为

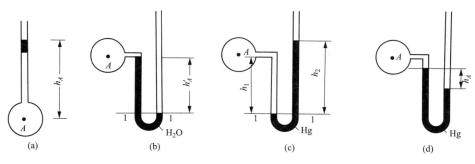

图 2-13 测压管

$$p_A = -\rho g h_A' \text{ 或 } p_v = \rho g h_A'$$

如果测压管中液体的压强较大，对于水来说，测压管的高度太大，使用和观测非常不便，因此在 U 形管中装入水银，如图 2-13（c）、（d）所示。在水管中 A 点的压强若大于大气压强，则 U 形管左管液面低于右管液面，如图 2-13（c）所示；若小于大气压强，则 U 形管左管液面高于右管液面，A 点为负压，出现真空，此时可称为 U 形管真空计，如图 2-13（d）所示。

需要指出的是，等到 U 形管中水银面平衡不动时，才能读数。如图 2-13（c）所示，取等压面 1—1，设单位体积液体的重力为 ρg，单位体积水银的重力为 $\rho_{Hg}g$，则根据静压强基本方程式得

$$p_1 = \rho_{Hg} g h_1$$
$$p_1 = p_A + \rho g h_2$$

故
$$p_A = \rho_{Hg} g h_1 - \rho g h_2$$

当管道或容器中为气体时，因为气体 ρg 较小，气柱高度可以忽略不计，此时可得 $p_A = \rho_{Hg} g h_1$。

二、压差计

压差计（又称比压计）是一种直接测量液体内两点压强差或测压管水头差的装置。根据压差的大小，U 形管中采用空气或各种不同密度的液体，利用等压面规律进行压差计算。

如图 2-14 所示，取等压面 0—0，根据静压强基本方程式，左右两管中 1、2 两点的压强为

$$p_1 = p_A + \rho_A g h_1 + \rho_A g h_3$$
$$p_2 = p_B + \rho_B g h_2 + \rho_{Hg} g h_3$$

因为 1、2 两点都位于等压面 0—0 上，所以 $p_1 = p_2$，联立上式得

$$p_A + \rho_A g h_1 + \rho_A g h_3 = p_B + \rho_B g h_2 + \rho_{Hg} g h_3$$

A、B 两点的压差为

$$p_A - p_B = \rho_B g h_2 + \rho_{Hg} g h_3 - \rho_A g (h_1 + h_3) \qquad (2\text{-}16)$$

与水银测压计一样，如果两个管道或容器中都为气体，则气柱高度 $\rho_A g h_1$、$\rho_B g h_2$ 和 $\rho_A g h_3$ 都可以忽略不计，则有

$$p_A - p_B = \rho_{Hg} g h_3 \qquad (2\text{-}17)$$

三、微压计

在测定微小压强（或压差）时，为了提高测量的精确度，可以使用微压计。图 2-15 所示

为倾斜式微压计，在右侧的测压管是倾斜放置的，可以绕轴转动，使其倾斜角 α 可以根据测量需要进行改变。

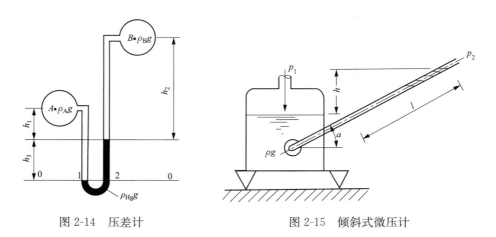

图 2-14　压差计　　　　　　　　　　　图 2-15　倾斜式微压计

如图 2-15 所示，设倾斜管读数为 l，则容器与斜管液面的高度差 $h=l\sin\alpha$，根据静压强基本方程式，则

$$p_1 = p_2 + \rho g h = p_2 + \rho g l \sin\alpha \tag{2-18}$$

$$p_1 - p_2 = \rho g l \sin\alpha \tag{2-19}$$

在测定时 α 为定值，只需测得倾斜长度 l，就可得出压差。

由于 $p_2 = p_a$，所以微压计测量出的相对压强为

$$p_1 = \rho g l \sin\alpha \tag{2-20}$$

由于 $l = h/\sin\alpha$，当 $\sin\alpha=0.5$ 时，$l=2h$；当 $\sin\alpha=0.2$ 时，$l=5h$。说明倾斜角度越小，l 比 h 放大的倍数就越大，测量的精确度就越高。由上式还可知，密度越小，读数 l 就越大。因此，工程上微压计内采用密度比水小的液体，例如酒精，以提高精确度。

微压计常用来测量通风管道的压强，因空气密度与微压计内液体密度相比要小得多，空气的重力影响可以不考虑，我们将微压计液面上的压强就看作是通风管道测量点的压强。

【例 2-5】　如图 2-16 所示，用水银测压计测得容器内气体的压强。已知测压计水银面高度差 2-16（a）中，$h=20$cm；图 2-16（b）中，$h=10$cm，试求容器内气体的压强分别为多少？

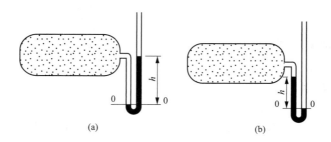

(a)　　　　　　　　　　　　　(b)

图 2-16　水银测压计测量气体压强

解：

在 2-16（a）、（b）中分别取等压面 0—0，则图 2-16（a）中，容器内压强为

绝对压强 $p' = p_a + \rho_{Hg}gh = 98.07 + 13.6 \times 9.807 \times 0.2 = 124.75\text{kPa}$

相对压强 $p = \rho_{Hg}gh = 13.6 \times 9.807 \times 0.2 = 26.68\text{kPa}$

图 2-16（b）中，容器内压强为

绝对压强 $p' = p_a + \rho_{Hg}gh = 98.07 - 13.6 \times 9.807 \times 0.1 = 84.73\text{kPa}$

相对压强 $p = \rho_{Hg}gh = -13.6 \times 9.807 \times 0.1 = -13.34\text{kPa}$

由计算可知，图 2-16（a）中的气体处于正压状态，而图 2-16（b）中的气体处于负压状态。

【例 2-6】　如图 2-17 所示，已知两根输水管道 A、B 间的高度差 $Z = 1.2\text{m}$，压差计水面的高度差为 $h_m = 0.5\text{m}$，试求 A、B 处水的压强差。

解：

因为压差计顶部为空气，所以认为在顶部空间中压强处处相等。根据静压强基本方程式得

$$p_A = p + \rho_{H_2O}g(h_m + y - Z)$$

$$p_B = p + \rho_{H_2O}gy$$

A、B 处压强差为 $p_A - p_B = \rho_{H_2O}g\ (h_m - Z)$。

因为 $Z > h_m$，所以 $p_A - p_B = \rho_{H_2O}g(Z - h_m) = 9.807 \times (1.2 - 0.5) = 68.6\text{kPa}$。

【例 2-7】　在通风管道上连接一个微压计，测点 A 处的风压，如图 2-18 所示。若斜管倾斜 $\alpha = 30°$，读数 $l = 20\text{cm}$，微压计内液体是酒精，其单位体积的重力为 $\rho_{j0}g = 7.85\text{kN/m}^3$，试求通风管道 A 点的相对压强。

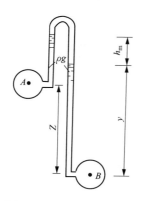
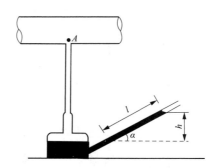

图 2-17　压差计测量压强　　　　图 2-18　微压计测量气体的压强

解：

根据微压计公式，微压计测量点 A 的相对压强为

$$p_A = \rho_{j0}g \cdot l \cdot \sin\alpha = 7.85 \times 0.2 \times \sin30° = 0.785\text{kPa}$$

第五节　作用于平面上的液体总压力

若需确定整个受压面上的液体总压力的大小、方向及作用点，则要掌握液体静压强分布图。

一、液体静压强分布图

液体静压强分布图是根据流体静压强特性和流体静压强基本方程绘制的，用具有一定长度的有向比例线段表示流体静压强的大小及方向的形象化的几何图形成为液体静压强分布图。如图 2-19 所示，AB 为垂直壁面，其左侧受到水的压力作用。液体静压强分布图的绘制方法如下：以自由液面和铅垂直壁的交点为坐标原点，横坐标为压强 p，纵坐标为水深 h，

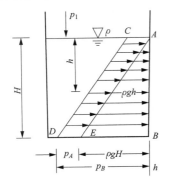

压强和水深按线性规律变化，在自由液面上，$h=0$，$p=0$；在任意深度处，有 $p=\rho gh$，连接 AE，得到相对压强分布图三角形 ABE。根据帕斯卡等值传递原理，液面压强 p_1 进行传递，其压强分布图为平行四边形 $ACDE$。

如果液面压强 p_1 等于当地大气压，因大气压对壁面 AB 的左右两侧都有作用，大小相等方向相反而抵消，对受压壁面不会产生力学效果。所以在工程计算中，只考虑相对压强的作用，即对压强分布图只考虑三角形 ABE 的压强分布。

如图 2-20 所示，根据液体静压强基本方程和静压强特性，在斜面、折面、铅直面及曲面上绘制的静压强分布图。

图 2-19　水静压强分布

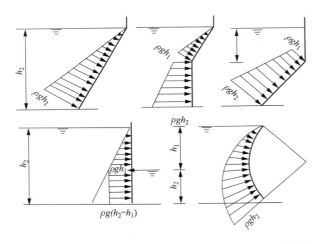
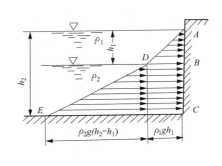

图 2-20　几种液体静压强分布

二、作用于平面上的液体总压力的计算

确定作用在平面上的液体总压力有两种方法，即解析法和图解法。下面分别对两种方法进行介绍。

1. 解析法

图 2-21 所示为一个放置在液体中任意位置、任意形状的倾斜面 ab，面积为 A。该平面的左侧有液体，其延续面与水面的交角为 α，取平面的延续面与水面的交线（垂直于纸面）为横坐标 ox 轴，垂直于 ox 轴并沿平面 ab 向下的线为纵坐标 oy 轴。平面 ab 上任一点的位置可由该点坐标（x，y）确定。将平面 ab 绕 oy 轴旋转 90°，与纸面重合，如图 2-21 所示，受压平面就在 xy 面上清

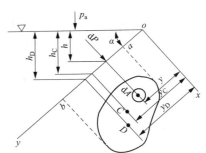

图 2-21　平面液体压力分析

楚地表现出来了。

由于流体静压强的方向沿着作用面的内法线方向，所以作用在平面上各点的水静压强的方向相同，其合力可按平行力系求和的原理解决。设在受压平面上任取一小面积 dA，其中心点在液面下的深度为 h，采用相对压强计算，dA 上的压强 $p=\rho gh$，则作用在微小面积上水的静压力为

$$dP=pdA=\rho ghdA$$

由于 ab 为一平面，故根据静水压强的基本特性，可以判定各微小面积 dA 上的液体压力 dP 的方向是相互平行的，所以作用在整个受压面 A 上的液体总压力等于各微小面积 dA 上的液体压力 dP 的代数和，即

$$P=\int dP=\int_A \rho ghdA=\int_A \rho gy\sin\alpha dA=\rho g\sin\alpha\int_A ydA$$

式中：$\int_A ydA$ 为受压面积 A 对 ox 轴的静面距。

根据力学原理，它等于受压面积 A 与其形心坐标 y_C 的乘积，即

$$\int_A ydA=y_CA$$

故 $$P=\rho g\sin\alpha y_CA$$

其中 $$y_C\sin\alpha=h_C,\quad \rho gh_C=p_C$$

所以作用在平面上的总压力为

$$P=p_CA \tag{2-21}$$

上几式中：P 为作用在平面上的液体总压力，N；p_C 为受压面形心处的静压强，Pa；h_C 为受压面形心在液面下的深度，m；A 为受压面面积，m^2。

式（2-21）表明，作用在任意形状平面上液体总压力的大小等于受压面形心点液体静压强与其面积的乘积。

液体总压力 P 的方向垂直指向受压面。总压力 P 的作用点称为压力中心，以 D 表示。总压力作用点的位置，可以根据理论力学中合力对于某一轴的力矩等于各分力对同轴的力矩之和的原理求得，即

$$P_{y_D}=\int ydP=\int_A y\rho ghdA=\int_A \rho gy^2\sin\alpha dA=\rho g\sin\alpha\int_A y^2dA=\rho g\sin J_X$$

式中：J_X 为受压面 A 对 ox 轴的惯性矩，$J_X=\int_A y^2dA$。

$$y_D=\frac{\rho g\sin\alpha J_X}{p}=\frac{\rho g\sin\alpha J_X}{\rho gh_CA}=\frac{\rho g\sin\alpha J_X}{\rho g\sin\alpha y_CA}=\frac{J_X}{y_CA}$$

为了计算方便，将受压面积 A 对 ox 轴的惯性矩 J_X 变化成对平行于 ox 轴且通过形心轴的惯性矩，即由惯性矩平行移轴定理得

$$J_X=J_C+y_C^2A$$

所以

$$y_D = y_C + \frac{J_C}{y_C A} \qquad (2\text{-}22)$$

式中：y_D 为压力中心到 ox 轴的距离，m；y_C 为受压面形心到 ox 轴的距离，m；A 为受压面面积，m^2；J_C 为受压面对通过形心 C 且平行于 ox 轴的惯性矩，m^4。

由式（2-22）可知，$y_D > y_C$。说明压力中心 D 的位置在形心 C 之下，只有在受压面为水平面时，压力中心点才与形心重合。

压力中心在 x 轴上的坐标取决于平面的形状，在实际工程中，受压面常是对称于 y 轴的，则 D 点在 x 轴上的位置就必然在平面的对称轴上，这就完全确定了 D 点的位置。

2. 图解法

图解法是利用绘制压强分布图来计算液体总压力的方法。在求矩形平面所受液体总压力及作用点的问题上，采用图解法求解更为简便。

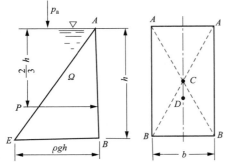

图 2-22 平面受液体总压力图解法

设有一铅垂矩形平面，宽度为 b，高度为 h，顶边与液面平齐，如图 2-22 所示。

根据式（2-21）有

$$P = p_C A = \rho g h_C A = \rho g \frac{h}{2} bh = \frac{1}{2}\rho g bh^2$$

式中：$\frac{1}{2}\rho g h^2$ 为液体静压强分布图面积，用 S 表示。

所以上式变化为

$$P = bS \qquad (2\text{-}23)$$

由上式可知，液体作用在矩形平面上的总静压力等于压强分布图的面积 S 与矩形平面宽度 b 的乘积，即总压力等于该平面压强分布图的体积。

由于压强分布图所表示的正是力的分布情况，而总静压力则是平面上各微元面积上所受液体压力的合力。故压力中心必然通过压强分布图的形心，其方向总是垂直于受压面。

当压强分布图为三角形时，则压力中心位于距底边 $\frac{1}{3}h$ 处，h 为三角形底边上的高。由于矩形平面有对称轴，所以形心 C 与压力中心 D 都在对称轴上。

综上所述，求矩形平面总压力图解法的步骤如下：

（1）绘制液体静压强分布图（$\triangle ABE$，面积为 Ω）；

（2）计算受压面上总压力的大小 $P = bS$；

（3）总压力的作用线通过压强分布图的形心，垂直于受压面，压力中心在受压面的对称轴上。

另外，还可以通过作图法求出梯形断面的形心，详见［例 2-8］。

【例 2-8】 如图 2-23 所示，一引水涵洞的进水口设一高度 a 为 2.5m 的矩形平板闸门，闸门宽 $b=2$m，闸门前水深 $h_2=7$m，闸门倾斜角 $\theta=60°$，试求闸门上所受静水总压强的大小及作用点。

解：

（1）解析法。闸门形心处的水深为

$$h_C = h_2 - \frac{a}{2}\sin 60° = 7 - \frac{2.5}{2} \times 0.867 = 5.92\text{m}$$

则静水总压力为

$$P = \rho g h_C A = \rho g h_C ab = 9.807 \times 5.92 \times 2.5 \times 2 = 290 \text{kN}$$

$$y_C = \frac{h_C}{\sin 60°} = \frac{5.92}{0.876} = 6.83 \text{m}$$

$$J_C = \frac{1}{12} bh^3 = \frac{1}{12} \times 2 \times 2.5^3 = 2.6 \text{m}^4$$

$$y_D = y_C + \frac{J_C}{y_C A} = 6.83 + \frac{2.6}{6.83 \times 2.5 \times 2} = 6.91 \text{m}$$

静水总压力作用点 D 在水面下的深度为

$$h_D = y_D \sin 60° = 6.91 \times 0.867 = 5.99 \text{m}$$

（2）图解法。绘制压强分布图，如图 2-23 中的梯形，再求闸门上下缘的静水压强 p_1、p_2。

$$h_1 = h_2 - a\sin 60° = 7 - 2.5 \times 0.867 = 4.83 \text{m}$$

$$p_1 = \rho g h_1 = 9.807 \times 4.83 = 47.3 \text{kPa}$$

$$p_2 = \rho g h_2 = 9.807 \times 7 = 68.6 \text{kPa}$$

梯形的面积为

$$S = \frac{p_1 + p_2}{2} a = \frac{47.3 + 68.6}{2} \times 2.5 = 144.9 \text{m}^2$$

静水的总压力为

$$P = bS = 2 \times 144.9 = 289.8 \text{kN}$$

梯形压强分布图形心位置，可按式（2-22）计算，也可以通过以下作图法求得：如图 2-24 所示，设该梯形上下底边长分别为 b_1、b_2。将上底向右侧延长 b_2，下底向左侧延长 b_1，将上下底延长线的端点用直线 CD 连接，并与上下底中点的连线 mn 相交于 O 点，O 即为梯形的形心。形心至下底的距离 $On = e$。

按本题中 $b_1 = 47.3 \text{kPa}$，$b_2 = 68.6 \text{kPa}$，$a = 2.5 \text{m}$，作图得 $e = 1.17 \text{m}$，则静水总压力作用点在水面下的深度 h_D 为

$$h_D = h_2 - e\sin 60° = 7 - 1.17 \times 0.867 = 5.99 \text{m}$$

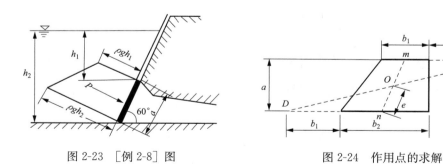

图 2-23 ［例 2-8］图　　　　　　图 2-24 作用点的求解

第六节　作用于曲面上的液体总压力

受压面并非只有平面，工程应用中很多的受压面是曲面，而这些受压曲面大部分是圆柱

体曲面，比如锅炉汽包、圆管管壁、油管以及弧形阀门等。由于静止液体作用在曲面上各点的压强方向都垂直于曲面各点的切线方向，各点压强大小的连线不是直线，所以计算作用在曲面上静止液体的总压力的方法与平面不同。现对作用在曲面上的静水总压力的大小、方向和作用点进行讨论。

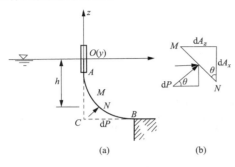

图 2-25　作用在曲面上的液体静压力

1. 作用在曲面上静水总压力的大小

有一母线垂直于纸面（即平行于 Oy 轴）的二向曲面，母线长 b，曲面的一侧受到液体静压力的作用，如图 2-25 所示。

由于压强与受压面正交，作用在曲面各微小面积上的压力正交于各自的微小面积，其方向是变化的。这样就不能像求平面总压力那样通过直接积分求和的办法去求得全部曲面上的总压力了。为此，可将该曲面看作由无数微小面积的微元组成，而作用在每一微小面积上的压力 dP 就可以分解成水平分力 dP_x 及垂直分力 dP_z，通过对 dP_x 及 dP_z 积分得到 P 的水平分力 P_x 及垂直分力 P_z。这样把求曲面总压力的问题变成求平行力系合力 P_x、P_z 的问题。

为此，做许多母线分 AB 曲面为无穷多个微小曲面，以 MN 为其中之一，由于微小面积非常小，可以认为其为一个平面，面积为 dA，该微元的形心在液面以下的深度为 h，作用在这一微小面积上的力 dP 在水平和铅直方向的投影为

$$dP_x = dP\cos\theta = \rho gh\,dA\cos\theta$$
$$dP_z = dP\sin\theta = \rho gh\,dA\sin\theta$$

由已知得 $dA\sin\theta = dA_x$，$dA\cos\theta = dA_z$，则 $dP_x = \rho gh\,dA_x$，$dP_z = \rho gh\,dA_z$。

该式中 dA_x 是 dA 面在水平面 xOy 上的投影大小；dA_z 是 dA 面在水平面 yOz 上的投影大小。将上式积分得

$$P_x = \int dP_x = \int_{A_z} \rho gh\,dA_z = \rho g \int_{A_z} h\,dA_z \tag{2-24}$$

$$P_z = \int dP_z = \int_{A_x} \rho gh\,dA_x = \rho g \int_{A_x} h\,dA_x \tag{2-25}$$

式中 $h\,dA_z$ 为平面 dA_z 对 Oy 轴的静距，由理论力学可知，积分 $\int h\,dA_z$ 等于曲面 AB 在铅直平面上的投影面积 A_z 对自由液面 y 轴的静距，它等于 A_z 与其形心在水面下的淹没深度 h_C 之乘积，即

$$\int_{A_z} h\,dA_z = h_C A_z$$

代入式（2-24）得

$$P_x = \int dP_x = \rho g \int_{A_z} h\,dA_z = \rho g h_C A_z \tag{2-26}$$

式中：A_z 为曲面 AB 在垂直面 yOz 上的投影面，m^2；h_C 为投影面 A_z 的形心在水面下的深

度，m。

由此可见，作用在曲面 AB 上的液体总静压力的水平分力 P_x，等于作用于该曲面的垂直投影面上的液体总压力。P_x 的作用方向是水平指向受压面，其作用点可按式（2-22）计算。

而铅直分力 P_z，由几何学可知，式（2-25）右边的积分式中 $\mathrm{d}A_x$ 为作用在微小曲面 MN 上的液体体积。

$$P_z = \int \mathrm{d}P_z = \int_{A_x} \rho g h \, \mathrm{d}A_x = \rho g V \tag{2-27}$$

式中：$h\mathrm{d}A_x$ 为微小平面 MN 所托液体的体积，m^3；$\displaystyle\int_{A_x} h \, \mathrm{d}A_x$ 为曲面 AB 所托液体的体积（见图 2-26），即以截面积为 $OABD$，长为 b 的柱体体积，以 V 表示，成为压力体，m^3。

由式（2-27）可知，作用在曲面上的液体总静压力的铅直分力 P_z，等于该曲面的压力体内的液体所受的重力。

压力体是以曲面为底，以其在自由面或其延长面上的投影面为顶，曲面四周各点向上投影的垂直母线做侧面所包围的一个空间体积。P_z 的作用线通过压力体的重心。

如图 2-27（a）所示，压力体和水体位于受压面的同侧，液体位于受压曲面的上方，在压力体内充满液体，称为实压力体，P_z 的方向向下。如图 2-27（b）所示，压力体和水体位于受压面的两侧，液体位于受压曲面的下方，在压力体内无液体，则称为虚压力体，P_z 的方向向上。

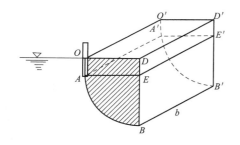

图 2-26　曲面上压力体的组成

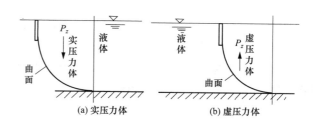

图 2-27　压力体

作用在曲面上的静水总压力为

$$P = \sqrt{P_x^2 + P_z^2} \tag{2-28}$$

2. 作用在曲面上静水总压力的方向

P 的作用线与水平线的夹角 θ 为

$$\theta = \arctan \frac{P_z}{P_x} \tag{2-29}$$

3. 作用在曲面上静水总压力的作用点

P 的作用线必然通过 P_x 与 P_z 的交点，对于圆柱体曲面，必定通过圆心。总压力 P 的作用线与曲面的交点，即为静水总压力的作用点。

以上推导的求作用在平面与曲面上的液体总压力 P 的公式只适用于液面压强为大气压。对密封容器，当液面压强大于或小于大气压时，则应以相对压强为零的液面（即测压管水头

所在的液面）求总压力和压力作用点。这点相对压强为零的液面和容器实际液面的距离为 $|p_0-p_a|/\rho g$。

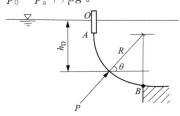

图 2-28 ［例 2-9］用图

【例 2-9】 如图 2-28 所示，AB 为四分之一圆柱体曲面，半径 $R=2.5\text{m}$，宽 $b=4.0\text{m}$，A 点的水深 $OA=2.0\text{m}$，求作用在曲面上的静水总压力及其作用点。

解：

求水平分力 P_x

$$P_x = h_C A_z = 9.807 \times \left(2.0 + \frac{2.5}{2}\right) \times 2.5 \times 4.0 = 318.7\text{kN}$$

求垂直分力 P_z

$$P_z = V = Ab = 9.807 \times \left(2.5 \times 2.0 + \frac{\pi}{4} \times 2.5^2\right) \times 4.0 = 388.6\text{kN}$$

求合力 P

$$P = \sqrt{P_x^2 + P_z^2} = \sqrt{318.7^2 + 388.6^2} = 502.6\text{kN}$$

求作用点

$$\theta = \arctan\frac{P_z}{P_x} = \arctan\frac{388.6}{318.7} = 50.6°$$

$$h_D = OA + R\sin\theta = 2.0 + 2.5 \times \sin50.6° = 3.93\text{m}$$

即总压力 P 的作用点在曲面 AB 上且液面下水深 3.93m 处。

第七节 流体平衡微分方程

流体平衡微分方程式建立的基础是以除重力之外的质量力作用于流体，并且该流体处于平衡状态。流体平衡微分方程的建立，是进一步解决流体内压强分布规律以及压力计算问题的基础。

在静止流体中任取一边长为 $\mathrm{d}x$、$\mathrm{d}y$、$\mathrm{d}z$ 的微元平行六面体的流体微团，如图 2-29 所示。现在来分析作用在该流体微团上的外力的平衡条件。

设该微元平行六面体中心点处的静压强为 p，则作用在六个平面中心点上的静压强可按泰勒级数展开，略去二阶以上无穷小量后取前两项，例如：在垂直于 X 轴的左、右两个平面中心点上的静压强分别为

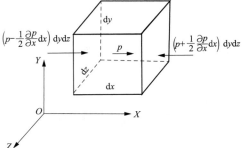

图 2-29 微元平行六面体 x 方向的受力分析

$$p - \frac{1}{2}\frac{\partial p}{\partial x}\mathrm{d}x \text{ 和 } p + \frac{1}{2}\frac{\partial p}{\partial x}\mathrm{d}x$$

由于该六面体是微元平行六面体，所以可以把各微元面上中心点处的压强视为平均压强。因此，垂直于 X 轴的左、右两微元面上的总压力分别为

$$\left(p - \frac{1}{2} \frac{\partial p}{\partial x} dx\right) dydz \text{ 和 } \left(p + \frac{1}{2} \frac{\partial p}{\partial x} dx\right) dydz$$

同理，可得到垂直于 Y 轴的下、上两微元面上的总压力分别为

$$\left(p - \frac{1}{2} \frac{\partial p}{\partial y} dy\right) dxdz \text{ 和 } \left(p + \frac{1}{2} \frac{\partial p}{\partial y} dy\right) dxdz$$

垂直于 Z 轴的后、前两微元面上的总压力分别为

$$\left(p - \frac{1}{2} \frac{\partial p}{\partial z} dz\right) dxdy \text{ 和 } \left(p + \frac{1}{2} \frac{\partial p}{\partial z} dz\right) dxdy$$

除了以上所述作用在该六面体上的表面力之外，还有作用于六面体的质量力，设作用于六面体的单位质量力在 x 轴的分力为 X，则作用于六面体的质量力在 x 轴的分力为 $X\rho dxdydz$。

同理，作用于六面体的质量力在 y 轴以及 z 轴的分力分别为 $Y\rho dxdydz$ 和 $Z\rho dxdydz$。

在上述表面力和质量力的作用下，流体处于平衡状态时，两种力一定是相互平衡的，所以对于 x 轴向的平衡可以写为

$$\left(p - \frac{1}{2} \frac{\partial p}{\partial x} dx\right) dydz - \left(p + \frac{1}{2} \frac{\partial p}{\partial x} dx\right) dydz + X\rho dxdydz = 0$$

两边除以 $dxdydz$，简化后得

$$X - \frac{1}{\rho} \frac{\partial p}{\partial x} = 0$$

同理，对 y、z 轴方向可得

$$Y - \frac{1}{\rho} \frac{\partial p}{\partial y} = 0, \quad Z - \frac{1}{\rho} \frac{\partial p}{\partial z} = 0$$

这就是流体平衡微分方程式，是在 1755 年由欧拉（Euler）首先推导出来的，所以又称欧拉平衡微分方程式。该方程指出：处于平衡状态时，作用于流体上的质量力与压强递增率之间的关系。它表示单位体积质量力在某一轴向的分力与压强沿该轴的递增率相平衡。如果单位体积的质量力在某两个轴向分力为零，则压强在该平面就无递增率，则该平面为等压面。如果质量力在各轴向的分力均为零，就表示无质量力作用，则静止流体空间各点压强相等。

在推导这个方程中，除了假设是静止流体以外，其他参数（质量力、密度）未做任何假设，所以该方程的适用范围是静止或相对静止状态的可压缩和不可压缩流体。

第八节 流体的相对平衡

流体整体对地球是相对运动的，但流体质点之间及流体质点与器壁之间都没有相对运动，这种运动称为流体的相对平衡。流体平衡微分方程式适用于流体绝对静止，流体所受外力为零，而相对平衡的流体所受的外力除了重力外，还有牵连惯性力，本节利用流体平衡微分方程式为基础，讨论以下两种情况的相对平衡。

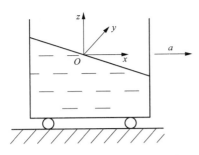

图 2-30 容器等加速直线运动

一、等加速直线运动液体的相对平衡

一个以等加速度 a 向前做直线运动的敞开容器中盛有液体，液体的自由面由水平面变成倾斜面，如图 2-30 所示。容器相对于观察者是运动的，而容器和液体都没有运动，这种运动就是相对平衡运动。

设自由液面中心点为 O 点，x 轴的正向为运动方向，z 轴向上为正向。作用在单位质量液体上的质量力为

$$X = -a, \quad Y = 0, \quad Z = -g$$

代入平衡微分方程得

$$\begin{cases} a + \dfrac{1}{\rho}\dfrac{\partial p}{\partial x} = 0 \\[2mm] \dfrac{\partial p}{\partial y} = 0 \\[2mm] g + \dfrac{1}{\rho}\dfrac{\partial p}{\partial z} = 0 \end{cases}$$

由 $\dfrac{\partial p}{\partial y} = 0$ 可知，压强 p 与 y 无关，即

$p = p(x, y)$，故有 $\mathrm{d}p + \rho a\,\mathrm{d}x + \rho g\,\mathrm{d}z = 0$，则

$$p + \rho a x + \rho g z = c \tag{2-30}$$

式中：c 为常数，由已知边界条件确定。

这就是等加速直线运动容器中液体相对平衡时压强分布规律的一般表达式。

设在坐标原点处，当 $x = 0$，$z = 0$，$p = p_a$，得 $c = p_a$。故压强分布规律为

$$p = p_a - \rho a x - \rho g z = p_a + \rho g\left(-\frac{a}{g}x - z\right) \tag{2-31}$$

其相对压强为

$$p = \rho g\left(-\frac{a}{g}x - z\right) \tag{2-32}$$

对于自由液面，$p = 0$，则有

$$z = -\frac{a}{g}x \tag{2-33}$$

上式为等加速直线运动液体的自由液面方程。由方程可知，自由液面是通过坐标原点的一个倾斜面。在这种运动状态下，各个质点所受的牵连惯性力和重力不仅大小相等而且方向相同。它们的合力也是不变的，不仅大小不变而且方向也不变。根据质量力和等压面正交的特性，所以等压面是倾斜平面。

自由液面确定后，可以根据自由液面求任一点的压强。其方法是求出该点沿铅直线在液面下的深度，然后用水静力学方程，即 $p = p_a + \rho g h$ 来进行计算。

二、等角速度旋转容器中液体的平衡

一直立圆筒形容器内盛有液体，绕圆筒的中心轴做等角速度旋转运动，如图 2-31 所示。由于液体的黏性作用，液体在器壁的带动下，也以同一角速度旋转运动，液体的自由液面将由原来静止时的水平面变成绕中心轴的旋转抛物面，这种运动也是相对平衡运动。这时，作用在每一个质点上的质量力除了重力外，还有牵连离心惯性力。

设坐标位于旋转圆筒上，原点与旋转抛物面顶点相重合，z 轴垂直向上为正向，如图 2-31 所示。下面分析距离 z 轴半径为 r 处的任一质点所受的单位质量力。

单位质量力各个轴向分力为

$$X_1 = 0, \quad Y_1 = 0, \quad Z_1 = -g$$

所选质点随圆筒做等角速旋转运动，则该点受到的牵连离心惯性力为

$$F = m\omega^2 r = m\omega^2 \sqrt{x^2 + y^2} = \sqrt{(m\omega^2 x)^2 + (m\omega^2 y)^2}$$

式中：m 为质点的质量；ω 为旋转角速度；r 为质点到 z 轴的半径，$r = \sqrt{x^2 + y^2}$。

该牵连离心惯性力在各轴向分力为

$$F_x = m\omega^2 x, \quad F_y = m\omega^2 y, \quad F_z = 0$$

故单位质量的牵连离心惯性力在各轴向分力为

$$X_2 = \omega^2 x, \quad Y_2 = \omega^2 y, \quad Z_2 = 0$$

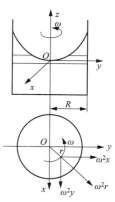

图 2-31 圆筒等角
速度旋转运动

综上所述，单位质量力轴向分力为

$$X = X_1 + X_2 = \omega^2 x, Y = Y_1 + Y_2 = \omega^2 y, Z = Z_1 + Z_2 = -g$$

将上式代入平衡微分方程，即

$$\mathrm{d}p = \rho \mathrm{d}W = \rho(\omega^2 x \mathrm{d}x + \omega^2 y \mathrm{d}y - g \mathrm{d}z)$$

积分可求得

$$p = \rho\left(\frac{\omega^2 x^2 + \omega^2 y^2}{2} - gz\right) + c = \rho\frac{\omega^2 r^2}{2} - \rho gz + c \tag{2-34}$$

式中：c 为常数，由已知边界条件确定。

这就是绕 z 轴作等角速度旋转的圆筒中液体相对平衡时压强分布规律的一般表达式。

设在坐标原点处，当 $x = 0$，$y = 0$，$z = 0$，$p = p_a$，得 $c = p_a$。因压强分布规律为式（2-34），得

$$p = p_a + \rho\frac{\omega^2 r^2}{2} - \rho gz \tag{2-35}$$

其相对压强为

$$p = \rho\frac{\omega^2 r^2}{2} - \rho gz = \rho g\left(\frac{\omega^2 r^2}{2g} - z\right) \tag{2-36}$$

当 $p = p_a$，即对于自由面时，得

$$z = \frac{\omega^2 r^2}{2g} = \frac{u^2}{2g} \tag{2-37}$$

从上式可以看出，同一水平面上，旋转中心的压强最低，外缘的压强最高。

自由液面确定后，也可以根据自由液面求任一点的压强，其方法是求出该点沿铅直线在液面下的深度，然后用水静力学方程，即 $p = p_a + \rho gh$ 来进行计算。

三、流体相对平衡的应用

1. 离心铸造机的原理

圆柱形圆筒中盛满水，圆筒上有盖板，盖板中心有一个小孔，如图 2-32 所示。圆筒以角

速度 ω 绕 z 轴旋转，等压面由静止平面变成旋转的抛物面，但是因为有盖板进行封闭，所以水面不能上升，盖板下表面各个点承受的压强为

$$p = \rho g z = \rho g \frac{\omega^2 r^2}{2g} \tag{2-38}$$

相对压强为零的面如图 2-32 中虚线所示。从图中可以看出，轴心 $r=0$ 处压强最小，边缘 $r=R$ 处压强最大。由式（2-38）可以得到，边缘处的压强随着 ω 增大而增大。

2. 离心泵及风机的原理

圆柱形容器中装满水，容器顶端有盖板，盖板边缘开一个孔，如图 2-33 所示。

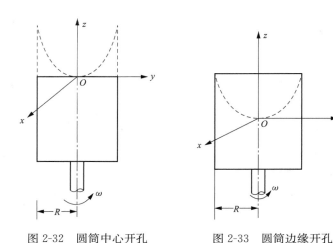

图 2-32　圆筒中心开孔　　　　图 2-33　圆筒边缘开孔

圆筒以角速度 ω 绕 z 轴旋转，容器旋转时液体并未流出，但是压强分布发生改变，相对压强为零的面如图中虚线所示。液体内各个点的压强分布为

$$p = \rho g \left(\frac{\omega^2 r^2}{2g} - z \right)$$

可推导出盖板各点所受的压强为

$$p = -\rho g \left(\frac{\omega^2 R^2}{2g} - \frac{\omega^2 r^2}{2g} \right)$$

或者真空压强为

$$p_{\mathrm{v}} = \rho g \left(\frac{\omega^2 R^2}{2g} - \frac{\omega^2 r^2}{2g} \right)$$

由上式可以得出，在轴心处，即 $r=0$ 处，$p_{\mathrm{v}} = \rho g \dfrac{\omega^2 R^2}{2g}$，真空压强值最大；在边缘处，即 $r=R$ 处，$p_{\mathrm{v}}=0$，说明边缘处真空压强为 0。离心泵和风机就是利用这个原理，使得流体不断从叶轮中心吸入。

小　结

本章围绕流体静压强介绍了其定义、特性、测量方法和常用的测量仪器，重点介绍了流体静压强的基本方程及其在实际工程中的应用，对作用于平面和曲面的液体压力进行了分

析，给出了分析和计算的思路。另外，通过对流体平衡微分方程的建立，进一步解决流体内压强分布规律以及压力计算问题的基础，然后在流体平衡微分方程的基础上分析两种流体相对平衡，并介绍其实际应用的情况。

思考题与习题

2-1　流体静压强有几种表示方法，它们之间的关系是什么？

2-2　在工程计量中，为何常采用工程大气压计量而不用标准大气压计量？

2-3　实压力体和虚压力体的区别是什么？它们是如何构成的？

2-4　作用在流体微团上的力可以分为几类？

2-5　如图 2-34 所示，试求图（a）、（b）、（c）中，A、B、C 各点的相对压强，图中 p_0 是绝对压强，大气压强 $p_a = 1\text{atm}$。

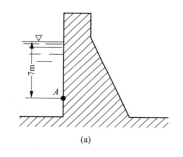
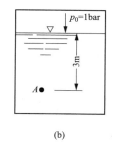
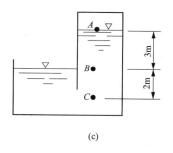

图 2-34　习题 2-5 用图

2-6　某地大气压强为 98.07kPa，求：（a）绝对压强为 117.7kPa 时的相对压强及其水柱高度；（b）相对压强为 $7\text{mH}_2\text{O}$ 时的相对压强；（c）绝对压强为 68.5Pa 时的真空压强。

2-7　一封闭水箱，如图 2-35 所示，水面上压强 $p_0 = 85\text{kPa}$，求水面下 $h = 1\text{m}$ 点 C 的绝对压强、相对压强和真空压强。已知当地大气压 $p_a = 98.07\text{kPa}$，$\rho = 1000\text{kg/m}^3$。

2-8　如图 2-36 所示，密闭容器的水面处绝对压强 $p_0 = 107.7\text{kPa}$，当地大气压强 $p_a = 98.07\text{kPa}$。试求：（a）水深 $h = 0.8\text{m}$ 时，A 点的绝对压强和相对压强；（b）若 A 点距基准面的高度 $Z = 5\text{m}$，求 A 点的测压管高度及测压管水头；（c）压力表 M 和酒精（单位体积酒精所受的重力为 7.944kN/m^3）测压计 h_1 的读数为多少？

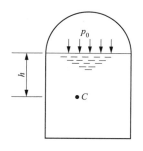
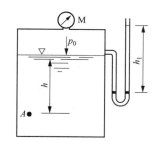

图 2-35　习题 2-7 用图　　　　　　　图 2-36　习题 2-8 用图

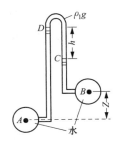

图 2-37 习题 2-9 用图

2-9 如图 2-37 所示，两高度差 $Z=20\text{cm}$ 的水管，当图示 $\rho_1 g$ 处为空气及油（单位体积油受的重力为 9kN/m^3）时，h 均为 10cm，试分别求 A 和 B 点的压差。

2-10 如图 2-38 所示，水平桌面上的形状不同的盛水容器，当容器底面积 A 及水深 h 均相等时，问：

（a）各容器底面上所受的液体静压力是否相等？为什么？

（b）容器底面上所受的液体静压力与桌面上所受的压力是否相等？为什么？

（c）液体静压强的大小与容器的形状有无关系？为什么？

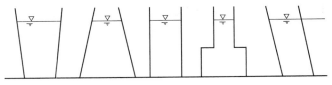

图 2-38 习题 2-10 用图

2-11 如图 2-39 所示，密封方形柱体容器中盛水，底部侧面开 $0.5\text{m}\times0.6\text{m}$ 的矩形孔，水面绝对压强 $p_0=117.7\text{kN/m}^2$，当地大气压强 $p_a=98.07\text{kN/m}^2$，求作用于闸门的水静压力及作用点。

2-12 如图 2-40 所示，AB 为一矩形闸门，A 为闸门的转轴，闸门宽 $b=2\text{m}$，闸门质量 $m=2\text{kg}$，$h_1=1\text{m}$，$h_2=2\text{m}$，问 B 端所施加的铅直力 F 为何值时，才能将闸门打开？

2-13 如图 2-41 所示，有一水坝，坝上有一圆形泄水孔，装一直径为 1m 的平板阀门，中心水深 $h=3\text{m}$，闸门所在的斜面 $\alpha=60°$，闸门 A 端设有铰链，B 端钢索可将闸门拉开。当开启闸门时，闸门可绕 A 向上转动。在不计摩擦力及钢索、闸门重力时，求开启闸门所需之力 $F\left(\text{注：圆形 } J_C=\dfrac{\pi}{64}D^4\right)$。

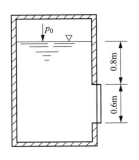

图 2-39 习题 2-11 用图

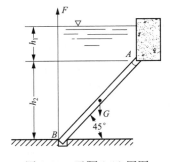

图 2-40 习题 2-12 用图

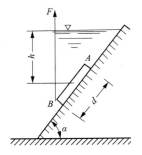

图 2-41 习题 2-13 用图

2-14 如图 2-42 所示，有一圆滚门，长度 $l=10\text{m}$，直径 $D=4\text{m}$，上游水深 $H_1=4\text{m}$，下游水深 $H_2=2\text{m}$，求作用于圆滚门上的水平和垂直分压力。

2-15 如图 2-43 所示，一半径为 $R=30\text{cm}$ 的圆柱形容器中装满水，然后用螺栓连接的盖板封闭，盖板中心开有一个圆形小孔。当容器以 $n=300\text{r/min}$ 的转速旋转时，求作用于盖板螺栓上的拉力。

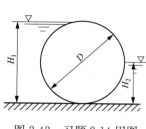

图 2-42　习题 2-14 用图

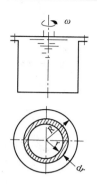

图 2-43　习题 2-15 用图

第三章　一元流体动力学

无论在自然界还是工程实际中，流体的静止总是相对的，运动才是绝对的。流体最基本的特征就是它的流动性。因此，进一步研究流体的运动规律具有更重要、更普遍的意义。

流体动力学就是研究流体运动规律及其在工程上实际应用的科学。本章研究流体的运动要素——压强、密度、速度、作用力、加速度间的相互关系；根据流体运动实际情况，研究反映流体运动基本规律的连续性方程式、能量方程式和动量方程式，这是流体动力学三大基本方程式，在整个工程流体力学中占有非常重要的地位。

流体静力学与流体动力学的主要区别：一是在进行力学分析时，在流体静力学中只考虑作用在流体上的重力和压力。动力学由于流体流动，在打破重力和压力平衡的同时，产生了与流速密切相关的惯性力和黏滞力。其中，惯性力是由质点本身流速变化所产生的，黏滞力是由于流层与流层之间存在着流速差异所引起的。二是在计算某点压强时，流体的静压强只与该点所处的空间位置有关，与作用方向无关；动力学中的压强，一般指动压强，不仅与该点所处的空间位置有关，还与作用方向有关。但是由理论推导可以证明，任意一点在三个正交方向上流体动压强的平均值是一个常数，不随这三个正交方向的选取而变化，这个平均值作为点的动压强，它也只与流体所处的空间位置有关。因此，今后在不至于混淆的情况下，流体流动时的动压强和流体静压强，一般在概念和命名上不予区别，一律称为压强。

由于实际流体存在黏滞性，使流体运动的分析比较复杂，所以流体动力学的研究方法是先从忽略黏滞性的理想流体模型为研究对象，推导其基本理论，再根据实际流体的条件对基本理论的应用加以简化或修正。

第一节　描述流体运动的方法

流体运动一般在固体壁面所限制的空间内、外进行。例如，空气在室内流动、水在管内流动、风绕建筑物流动。这些流动都是在房间墙壁、水管管壁、建筑物外墙等固体壁面所限定的空间内、外进行。我们把流体流动占据的空间称为流场。

流体的运动被看作是充满一定空间而由无数个流体质点所组成的连续介质的运动。根据研究流体质点随时间和空间位置变化的情况，描述流体运动的方法分为拉格朗日法和欧拉法。

一、拉格朗日法

拉格朗日法：沿袭固体力学的方法，把流体看作是由无数连续质点所组成的质点系。以研究个别流体质点的运动为基础，通过对每个流体质点运动规律的研究来确定整个流体的运动规律，也就是用不同质点的运动参数随时间的变化来描写流体的运动。用这种方法可以表示和了解流体个别质点的各种参数从始至终的变化情况。

把流体质点在某一时刻 t_0 时的坐标 (a, b, c) 作为该质点的标志，则不同的 $(a, b,$

c）就表示流动空间的不同质点。随着时间的迁移，质点将改变位置，设（*x*，*y*，*z*）表示时间 *t* 时质点（*a*，*b*，*c*）的坐标，则函数

$$\left.\begin{array}{l} x = x(a,b,c) \\ y = y(a,b,c) \\ z = z(a,b,c) \end{array}\right\} \tag{3-1}$$

表示全部质点随时间 *t* 的位置变动。表达式中的自变量（*a*，*b*，*c*，*t*）称为拉格朗日变量。

拉格朗日法的基本特点是追踪流体质点的运动，它的优点就是可以直接运用理论力学中早已建立的质点或质点系动力学来进行分析。但是这样的描述方法过于复杂，实际上难以实现。而绝大多数的工程问题并不要求追踪质点的来龙去脉，只是着眼于流场的各固定点，固定断面或固定空间的流动。例如，扭开水龙头，水从管中流出；打开窗门，风从窗门流入；开动风机，风从工作区间抽出。我们并不追踪水的各个质点的前前后后，也不探求空气的各个质点的来龙去脉，而是要知道：水从管中以怎样的速度流出；风经过门窗，以什么流速流入；风机抽风，工作区间风速如何分布等。也就是只要知道一定地点（如水龙头处）、一定断面（如门窗洞口断面）或一定区间（工作区间）的流动状况，而不需要了解某一质点、某一流体团的全部流动过程。因此，拉格朗日法在流体动力学的研究中很少采用。

二、欧拉法

欧拉法：以流体运动所处的固定空间为研究对象，考察每一时刻通过各固定点、固定断面或固定空间的流体质点的运动情况，从而确定整个流体的运动规律，是研究整个流场内不同位置上的流体质点的流动参量随时间的变化。也就是用同一瞬时的全部流体质点的流动参数来描写流体的运动，用这种方法不能表示个别质点从始至终的全部过程，但是欧拉法可以表示同一瞬时整个流场的参数，这在工程实际上是非常有用的。

因为欧拉法是描写流场内不同位置质点的流动参数随时间的变化，所以流动参数将是空间坐标（*x*，*y*，*z*）和时间（*t*）的函数，对流速为

$$\left.\begin{array}{l} u_x = u_x(x,y,z,t) \\ u_y = u_y(x,y,z,t) \\ u_z = u_z(x,y,z,t) \end{array}\right\} \tag{3-2}$$

式中，变量（*x*，*y*，*z*，*t*）称为欧拉变量。

对比拉格朗日法和欧拉法，可以看出：前者以 *a*、*b*、*c* 为变量，是以一定质点为研究对象；后者以 *x*、*y*、*z* 为变量，是以固定空间为研究对象。因此，只要对流动的描写是以固定空间、固定断面或固定点为对象，就应采用欧拉法，而不是拉格朗日法。本书后续的流动描述均采用欧拉法。

第二节　描述流体运动的基本概念

一、压力流与无压流

按照促使流体运动的作用力不同来分，流体流动可分为压力流和无压流。

流体运动时，流体充满整个流动空间并在压力作用下的流动，称为压力流。压力流的特

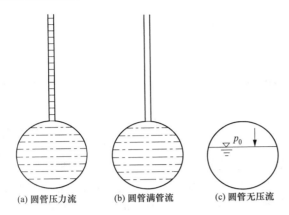

(a) 圆管压力流　　(b) 圆管满管流　　(c) 圆管无压流

图 3-1　压力流与无压流

点是没有自由表面，且流体对固体壁面的各处包括顶部（如管壁顶部）有一定的压力，如图 3-1（a）所示。在压力流中，流体压强一般大于大气压强，也可以小于大气压强（如水泵吸水管和虹吸管上部等）。供热、通风和给水管道中的流体流动，一般都是压力流。

液体流动时，具有与气体相接触的自由表面，且只依靠液体自身重力作用下的流动，称为无压流。无压流的特点是液体的部分周界不和固体壁面相接触，自由表面上的压强等于大气压强。天然河流、各种排水管、渠流一般都是无压流，如图 3-1（c）所示。

此外，在实际工程中有时还可以碰到满管流的情况，这种情况是介于压力流与无压流之间，是两者之间的过渡状态。根据压力流的定义，由于满管流对管壁顶部不产生压力，因此可以近似地按无压流看待，如图 3-1（b）所示。

二、恒定流与非恒定流

流体在运动时，按流体的流速、压强、密度等运动要素是否随时间变化，可以分为恒定流与非恒定流。如果在流场中任何空间一点上的所有运动要素都不随时间而改变，这样的流动称为恒定流；如果流场中任何空间一点上的运动要素随时间而变化，这种流动称为非恒定流。

用欧拉法来观察流场中各固定点、固定断面或固定区间流动的全过程时，可以看出，流速经常要经历若干阶段的变化：打开水龙头，破坏了静止水体的重力和压力的平衡，在打开的过程以及打开后的短暂时间内，水从喷口流出。喷口处流速从零迅速增加，到达某一流速后，即维持不变。这样，流体从静止平衡（流体静止），通过短时间的运动不平衡（喷口处流体加速），达到新的运动平衡（喷口处流速恒定不变），出现三个阶段性质不同的过程。

运动不平衡的流动，它的各点流速随时间变化，各点压强、黏滞力和惯性力也随着速度的变化而变化。这种流速等物理量的空间分布与时间有关的流动称为非恒定流动。室内空气在打开窗门和关闭窗门瞬间的流动，河流在涨水期和落水期的流动，调节阀门、启动水泵或风机短暂时间内所产生的压力波动，都是非恒定流动。式（3-2）提出的函数就是非恒定流的全面描述，它不仅反映了流速在空间的分布，也反映了流速随时间的变化。

运动平衡的流动，各点流速不随时间变化，各点压强、黏滞力和惯性力也不随时间变化，这种流动称为恒定流动。在恒定流动中，欧拉变量不出现时间 t，式（3-2）简化为

$$\left.\begin{array}{l} u_x = u_x(x,y,z) \\ u_y = u_y(x,y,z) \\ u_z = u_z(x,y,z) \end{array}\right\} \tag{3-3}$$

也就是说，在恒定流的情况下，不论哪个流体质点通过任一空间点，其运动要素都是不变的，运动要素仅仅是空间坐标的连续函数，而与时间 t 无关。

如图 3-2（a）所示，当水从水箱侧孔出流时，由于水箱上部设有充水装置，使水箱中的水位保持不变，因此压强、流速等运动要素均不随时间而发生变化，所以是恒定流。

如图 3-2（b）所示，当水箱上部无充水装置时，随着水从孔口的不断出流，水箱中的水位不断下降，导致压强、流速等运动要素均随时间发生变化，所以是非恒定流动。

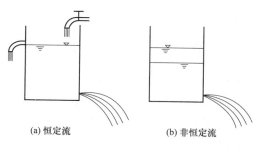

(a) 恒定流　　　　(b) 非恒定流

图 3-2　液体经孔口出流

三、流线与迹线

在本章第二节中已述及，描述流体运动有两种不同的方法。拉格朗日法是研究个别流体质点在不同时刻的运动情况，欧拉法是研究同一时刻流体质点在不同空间位置的运动情况，前者引出了迹线的概念，后者引出了流线的概念。

迹线是指某一流体质点在连续时间内的运动轨迹。迹线的特点是对于每一个质点都有一个运动轨迹，所以迹线是一簇运动路径曲线，而且迹线只随质点不同而异，与时间无关。

流线是指同一时刻流场中一系列流体质点的流动方向线，即在流场中画出的一条曲线（见图 3-3），在某一瞬时，该曲线上任意一点的流速矢量总是在该点与曲线相切。流线的绘制方法如下：

设在某时刻 t_1 流场中有一点 A_1，该点的流速为 u_1（见图 3-4），在这个矢量上取一微长度 Δs_1，得另一点 A_2；在此同时，A_2 点速度为 u_2，在 u_2 方向上取一微长度 Δs_2，又得一点 A_3；仍然在此同时，A_3 点速度为 u_3，在 u_3 方向上又取一微长度 Δs_3，得 A_4 点。以此类推，即可得出在此瞬时流场中的一条折线 $A_1A_2A_3A_4\cdots$ 如果所取的微长度趋近于零，则 $A_1A_2A_3A_4\cdots$ 为一条光滑曲线，就是在此瞬时的一条流线。

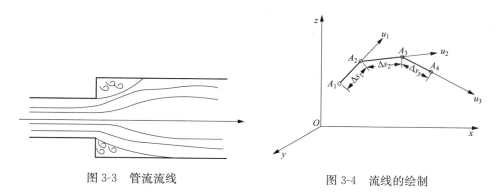

图 3-3　管流流线　　　　　　　　　图 3-4　流线的绘制

根据上述流线的概念，可以看出流线具有以下几个基本特性：

（1）流线上各质点的流速都与该流线相切。

（2）流线不能相交，也不能是折线，否则折点上将有两个流速方向，显然是不可能的。因为流场内任一固定点在同一瞬时只能有一个速度矢量。流线只能是一条光滑的曲线或直线。

（3）流线可以形象地描绘出流场内流体质点的流动状态，包括流动方向和流速的大小，流速大小可以由流线的疏密得到反映。

（4）在恒定流中，流线和迹线是完全重合的；在非恒定流中，流线和迹线不重合，因此，只有在恒定流中才能用迹线来代替流线。

四、一元、二元、三元流

一元流是指流速等运动要素只是一个空间坐标和时间变量的函数的流动。如管道内的流动，当忽略横向尺寸上各点速度的差别时，速度只沿着管长 x 方向上有变化，其他方向无变化，这就是一元流动，其数学表达式为

$$u_x = f(x,t)$$

二元流是指流速等运动要素是两个空间坐标和时间变量的函数的流动。如流体流过无限长圆柱的流动就属于二元流动，其数学表达式为

$$u_x = f_1(x,y,t)$$
$$u_y = f_2(x,y,t)$$

流体流过有限长圆柱时，圆柱两端也有绕流，这时流速等运动要素是三个空间坐标和时间变量的函数，就是三元流动，其数学表达式为

$$u_x = f_1(x,y,z,t)$$
$$u_y = f_2(x,y,z,t)$$
$$u_z = f_3(x,y,z,t)$$

工程中大多是三元流动问题，但由于三元流动的复杂性，往往根据具体问题的性质把其简化为二元或一元流动来处理也能得到满意的结果。

五、元流与总流

在流场内取任意封闭曲线 s［见图 3-5（a）］经此曲线上全部点作流线，这些流线组成的管状流面，称为流管。流管以内的流体称为流束。把面积为 dA 的微小流束称为元流。元流的边界由流线组成，根据流线的性质，流线不能相交，因此外部流体不能流入，内部流体也不能流出。元流断面即为无限小，断面上流速和压强就可认为是均匀分布，任一点的流速和压强代表了断面上其他各点的相应值。在恒定流中，流线形状不随时间改变，所以元流形状也不随时间改变。

能否将元流这个概念推广到实际流场中去，要看流场本身的性质。绝大多数情况下，用于输送流体的管道流动，其流场具有长形流动的几何形态，整个流动可以看作无数元流相加，这样的流动总体称为总流［见图 3-5（b）］。

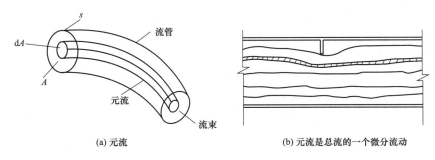

(a) 元流　　　　　　　　　(b) 元流是总流的一个微分流动

图 3-5　元流与总流

六、过流断面、流量、断面平均流速

1. 过流断面

垂直于元流的断面称为元流的过流断面。处处垂直于总流中全部流线的断面是总流的过流断面。过流断面不一定是平面。流线互不平行时，过流断面是曲面；流线互相平行时，过流断面才是平面（见图 3-6）。

总流的过流断面面积 A 等于相应位置的所有元流的过流断面面积 dA 的总和。元流过流断面上各点的运动要素，如速度、压强等，在同一时刻可认为是相同的；而总流过流断面上各点的运动要素一般是不同的。

2. 流量

单位时间内通过某过流断面的流体量称为流量，通常用流体的体积、质量来计量，分别称为体积流量 $Q_v(\mathrm{m^3/s})$、质量流量 $Q_m(\mathrm{kg/s})$。

如图 3-7 所示，设元流过流断面的面积为 dA，流速为 u，经过时间 dt，元流相对于断面 1—1 的位移 $dl = udt$，则该时间内通过断面 1—1 的流体体积为

$$dV = dldA = udtdA$$

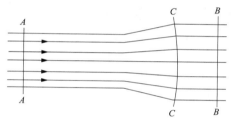

图 3-6　过流断面　　　　　　　图 3-7　流量分析

将等式两端同除以 dt，即得元流体积流量为

$$dQ_v = \frac{dV}{dt} = udA$$

由于总流是无数元流的总和，则总流的体积流量为

$$Q_v = \int_A u\,dA$$

3. 断面平均流速

由于流体具有黏性，当流体流动时，流体与固体壁之间、流体质点间都有内摩擦力产生。因此总流过流断面上各点的流速是不相同的。例如，管道中，靠近管壁处流速最小，而管轴心处流速为最大值，如图 3-8 所示。在流体力学的某些研究和大量实际工程计算中，往往不需要知道过流断面上每一点的实际流速，只需要知道该过流断面上流速的平均值就可以了。因此引入断面平均流速的概念。过流断面的平均流速是一种假想的流速，认为过流断面上每一点的流速都相同，单位时间内以平均流速 v 通过过流断面的流量与按实际流速 u 通过同一过流断面的流量相等，即

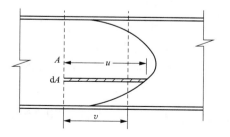

图 3-8　断面平均流速

$$Q_V = \int_A u\,dA = vA$$

$$v = \frac{\int_A u\,dA}{A} = \frac{Q_V}{A} \tag{3-4}$$

则流量公式简化为

$$Q_V = Av \tag{3-5}$$

式中：Q_V 为流体的体积流量，m^3/s；A 为总流过流断面的面积，m^2；v 为断面平均流速，m/s。

【例 3-1】 有一矩形通风管道，断面尺寸为高 $h=0.3m$，宽 $b=0.5m$，若管道内断面平均流速 $v=7m/s$，试求空气的体积流量和质量流量（空气的密度 $\rho=1.2kg/m^3$）。

解：

根据式（3-5），空气的体积流量

$$Q_V = Av = 0.3 \times 0.5 \times 7 = 1.05 m^3/s$$

空气的质量流量

$$Q_m = Av\rho = 0.3 \times 0.5 \times 7 \times 1.2 = 1.26 kg/s$$

【例 3-2】 已知蒸汽 $G=19.62kN/h$，单位体积 ρg 为 $25.7N/m^3$，断面平均流速 $v=25m/s$，试求蒸汽管道的直径。

解：

由于蒸汽管道的过流断面面积 $A=\frac{1}{4}\pi d^2$，则

$$G = Av\rho g = A = \frac{1}{4}\pi d^2 v\rho g$$

代入 $v=25m/s$，$\rho g=25.7N/m^3$，$G=19.62kN/h=\frac{19.62}{3600}\times 10^3 = 5.45N/s$。

由此可得蒸汽管道的直径

$$d = \sqrt{\frac{4G}{\pi \rho g v}} = \sqrt{\frac{4 \times 5.45}{3.14 \times 25.7 \times 25}} = 0.104m = 104mm$$

七、均匀流与非均匀流

流体流动时，过流断面大小形状沿程不变，即流线是相互平行的直线，该流动称为均匀流，直径不变的直线管道中流体流动就是均匀流。均匀流具有以下特性：

（1）均匀流的过流断面为平面，且过流断面的形状和尺寸沿程不变。

（2）均匀流中，同一条流线上各质点的流速均相等，从而各过流断面上的流速分布相同，各过流断面的平均流速相等。

（3）均匀流各过流断面上的动压强分布规律与静压强分布规律相同，即在同一过流断面上各点测压管水头为一常数，如图 3-9 所示。在管道均匀流中，任意选择 1—1 及 2—2 两过流断面，分别在两过流断面上安装测压管，则同一断面上各测压管水面将上升至同一高程，即 $z+\frac{p}{\rho g}=C$，但不同断面上测压管液面所上升的高程是不相同的，对 1—1 断面，$\left(z+\frac{p}{\rho g}\right)_1 = C_1$，对 2—2 断面，$\left(z+\frac{p}{\rho g}\right)_2 = C_2$。

为了证明这一特性，我们在均匀流断面 n—n 上取任意微小圆柱体为隔离体如图 3-10 所示，分析作用于隔离体上的力在 n—n 方向的分力。设圆柱体长为 l，横断面为 dA，铅直方向的倾角为 α，两断面的高程为 z_1 和 z_2，压强为 p_1 和 p_2。

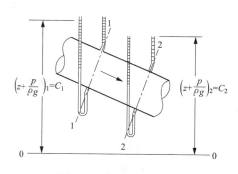

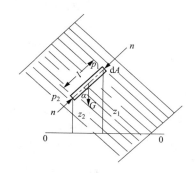

图 3-9　均匀流过流断面　　　　图 3-10　均匀流断面微小柱体的平衡

（1）柱体重力在 n—n 方向的分力 $G\cos\alpha = \rho g\, dA\cos\alpha$。

（2）作用在柱体两端的压力 $p_1 dA$ 和 $p_2 dA$ 方向分别垂直于作用面，侧表面压力垂直于 n—n 轴，在 n—n 轴上的投影为零。

（3）作用在圆柱体两端的切应力垂直于 n—n 轴，在 n—n 轴上投影为零。由于微小圆柱体端面积无限小，在微小圆柱体任一横断面上关于轴线对称的两点上的切应力可以认为大小相等，方向相反，因此，圆柱体侧面切力在 n—n 轴上投影之和也为零。

因此，微小圆柱体上力的平衡为

$$p_1 dA + \rho g l A\cos\alpha = p_2 dA$$

而
$$l\cos\alpha = z_1 - z_2$$

则
$$p_1 + \rho g(z_1 - z_2) = p_2$$

$$z_1 = \frac{p_1}{\rho g} = z_2 + \frac{p_2}{\rho g}$$

即均匀流过流断面上压强分布服从于流体静力学规律。

若流体的流线不是互相平行的直线，该流动称为非均匀流。如果流线虽然互相平行但不是直线（如管径不变的弯管中水流），或者流线虽为直线但不互相平行（如管径沿程缓慢均匀扩散或收缩的渐变管中水流）都属于非均匀流。

八、渐变流与急变流

按照流线平行和弯曲变化的程度，可将非均匀流分为两种类型：渐变流和急变流。

1. 渐变流

渐变流是指流速沿流向变化缓慢，流线是近乎平行直线的流动，如图 3-11 所示。也就是说，各流线的曲率要很小（即曲率半径 R 很大），而且，流线间的夹角 β 也很小。但究竟夹角要小到什么程度，曲率半径要大到什么程度才能视为渐变流，一般无定量标准，具体问题视所要求的精确度而定。

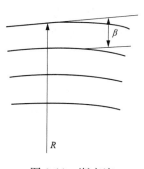

图 3-11　渐变流

渐变流的过流断面近似于平面，在渐变流过流断面上的压强分布规律也可认为服从静力学规律，也就是说渐变流的断面可按均匀流断面处理。

2. 急变流

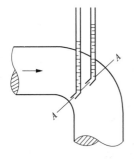

图 3-12　急变流的测压管水头

若流体的流线之间夹角很大或者流线的曲率半径很小，这种流动称为急变流。急变流流速沿流向变化显著，流线也不是平行直线，其过流断面为曲面，因此急变流过流断面上的压强分布不同于静压强分布规律。

流体在弯管中的流动，流线呈显著的弯曲形状，是典型的流速方向变化的急变流问题。在这种流动的断面上，离心力沿断面作用。和流体静压强的分布相比，沿离心力方向压强增加，如图 3-12 所示，在其断面上，沿弯曲半径的方向，测压管水头增加。通过后面对能量方程的学习，可以发现流速沿离心力方向减小了。

第三节　恒定流连续性方程

流体运动属于机械运动的范畴。因此，物理学中的质量守恒定律、能量转换与守恒定律以及动量定律等也适用于流体。本节利用质量守恒定律分析研究流体在一定空间内的质量平衡规律。

如图 3-13 所示，在总流中，取元流 1—2 流段作为研究对象，探讨两断面间的质量平衡规律。设元流过流断面面积分别为 dA_1 和 dA_2，流速分别为 u_1 和 u_2，总流 A_1 的平均流速为 v_1，A_2 的平均流速为 v_2。

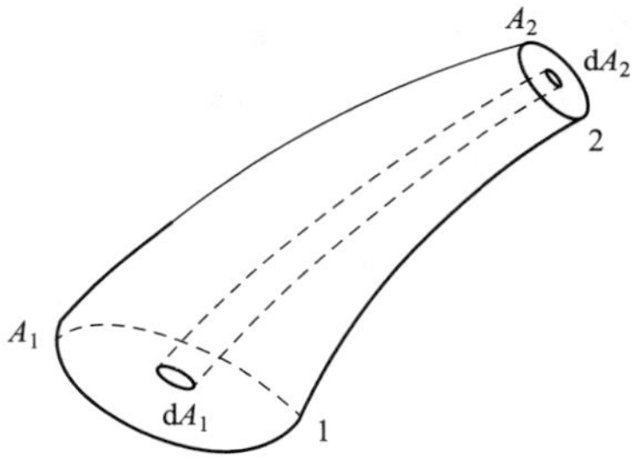

在恒定流条件下，流动是连续的，根据质量守恒定律及元流特性，流入断面 1 的流体质量必等于流出断面 2 的流体质量。则 dt 时间内流入断面的流体质量为 $\rho_1 u_1 dA_1 dt$，流入断面 2 的流体质量为 $\rho_2 u_2 dA_2 dt$，则有

图 3-13　总流的质量平衡

$$\rho_1 u_1 dA_1 dt = \rho_2 u_2 dA_2 dt$$

两端同时除以 dt 得

$$\rho_1 u_1 dA_1 = \rho_2 u_2 dA_2 \tag{3-6}$$

式（3-6）为恒定流可压缩流体元流的连续性方程式。

对于总流，将上式在总流的过流断面上积分得

$$\int_{A_1} \rho_1 u_1 dA_1 = \int_{A_2} \rho_2 u_2 dA_2 \tag{3-7}$$

由于断面上 ρ 为常数，而 $\int_A u dA = Q_V$

则

$$\rho_1 Q_{V1} = \rho_2 Q_{V2} = M$$

$$\rho_1 v_1 A_1 = \rho_2 v_2 A_2 \tag{3-8}$$

式（3-8）为恒定流可压缩流体总流的连续性方程（又称质量流量连续性方程）。若不考

虑不同地区重力加速度 g 的变化，则

$$\rho_1 g Q_{V1} = \rho_2 g Q_{V2} = G$$
$$\rho_1 g v_1 A_1 = \rho_2 g v_2 A_2 \tag{3-9}$$

当流体不可压缩时密度为常数，$\rho_1 = \rho_2$，因此，不可压缩流体的连续性方程（或体积流量连续性方程）为

$$Q_{V1} = Q_{V2}$$
$$v_1 A_1 = v_2 A_2 \tag{3-10}$$

方程式（3-9）表明，恒定流不可压缩流体的体积流量沿程不变，平均流速与断面面积成反比变化。流量一定时，过流断面大，流速小；过流断面小，则流速大。

由于断面 1、2 是任意选取的，上述关系可推广至全部流动的各个断面，即

$$Q_{V1} = Q_{V2} = \cdots = Q_V$$
$$v_1 A_1 = v_2 A_2 = \cdots = vA$$

在应用恒定流连续性方程式时，应注意以下几点：

（1）流体流动必须是恒定流。

（2）流体必须是连续介质。一般情况下流体可看作是连续介质，只有在特殊情况，如局部发生汽化现象，破坏了介质的连续性时，不能采用连续性方程。

（3）要分清是可压缩流体还是不可压缩流体以便采用相应的公式进行计算。

（4）对于中途有流量输出与输入的分支管道，如三通管的合流与分流、车间的自然换气、管网的总管流入和支管流出，都可以从质量平衡和流动连续的观点，应用恒定流连续性方程式。

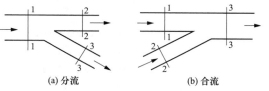

图 3-14　三通分流与合流

图 3-14 所示的三通管道在分流和合流时，根据质量守恒定律，可推广如下：

分流时

$$Q_{V1} = Q_{V2} + Q_{V3}$$
$$v_1 A_1 = v_2 A_2 + v_3 A_3$$

合流时

$$Q_{V1} + Q_{V2} = Q_{V3}$$
$$v_1 A_1 + v_2 A_2 = v_3 A_3$$

【例 3-3】　如图 3-15 所示的管段，$d_1 = 2.5\text{cm}$，$d_2 = 5\text{cm}$，$d_3 = 10\text{cm}$。（1）当流量为 4L/s 时，求各管段的平均流速；（2）旋动阀门，使流量增加至 8L/s 或使流量减少至 2L/s 时，平均流速如何变化？

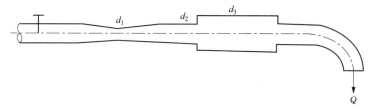

图 3-15　平均流速与断面面积

解：

（1）根据连续性方程

$$Q_V = v_1 A_1 = v_2 A_2 = v_3 A_3$$

$$v_1 = \frac{Q_V}{A_1} = \frac{4 \times 10^{-3}}{\frac{\pi}{4} \times (2.5 \times 10^{-2})^2} = 8.15\text{m/s}$$

$$v_2 = v_1 \frac{A_1}{A_2} = v_1 \left(\frac{d_1}{d_2}\right)^2 = 8.15 \times \left(\frac{2.5 \times 10^{-2}}{5 \times 10^{-2}}\right)^2 = 2.04\text{m/s}$$

$$v_3 = v_1 \frac{A_1}{A_3} = v_1 \left(\frac{d_1}{d_3}\right)^2 = 8.15 \times \left(\frac{2.5 \times 10^{-2}}{10 \times 10^{-2}}\right)^2 = 0.51\text{m/s}$$

（2）各断面流速比例保持不变，流量增加至 8L 时，即流量增为 2 倍，则各段流速也增至 2 倍，即

$$v_1 = 16.30\text{m/s}, \quad v_2 = 4.08\text{m/s}, \quad v_3 = 1.02\text{m/s}$$

流量减少至 2L 时，即流量减少至之前的 1/2，各流速也为原值的 1/2，即

$$v_1 = 4.08\text{m/s}, \quad v_2 = 1.02\text{m/s}, \quad v_3 = 0.255\text{m/s}$$

【例 3-4】 断面为 50cm×50cm 的送风管，通过 a、b、c、d 四个 40cm×40cm 的送风口向室内输送空气（见图 3-16）。送风口气流平均速度均为 5m/s，求通过送风管 1—1、2—2、3—3 各断面的流速和流量。

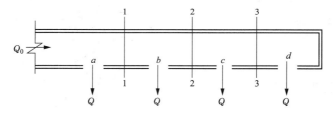

图 3-16　送风管断面流速

解：

各个送风口流量 $Q_V = 0.4 \times 0.4 \times 5 = 0.8\text{m}^3/\text{s}$，分别以 1—1、2—2、3—3 各断面右边的全部管段作为质量平衡收支运算的空间，列连续性方程，即

$$Q_{V3} = Q_V = 1 \times 0.8 = 0.8\text{m}^3/\text{s}$$

$$Q_{V2} = Q_{V3} + Q_V = 2Q = 2 \times 0.8 = 1.6\text{m}^3/\text{s}$$

$$Q_{V1} = Q_{V2} + Q_V = 3Q = 3 \times 0.8 = 2.4\text{m}^3/\text{s}$$

各断面流速

$$v_3 = \frac{Q_{V3}}{0.5 \times 0.5} = \frac{0.8}{0.5 \times 0.5} = 3.2\text{m/s}$$

$$v_2 = \frac{Q_{V2}}{0.5 \times 0.5} = \frac{1.6}{0.5 \times 0.5} = 6.4\text{m/s}$$

$$v_1 = \frac{Q_{V1}}{0.5 \times 0.5} = \frac{2.4}{0.5 \times 0.5} = 9.6\text{m/s}$$

【例 3-5】 如图 3-17 所示，氨气压缩机用直径 $d_1=76.2\text{mm}$ 的管子吸入密度 $\rho_2=4\text{kg/m}^3$ 的氨气，经压缩后，由直径 $d_2=38.1\text{mm}$ 的管子以 $v_2=10\text{m/s}$ 的速度流出，此时密度增至 $\rho_2=20\text{kg/m}^3$。求（1）质量流量；（2）流入流速 v_1。

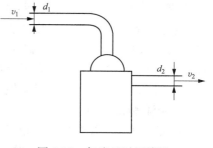

图 3-17　气流经过压缩机

解：

（1）根据可压缩流体质量连续性方程式

$$Q_m = \rho_1 v_1 A_1 = \rho_2 v_2 A_2$$

代入数值

$$Q_m = \rho_2 v_2 A_2 = 20 \times 10 \times \frac{\pi}{4}\ (38.1 \times 10^{-3})^2 = 0.228\text{kg/s}$$

（2）根据质量流量连续性方程

$$\rho_1 v_1 A_1 = \rho_2 v_2 A_2 = 0.228\text{kg/s}$$

$$v_1 = \frac{0.228}{4 \times \frac{\pi}{4}(76.2 \times 10^{-3})^2} = 12.51\text{m/s}$$

第四节　恒 定 流 能 量 方 程

从物理学中我们知道，自然界的一切物质都在不停地运动着，它们所具有的能量也在不停地转化。在转化过程中，能量既不能创造，也不能消灭，只能从一种形式转化为另外一种形式，这就是能量转换与守恒定律。流体的能量方程就是能量守恒定律在流体运动中的具体应用。

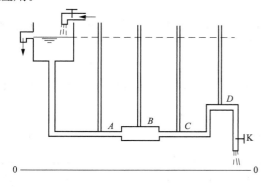

图 3-18　水流的能量变化

流体和其他物质一样，也具有动能和势能两种机械能。流体的动能与势能之间，机械能与其他形式的能量之间，也可以互相转化。它们之间的转化关系，同样遵守能量转换与守恒定律。

如图 3-18 所示，水箱中的水经直径不同的管段恒定出流，取水平面 0—0 为基准面，在管段 A、B、C、D 各点分别接测压管，来观察水流的能量变化。

当管段出口阀门 K 关闭，水静止时，各测压管中的水面与水箱水面平齐。它表明，尽管水箱水面及 A、B、C、D 各点具有不同的位置势能（由各点的相对位置所决定）和压力势能，但两者之和均相等，这说明静止流体中各点的测压管水头均相等。

当打开阀门 K，水流动时，就会发现各测压管中的水面均有不同程度的下降，它表明已有部分势能转化为动能。其中，A、C 断面面积较小，根据连续性方程式，则 A、C 断面的流速较大，即动能较大。因此，A、C 测压管中的水面下降幅度要比 B 管大些。如果管段 AC 足够长，还会发现，尽管 A 断面与 C 断面的过流面积相等，流速不变，动能也一样，但

A、C 两测压管的水面高度却不同，C 管中的水面要稍低些。这表明水流动时，因克服流动阻力，流体的部分机械能已转化为热能散失掉了。

以上讨论说明：流体的机械能包括位能（位置势能）、压能（压力势能）和动能。流体运动时，因克服流动阻力，还会引起机械能的损耗。恒定流能量方程式就是要建立它们之间的关系，并以此来说明流体的运动规律。

一、元流能量方程

根据功能原理可以推导得出元流能量方程式。在恒定流中任意取一元流断面 1—1 与 2—2 之间的元流流段为研究对象，如图 3-19 所示。两断面的高程和面积分别为 z_1、z_2 和 dA_1、dA_2，两断面的流速和压强分别为 u_1、u_2 和 p_1、p_2。经过 dt 时间，流段由原来的位置 1—2 移到新的位置 $1'$—$2'$。

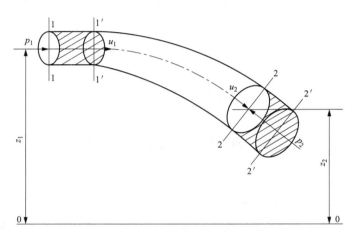

图 3-19　元流能量方程式推导

现讨论该流段中能量的变化与外界做功的关系，即外界对流段所做的功等于流段机械能的变化。

压力做功，包括断面 1—1 所受的压力 $p_1 dA_1$，所做的正功 $p_1 dA_1 u_1 dt$ 和断面 2—2 所受的压力 $p_2 dA_2$，所做的负功 $p_2 dA_2 u_2 dt$。做功的正或负，根据压力方向和位移方向是相同或相反确定。元流侧面压力和流段正交，不产生位移，不做功。所以压力做功为

$$p_1 dA_1 u_1 dt - p_2 dA_2 u_2 dt = (p_1 - p_2) dQ_V dt \tag{3-11}$$

流段所获得的能量，可以对比流段在 dt 时段前后所占有的空间来确定。流段在 dt 时段前后所占有的空间虽然有变动，但 $1'$—$1'$、2—2 两断面空间是 dt 时段前后所共有的，在这段空间内的流体，不但位能不变，动能也由于流动的恒定性（各点流速不变）而保持不变。所以，能量的增加，只应就流体占据的新位置 2—$2'$ 所增加的能量和流体离开原位置 $1'$—$1'$ 所减少的能量来计算。

由于流体不可压缩，新旧位置 1—$1'$、2—$2'$ 所占据的体积等于 $dQ_V dt$，质量等于 $\rho dQ_V dt = \dfrac{\rho g \, dQ_V dt}{g}$。根据物理公式，动能为 $\dfrac{1}{2} m u^2$，位能为 mgz。所以，动能增加为

$$\frac{\rho g \, dQ_V dt}{g} \left(\frac{u_2^2}{2} - \frac{u_1^2}{2} \right) = \rho g \, dQ_V dt \left(\frac{u_2^2}{2g} - \frac{u_1^2}{2g} \right) \tag{3-12}$$

位能增加为

$$\rho g(z_2 - z_1)\mathrm{d}Q_V\mathrm{d}t \tag{3-13}$$

根据压力做功等于机械能量增加原理，即式（3-11）=式（3-12）+式（3-13）得

$$(p_1 - p_2)\mathrm{d}Q_V\mathrm{d}t = \rho g\left(\frac{u_2^2}{2g} - \frac{u_1^2}{2g}\right)\mathrm{d}Q_V\mathrm{d}t + \rho g(z_2 - z_1)\mathrm{d}Q_V\mathrm{d}t$$

将上式中各项除以 $\rho g\mathrm{d}QV\mathrm{d}t$，并按断面分别列入等式两边，则

$$z_1 + \frac{p_1}{\rho g} + \frac{u_1^2}{2g} = z_2 + \frac{p_2}{\rho g} + \frac{u_2^2}{2g} \tag{3-14}$$

这就是理想不可压缩流体元流能量方程，或称为伯努利方程。在方程的推导过程中，两断面的选取是任意的。所以，很容易把这个关系推广到元流的任意断面，即

$$z + \frac{p}{\rho g} + \frac{u^2}{2g} = 常数 \tag{3-15}$$

实际流体考虑由于黏性产生的阻力，元流的黏性阻力做负功，使机械能量沿流向不断衰减。以符号 h_w' 表示元流 1—1、2—2 两断面间单位能量的衰减，则单位能量方程式（3-14）变为

$$z_1 + \frac{p_1}{\rho g} + \frac{u_1^2}{2g} = z_2 + \frac{p_2}{\rho g} + \frac{u_2^2}{2g} + h_w' \tag{3-16}$$

二、总流的能量方程

我们知道，总流是无数元流之和，则总流的能量方程就应当是元流能量方程在两断面范围内的积分。

在式（3-16）等号两边同时乘以 $\rho g\mathrm{d}Q$ 后积分得

$$\int_Q\left(z_1 + \frac{p_1}{\rho g} + \frac{u_1^2}{2g}\right)\rho g\mathrm{d}Q_V = \int_Q\left(z_2 + \frac{p_2}{\rho g} + \frac{u_2^2}{2g} + h_w'\right)\rho g\mathrm{d}Q_V$$

或 $\int_Q\left(z_1 + \frac{p_1}{\rho g}\right)\rho g\mathrm{d}Q_V + \int_Q\frac{u_1^2}{2g}\rho g\mathrm{d}Q_V = \int_{Q_V}\left(z_2 + \frac{p_2}{\rho g}\right)\rho g\mathrm{d}Q_V + \int_{Q_V}\frac{u_2^2}{2g}\rho g\mathrm{d}Q_V + \int_{Q_V}h_w'\rho g\mathrm{d}Q_V$

$$\tag{3-17}$$

将以上各项，按能量性质分为三种类型，分别讨论各类型的积分。

1. 势能积分

$$\int_Q\left(z + \frac{p}{\rho g}\right)\rho g\mathrm{d}Q_V = \rho g\int_A\left(z + \frac{p}{\rho g}\right)u\mathrm{d}A$$

上式表示单位时间通过断面的流体势能。通过前面的学习，我们知道流体在渐变流过流断面上的压强分布服从静力学规律，即在同一断面上，流体各点的测压管水头 $z + \frac{p}{\rho g} = 常$

数。因此若将断面取在渐变流断面上，可将 $z + \frac{p}{\rho g}$ 提到积分符号以外，则两断面的势能积分可写为

$$\int_Q\left(z + \frac{p}{\rho g}\right)\rho g\mathrm{d}Q_V = \rho g\int_A\left(z + \frac{p}{\rho g}\right)u\mathrm{d}A = \left(z + \frac{p}{\rho g}\right)\rho gQ_V \tag{3-18}$$

2. 动能积分

$$\int_Q\frac{u^2}{2g}\rho g\mathrm{d}Q_V = \int_A\frac{u^3}{2g}\rho g\mathrm{d}A = \frac{\rho}{2}\int_A u^3\mathrm{d}A$$

上式表示单位时间通过断面流体的动能。由于流速 u 在总流过流断面上的分布一般难以确定，故用断面平均流速 v 来表示实际动能，则

$$\frac{\rho}{2}\int_A u^3 \mathrm{d}A = \frac{\rho}{2}\int_A \alpha v^3 \mathrm{d}A = \frac{\alpha v^2}{2}\rho C \tag{3-19}$$

这里，由于按断面平均流速计算的动能 $\dfrac{v^2}{2g}\rho g Q_V$ 与实际动能存在差异，所以引入动能修正系数 α，即

$$\alpha = \frac{\displaystyle\int_A u^3 \mathrm{d}A}{\displaystyle\int_A v^3 \mathrm{d}A} = \frac{\displaystyle\int_A u^3 \mathrm{d}A}{v^3 A} \tag{3-20}$$

式（3-19）为实际动能与按断面平均流速计算动能的比值。

有了修正系数，两断面动能可写为

$$\frac{\rho}{2}\int_A u^3 \mathrm{d}A = \frac{\rho}{2}\int_A \alpha v^3 \mathrm{d}A = \frac{\alpha v^2}{2}\rho C \tag{3-21}$$

α 值根据流速在断面上分布的均匀性来决定。流速分布均匀，$\alpha=1.0$；流速分布越不均匀，α 值就越大。在管流的紊流流动中，$\alpha=1.05\sim1.1$。在实际工程计算中，常取 $\alpha=1$。

3. 能量损失积分

$$\int_Q h'_\mathrm{w}\rho g \mathrm{d}Q$$

上式表示单位时间内流体克服 1—2 流段的阻力做功所损失的能量。总流中各元流能量损失也是沿总流断面变化的。为了计算方便，设 h_w 为单位质量流体在总流流段 1—2 间的平均能量损失，则

$$\int_Q h'_\mathrm{w}\rho g \mathrm{d}Q = h_\mathrm{w}\rho g Q_V \tag{3-22}$$

将以上各个积分式（3-18）、式（3-21）、式（3-22）代入（3-17）得

$$\left(z_1+\frac{p_1}{\rho g}\right)\rho g Q_V + \frac{\alpha_1 v_1^2}{2g}\rho g Q_V = \left(z_2+\frac{p_2}{\rho g}\right)\rho g Q_V + \frac{\alpha_2 v_2^2}{2g}\rho g Q_V + h_\mathrm{w}\rho g Q_V$$

等式两边同除以 $\rho g Q_V$，得

$$z_1+\frac{p_1}{\rho g}+\frac{\alpha_1 v_1^2}{2g} = z_2+\frac{p_2}{\rho g}+\frac{\alpha_2 v_2^2}{2g}+h_\mathrm{w} \tag{3-23}$$

式中：z_1、z_2 为选定的 1—1、2—2 渐变流断面上的点相对于选定基准面的高度，m；p_1、p_2 为相应断面同一选定点的压强，用相对压强或绝对压强表示，Pa；v_1、v_2 为相应断面的平均流速，m/s；α_1、α_2 为相应断面的动能修正系数。

式（3-23）为恒定流实际液体总流的能量方程式，或称恒定总流伯努利方程式。这一方程式，不仅在整个工程流体力学中具有理论指导意义，而且在工程实际中得到广泛的应用，因此十分重要。

三、气流的能量方程

在流速不高且压强变化不大的情况下，能量方程同样可以应用于气体。

当能量方程用于气体流动时，由于水头概念没有像液体流动那样明确具体，我们将方程各项乘以单位体积流体的 ρg 转变为压强的单位。而且气体在过流断面上的流速分布一般比

较均匀，动能修正系数可以采用 $\alpha=1.0$，压强 p_1、p_2 应为绝对压强。这样式（3-23）改写为

$$\rho g z_1 + p_{1j} + \frac{\alpha_1 v_1^2}{2g}\rho g = \rho g z_2 + p_{2j} + \frac{\alpha_2 v_2^2}{2g}\rho g + p_w \tag{3-24}$$

式中：$\alpha_1 = \alpha_2 = \alpha = 1.0$；$p_w$ 为两断面间的压强损失，$p_w = \rho g h_w$。

由于相对压强是以同高程的大气压强为零点计算的，所以不同高程的大气压强是不同的。液体在管中流动时，由于液体的密度远大于空气密度，一般可以忽略大气压强因高度不同的差异；对于气体流动，特别是在高度差较大，气体密度和空气密度不等的情况下，必须考虑大气压强因高度不同的差异。因此对于式中的压强应采用绝对压强，如图 3-20 所示。设断面在高程 z_1 处，大气压强为 p_a；在高程为 z_2 的断面，大气压强将减至 $p_a - \rho_a g (z_2 - z_1)$。

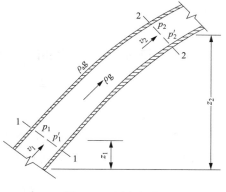

图 3-20　恒定气流

由于工程计算中需要求出的往往是相对压强而不是绝对压强。并且，工程中所用的压强表绝大多数都是测定相对压强。这样，计算过程以相对压强为依据，将公式转换为

$$\rho g z_1 + p_a + p_1 + \frac{v_1^2}{2g}\rho g = \rho g z_2 + p_a - \rho_a g(z_2 - z_1) + p_2 + \frac{v_2^2}{2g}\rho g + p_w$$

消去 p_a，经整理得

$$p_1 + \frac{\rho v_1^2}{2} + (\rho_a g - \rho g)(z_2 - z_1) = p_2 + \frac{\rho v_2^2}{2} + p_w \tag{3-25}$$

式（3-25）为用相对压强表示的气流能量方程式。该方程与液体能量方程比较，除各项单位为压强、表示气体单位体积的平均能量外，对应项有基本相近的意义：

p_1、p_2 为断面 1—1、2—2 的相对压强，专业上习惯称为静压。但不能理解为静止流体的压强。它与管中水流的压强水头相对应。应当注意，相对压强是以同高程处大气压强为零点计算的，不同的高程引起大气压强的差异，已经计入方程的位压项了。

$\dfrac{\rho v_1^2}{2}$、$\dfrac{\rho v_2^2}{2}$ 为 1—1、2—2 断面的动压。它反映断面流速无能量损失地降低至零所转化的压强值。

$(\rho_a g - \rho g)(z_2 - z_1)$ 为单位体积液体的重力差与高程差的乘积，称为位压，与水流的位置水头差相对应。位压是以 2—2 断面为基准度的 1—1 断面的单位体积位能。我们知道，$(\rho_a g - \rho g)$ 为单位体积气体所承受的有效浮力，气体从 z_1 至 z_2，顺浮力方向上升 $(z_2 - z_1)$ 垂直距离时，气体所损失的位能为 $(\rho_a g - \rho g)(z_2 - z_1)$。因此 $(\rho_a g - \rho g)(z_2 - z_1)$ 即为断面 1—1 相对于断面 2—2 的单位体积位能。式中 $(\rho_a g - \rho g)$ 的正或负，表征有效浮力的方向为向上或向下；$(z_2 - z_1)$ 的正或负表征气体向上或向下流动。位压是两者的乘积，因而可正可负。当气流方向（向上或向下）与实际作用力（重力或浮力）方向相同时，位压为正；当二者方向相反时，位压为负。

应当注意，气流在正的有效浮力作用下，位置升高，位压减小；位置降低，位压增大。这与气流在负的有效浮力作用下，位置升高，位压增大；位置降低，位压减小正好相反。

p_w 为 1—1、2—2 两断面间的压强损失。

静压和位压相加，称为势压，以 p_s 表示。势压与管中水流的测压管水头相对应，显然

$$p_s = p + (\rho_a g - \rho g)(z_2 - z_1) \tag{3-26}$$

静压和动压之和，专业中习惯称为全压，以 p_q 表示。表示方法同前，即

$$p_q = p + \frac{\rho v^2}{2} \tag{3-27}$$

静压、动压和位压三项之和以 p_z 表示，称为总压，与管中水流的总水头相对应，即

$$p_z = p + \frac{\rho v^2}{2} + (\rho_a g - \rho g)(z_2 - z_1)$$

由上式可知，存在位压时，总压等于位压加全压。位压为零时，总压就等于全压。

在多数问题中，特别是空气在管中的流动问题，高度差特别小或单位体积液体的重力差特别小时，$(\rho_a g - \rho g)(z_2 - z_1)$ 可以忽略不计，则气流的能量方程简化为

$$p_1 + \frac{\rho v_1^2}{2} = p_2 + \frac{\rho v_2^2}{2} + p_w \tag{3-28}$$

四、能量方程式的意义

能量方程式中各项的意义，可以从物理学和几何学来解释。

1. 物理意义

能量方式中，z 表示单位重力作用下流体的位置势能，简称位能；$\frac{p}{\rho g}$ 表示单位重力作用下流体的压力势能，简称压能；$\frac{\alpha v^2}{2g}$ 表示单位重力作用下流体的平均动能，简称动能。h_w 表示克服阻力所引起的单位能量损失，简称能量损失。$z + \frac{p}{\rho g}$ 表示单位势能；$z + \frac{p}{\rho g} + \frac{\alpha v^2}{2g}$ 表示单位总机械能。

2. 几何意义

能量方程式中各项的单位都是米（m），具有长度量纲 $[L]$，表示某种高度，可以用几何线段来表示，流体力学上称为水头。z 称为位置水头，$\frac{p}{\rho g}$ 称为压强水头，$\frac{\alpha v^2}{2g}$ 称为流速水头，h_w 称为水头损失。$z + \frac{p}{\rho g}$ 称为测压管水头（H_p），$z + \frac{p}{\rho g} + \frac{\alpha v^2}{2g}$ 称为总水头（H）。水头损失 h_w 包含沿程水头损失和局部水头损失。具体计算将在下章讨论。

能量方程式，确立了一元流动中，动能和势能、流速和压强相互转换的普遍规律。提出了理论流速和压强的计算公式。在水力学和流体力学中，有极其重要的理论分析意义和极其广泛的实际运算作用。

五、总水头线与测压管水头线

用能量方程计算一元流动，能够求出水流某些个别断面的流速和压强。但并未回答一元流的全线问题。下面用总水头线和测压管水头线来得出这个问题的图形表示。

总水头线和测压管水头线，直接在一元流上绘出，以它们距基准面的铅直距离，分别表示相应断面的总水头和测压管水头，如图 3-21 所示。它们是在一元流的流速水头已算出后绘出的。

我们知道，位置水头、压强水头和流速水头之和 $\left(z+\dfrac{p}{\rho g}+\dfrac{\alpha v^2}{2g}=H\right)$，称为总水头，则能量方程式写为上下游两断面总水头 H_1、H_2 的形式为

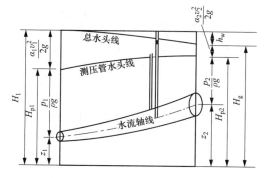

图 3-21　总水头线和测压管水头线

$$H_1 = H_2 + h_{\mathrm{w}} \quad 或 \quad H_2 = H_1 - h_{\mathrm{w}}$$

即每一个断面的总水头是上游断面总水头减去两断面之间的水头损失。根据这个关系，从最上游断面起，沿流向依次减去水头损失，求出各断面的总水头，一直到流动结束。将这些总水头按水流本身高度的尺寸比例直接点绘在水流上，这样连成的线就是总水头线。由此可见，总水头线是沿水流逐段减去水头损失绘出来的。若是理想流动，水头损失为零，总水头线则是一条以 H_1 为高的水平线。

在绘制总水头线时，需注意区分沿程损失和局部损失在总水头线上表现形式的不同。沿程损失假设为沿管线均匀发生，表现为沿管长倾斜下降的直线。局部损失假设为在局部障碍处集中作用，表现为在障碍处铅直下降的直线。

测压管水头是同一断面总水头与流速水头之差，即 $H_{\mathrm{p}}=H-\dfrac{\alpha v^2}{2g}$，根据这个关系，从断面的总水头减去同一断面的流速水头，即得该断面的测压管水头。将各断面的测压管水头连成的线，就是测压管水头线。所以，测压管水头线是根据总水头线减去流速水头绘出的。

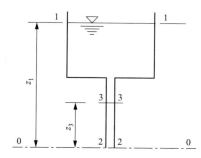

图 3-22　元流能量方程式推导

【例 3-6】　如图 3-22 所示，水箱中的水经底部立管恒定出流，已知水深 $H=1.5\mathrm{m}$，管长 $L=2\mathrm{m}$，管径 $d=200\mathrm{mm}$，不计能量损失，并取动能修正系数 $\alpha=1.0$，试求：（1）立管出口处水的流速；（2）离立管出口 $1\mathrm{m}$ 处水的压强。

解：

（1）立管出口处水的流速。

本题水流为恒定流，水箱水面和欲求流速的出口断面均为渐变流断面，满足能量方程的应用条件。

在立管出口处取基准面 0—0，列出水箱水面 1—1 与出口断面 2—2 的能量方程式

$$z_1+\frac{p_1}{\rho g}+\frac{\alpha_1 v_1^2}{2g}=z_2+\frac{p_2}{\rho g}+\frac{\alpha_2 v_2^2}{2g}+h_{\mathrm{w1-2}} \tag{3-29}$$

以上七项，按断面从左至右逐项确定如下：

断面 1—1 距离基准面的垂直高度

$$z_1 = 1.5 + 2 = 3.5\mathrm{m}$$

断面 1—1 处与大气相接触，按相对压强考虑。

断面 1—1 与 2—2 相比，面积要大得多，因此流速 v_1 比 v_2 小得多。而流速水头 $\dfrac{\alpha_1 v_1^2}{2g}$ 远

小于 $\dfrac{\alpha_2 v_2^2}{2g}$，可以忽略不计，即认为 $\dfrac{\alpha_1 v_1^2}{2g}=0$。

断面 2—2 与基准面重合，$z_2=0$。断面 2—2 处直通大气，取与 1—1 断面相同压强基准，即相对压强，$p_2=p_a=0$。

不计能量损失，即 $h_{w1-2}=0$。动能修正系数 $\alpha_1=\alpha_2=1.0$。

把上述已知条件代入能量方程式后，可得 $3.5+0+0=0+0+\dfrac{v^2}{2g}+0$，即 $\dfrac{v^2}{2g}=3.5$。

所以立管出口处水的流速

$$v_2=\sqrt{3.5\times2\times9.81}=8.29\text{m/s}$$

（2）离立管出口 1m 处水的压强。

基准面 0—0 仍取在立管出口处，2—2 断面也不变，3—3 断面则必须取在离立管出口 1m 处，以便确定其压强。

断面 3—3 与 2—2 的能量方程为

$$z_3+\frac{p_3}{\rho g}+\frac{\alpha_3 v_3^2}{2g}=z_2+\frac{p_2}{\rho g}+\frac{\alpha_2 v_2^2}{2g}+h_{w3-2} \qquad (3\text{-}30)$$

在这里，能量损失已加在流动的末端断面即下游断面上。

由于 $z_3=1\text{m}$，$z_2=0\text{m}$，$p_2=p_a=0$，$\alpha_3=\alpha_2=1.0$，$h_{w3-2}=0$ 代入上式得

$$1+\frac{p_3}{\rho g}+\frac{v_3^2}{2g}=0+0+\frac{v_2^2}{2g}+0$$

已知立管的直径不变，则流速水头相等，即 $\dfrac{v_3^2}{2g}=\dfrac{v_2^2}{2g}$，所以上式为

$$1+\frac{p_3}{\rho g}=0 \ \text{或} \ \frac{p_3}{\rho g}=-1$$

因此离立管出口 1m 处的压强为

$$p_3=-1\times\rho g=-1\times9810=-9810\text{N/m}^2=-9.81\text{Pa}$$

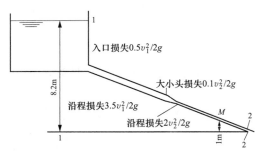

图 3-23　水头损失的计算

在解题过程中，我们采用了相对压强为基准，所以计算结果 p_3 为相对压强。

【例 3-7】　水流由水箱经前后相接的两管流入大气中。大小管断面的面积比为 2∶1。全部水头损失的计算式如图 3-23 所示。（1）求出口流速 v_2；（2）绘总水头线和测压管水头线；（3）根据水头线求 M 点的压强。

解：

（1）划分自由液面 1—1 断面及出流断面 2—2，基准面通过管轴出口，则

$$p_1=0, \ z_1=8.2\text{m}, \ v_1=0, \ p_2=0, \ z_2=0$$

写出能量方程 $8.2+0+0=0+0+\dfrac{v_2^2}{2g}+h_w$，根据图 3-23 有

$$h_{\mathrm{w}} = 0.5 \times \frac{v_1^2}{2g} + 0.1 \times \frac{v_2^2}{2g} + 3.5 \times \frac{v_1^2}{2g} + 2 \times \frac{v_2^2}{2g}$$

由于两管断面面积比为 $2:1$，两管流速比为 $1:2$，即 $v_2 = 2v_1$，将 $\frac{v_2^2}{2g} = 4 \times \frac{v_1^2}{2g}$ 代入

$$h_{\mathrm{w}} = 3.1 \times \frac{v_2^2}{2g}$$

则

$$8.2 = 4.1 \times \frac{v_2^2}{2g}$$

$$\frac{v_2^2}{2g} = 2\mathrm{m}, v_2 = \sqrt{19.6 \times 2} = 6.26\mathrm{m/s}$$

$$\frac{v_1^2}{2g} = 0.5\mathrm{m}$$

（2）从 1—1 断面开始绘总水头线，如图 3-24 所示。水箱静水水面高 $H = 8.2\mathrm{m}$，总水头线就是水面线。入口处有局部损失，$0.5 \times \frac{v_1^2}{2g} = 0.5 \times 0.5 = 0.25\mathrm{m}$。则 1—$a$ 的垂直向下长度为 $0.25\mathrm{m}$。从 A 到 B 的沿程损失为 $3.5 \times \frac{v_1^2}{2g} = 3.5 \times 0.5 = 1.75\mathrm{m}$，则 b 低于 a 的垂直距离为 $1.75\mathrm{m}$。依此类推，直至水流出口，图 3-24 中 1—a—b—b_0—c 即为总水头线。

测压管水头线在总水头线之下，距总水头线的铅直距离：在 A—B 管段为 $\frac{v_1^2}{2g} = 0.5\mathrm{m}$，在 B—C 管段的距离为 $\frac{v_2^2}{2g} = 2\mathrm{m}$。由于断面不变，流速水头不变。两管段的测压管水头线，分别与各管段的总水头线平行。图 3-24 中 1—a'—b'—b_0'—c' 即为测压管水头线。

（3）从图 3-24 中测压管水头线至 BC 管中点的距离，求出 M 点的压强。得出 $\frac{p_M}{\rho g} = 1$，所以

$$p_M = 9807\mathrm{Pa}$$

从上例可以看出，绘制测压管水头线和总水头线之后，图形上出现四根有能量意义的线：总水头线、测压管水头线、水流轴线（管轴线）和基准面（线）。这四根线的相互

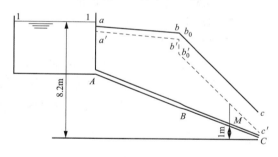

图 3-24　水头线的绘制

铅直距离，反映了全线各断面的各种水头值。这样，水流轴线到基准线之间的铅直距离，就是断面的位置水头。测压管水头线到水流轴线之间的铅直距离，就是断面的压强水头。而总水头线到测压管水头线之间的铅直距离，就是断面流速水头。

【例 3-8】　自然排烟锅炉如图 3-25 所示，烟囱直径 $d = 1\mathrm{m}$，烟气流量 $Q = 7.135\mathrm{m}^3/\mathrm{s}$，烟气密度 $\rho = 0.7\mathrm{kg/m}^3$，外部空气密度 $\rho_a = 1.2\mathrm{kg/m}^3$，烟囱的压强损失 $p_{\mathrm{w}} = 0.035 \times \frac{H}{d} \times \frac{\rho v^2}{2}$。为使烟囱底部入口断面的真空度不小于 $10\mathrm{mm}$ 水柱，试求烟囱的高度 H。

解：

选烟囱底部断面为 1—1 断面，出口断面为 2—2 断面。因烟气和外部空气的密度不同，

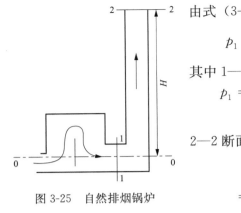

图 3-25　自然排烟锅炉

由式（3-25）得

$$p_1 + \frac{\rho v_1^2}{2} + (\rho_a g - \rho g)(z_2 - z_1) = p_2 + \frac{\rho v_2^2}{2} + p_w$$

其中 1—1 断面：

$$p_1 = -\rho_0 g h = -1000 \times 9.807 \times 0.01 = -98.07 \mathrm{Pa}$$

$$v_1 \approx 0, \quad z_1 = 0$$

2—2 断面：$p_2 = 0$，$v_2 = \dfrac{Q}{A} = 9.809 \mathrm{m/s}$，$z_2 = H$ 代入上式得

$$-98.07 + 9.807 \times (1.2 - 0.7)H$$

$$= 0.7 \times \frac{9.089^2}{2} + 0.035 \times \frac{H}{1} \times \frac{0.7 \times 9.089^2}{2}$$

解得 $H = 35.42\mathrm{m}$。烟囱的高度须大于此值。

由本题可见，自然排烟锅炉底部压强为负压 $p_1 < 0$，顶部出口压强 $p_2 = 0$，且 $z_1 < z_2$，这种情况下，是位压 $(\rho_a g - \rho g)(z_2 - z_1)$ 提供了烟气在烟囱内向上流动的能量。所以，自然排烟需要有一定的位压，为此烟气要有一定的温度，以保持有效浮力 $(\rho_a g - \rho g)$。同时，烟囱还需要有一定的高度 $(z_2 - z_1)$，否则将不能维持自然排烟。

第五节　能量方程的应用

一、应用条件

能量方程和连续性方程联立，可以解决工程实际问题：一是求流速，二是求压强，三是求流量。但是，必须明白能量方程式是在一定条件下推导出来的，在应用时要注意其适用条件：

（1）流体流动是恒定流。

（2）流体是不可压缩的。

（3）建立方程式的两断面必须是渐变流断面（两断面之间可以是急变流）。

（4）建立方程式的两断面间无能量的输入与输出。

若总流的两断面间有水泵等流体机械输入机械能或有水轮机输出机械能时，能量方程式应改写为

$$z_1 + \frac{p_1}{\rho g} + \frac{\alpha_1 v_1^2}{2g} \pm H = z_2 + \frac{p_2}{\rho g} + \frac{\alpha_2 v_2^2}{2g} + h_w$$

式中：$+H$ 表示单位重力作用下流体获得的能量；$-H$ 表示单位重力作用下流体失去的能量。

（5）建立方程式的两断面间无分流或合流。

如果两断面之间有分流或合流，应当怎样建立两断面的能量方程呢？

1—1、2—2 断面间有分流的情况，如图 3-26 所示。

虽然分流点是非渐变流断面，但离分流点稍远的 1—1、2—2 或 3—3 断面都是均匀流或渐变流断面，可以近似认为各断面通过流体的单位能量在断面上的分布是均匀的。而 $Q_1 = Q_2 + Q_3$，即 Q_1 的流体一部分流向 2—2 断面，一部分流向 3—3 断面。无论流到哪一个断面的流体，在 1—1 断面上单位重

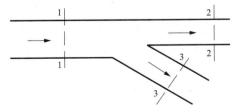

图 3-26　流动的分流

力流体所具有的能量都是 $z_1 = \dfrac{p_1}{\rho g} + \dfrac{\alpha_1 v_1^2}{2g}$，只不过流到 2—2 断面时产生的单位能量损失是 $h_{\mathrm{w}1-2}$ 而已。能量方程是两断面间单位能量的关系，因此可以直接建立 1—1 断面和 2—2 断面的能量方程：

$$z_1 + \frac{p_1}{\rho g} + \frac{\alpha_1 v_1^2}{2g} = z_2 + \frac{p_2}{\rho g} + \frac{\alpha_2 v_2^2}{2g} + h_{\mathrm{w}1-2}$$

或 1—1 断面和 3—3 断面的能量方程

$$z_1 + \frac{p_1}{\rho g} + \frac{\alpha_1 v_1^2}{2g} = z_3 + \frac{p_3}{\rho g} + \frac{\alpha_3 v_3^2}{2g} + h_{\mathrm{w}1-3}$$

可见，两断面间虽分出流量，但写能量方程时，只考虑断面间各段的能量损失，而不考虑分出流量的能量损失。

同样，可以得出合流时的能量方程。

二、应用能量方程解题的一般步骤及注意事项

应用能量方程式解题的一般步骤：分析流动总体、选择基准面、划分计算断面、写出方程并求解。但须注意以下几点：

（1）基准面的选取虽然可以是任意的，但是为了计算方便起见，基准面一般应选在下游断面中心、管流轴心或其下方，这样可使位置水头 z 不出现负值。但是对于不同的计算断面，必须选取同一基准面。

（2）压强基准的选取可以是相对压强，也可以是绝对压强，但方程式两边必须选取同一基准。工程上一般选取相对压强。当问题涉及流体本身的性质（如相变等问题）时，则必须采用绝对压强。

（3）计算断面（即所列能量方程式的两个断面）的选取，一般应选在压强或压差已知的渐变流断面上，并使所求的未知量包含在所列方程之中。这样可简化运算过程。例如水箱水面、管道出口断面等。

（4）在计算过流断面的测压管水头 $z + \dfrac{p}{\rho g}$ 时，可以选取过流断面上的任意一点来计算。因为在渐变流的同一过流断面上，任意一点的测压管水头 $z + \dfrac{p}{\rho g} =$ 常数。具体选用哪一点，以计算方便为宜。对于管流，一般可选在管轴中心点。

（5）方程式中的能量损失（h_{w}）一项，应加在流动的末端断面即下游断面上。由于本章没有单独讨论能量损失的计算问题，因此在本章中，能量损失值或直接给出，或按理想流体处理不予考虑。

三、能量方程在流速和流量测量中的应用

（一）在流速测量中的应用——皮托管

皮托管是广泛用于测量水流和气流流速的一种仪器。如图 3-27 所示，皮托管是一根很细的弯管，管前端有开孔 a，侧面有多个开口 b，当需要测量流体中某点流速时，将弯管前端 a 正对气流或水

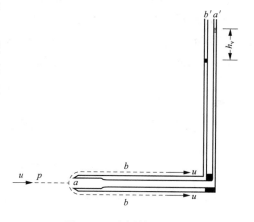

图 3-27 皮托管的原理

流，前端小孔 a 和侧面小孔 b 分别由两个不同通道与上部 a' 和 b' 相通。当测定水流时，a'、b' 两管水面差 h_v 即反映 a、b 两处压差。当测定气流时，a'、b' 两端接液柱差压计，以测定 a、b 两处的压差，并由此来求得所测点之流速。

根据 $\dfrac{p'}{\rho g} - \dfrac{p}{\rho g} = \dfrac{u^2}{2g} = h_v$，设 $\dfrac{p'}{\rho g} - \dfrac{p}{\rho g} = \dfrac{\Delta p}{\rho g}$，则

$$\frac{\Delta p}{\rho g} = \frac{u^2}{2g}$$

所以，任意一点的流速

$$u = \sqrt{\frac{\Delta p}{\rho g} 2g} \tag{3-31}$$

考虑到皮托管放入流体中后对流线的干扰及流动阻力等因素影响，按上式计算的流速需要乘上一个系数 φ 加以修正。φ 称为流速系数，是指任意一点的理论流速与实际流速的比值。因此，任意一点的实际流速

$$u = \varphi \sqrt{\frac{\Delta p}{\rho g} 2g} = \varphi \sqrt{2gh_v} \tag{3-32}$$

式中：φ 为流速系数，一般取 $\varphi = 1.0 \sim 1.04$。

如用皮托管测定气体，则根据液体压差计所量得的压差，$p' - p = p_a - p_b = \rho' g h_v$，代入式（3-31）计算气流速度为

$$u = \varphi \sqrt{2g \frac{\rho' g}{\rho g} h_v} \tag{3-33}$$

式中：$\rho' g$ 为单位体积液体压差计所受的重力，N/m^3；ρg 为单位体积流动气体本身受的重力，N/m^3。

应当指出，用皮托管所测定的流速，只是过流断面上某一点的流速 u，若要测定断面平均流速 v，可将过流面积分成若干等分，用皮托管测定每一小等分面积上的流速，然后计算各点流速的平均值，以此作为断面平均流速。显然，面积划分越小，测点越多，计算结果就越符合实际。

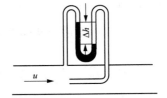

图 3-28 ［例 3-9］图

【例 3-9】 如图 3-28 所示，（1）若管内介质为空气，水柱 $\Delta h = 30mm$，计算管道中的空气流速；（2）若管内介质为水，贡柱 $\Delta h = 30mm$，计算管道中水的流速。两种情况均测得水柱 $h_v = 30mm$。单位体积空气受到的重力 $\rho g = 11.8N/m^3$；取 $\varphi = 1.0$，分别求其流速。

解：

（1）计算风道中空气的流速，根据式（3-33），有

$$u = \varphi \sqrt{2g \frac{\rho' g}{\rho g} h_v} = \sqrt{2 \times 9.807 \times \frac{9807}{11.8} \times 0.03} = 22.1m/s$$

（2）计算水管中水的流速，根据式（3-32），有

$$u = \varphi \sqrt{2gh_v} = \sqrt{2 \times 9.807 \times 0.03} = 0.767m/s$$

（二）在流量测量中的应用——文丘里流量计

文丘里流量计是利用流体在管道中造成流速差，引起压强变化，通过压差的量测来求出管道中流量大小的一种装置。文丘里流量计由一段收缩段、喉部和扩散段前后相连所组成，如图 3-29 所示。在收缩段前部与喉部分别安装一测压装置，将它连接在主管中，当主管水流通过此流量计时，由于喉管断面缩小，流速增加，压强相应减低，根据差压计测定压强水头的变化 Δh，即可计算出流速和流量。

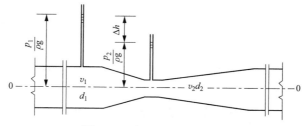

图 3-29　文丘里流量计原理

假定管道是水平放置的，取管轴线为基准面 0—0，现对安装测压管的 1、2 两渐变流断面列能量方程式，即

$$z_1 + \frac{p_1}{\rho g} + \frac{\alpha_1 v_1^2}{2g} = z_2 + \frac{p_2}{\rho g} + \frac{\alpha_2 v_2^2}{2g} + h_{w1-2}$$

$z_1 = z_2 = 0$，暂不考虑能量损失 $h_{w1-2} = 0$，取动能修正系数 $\alpha_1 = \alpha_2 = 1.0$。

移项

$$\frac{p_1}{\rho g} - \frac{p_2}{\rho g} = \frac{v_2^2}{2g} - \frac{v_1^2}{2g} = \Delta h$$

由连续性方程可得

$$v_1 \times \frac{1}{4}\pi d_1^2 = v_2 \times \frac{1}{4}\pi d_2^2$$

$$\frac{v_2}{v_1} = \left(\frac{d_1}{d_2}\right)^2 \Rightarrow \quad v_2^2 = \left(\frac{d_1}{d_2}\right)^4 v_1^2$$

代入能量方程

$$\left(\frac{d_1}{d_2}\right)^4 \frac{v_1^2}{2g} - \frac{v_1^2}{2g} = \Delta h$$

解出流速

$$v_1 = \sqrt{\frac{2g\Delta h}{\left(\dfrac{d_1}{d_2}\right)^4 - 1}}$$

流量为

$$Q = \frac{\pi}{4}d_1^2 v_1 = \frac{\pi}{4}d_1^2 \sqrt{\frac{2g\Delta h}{\left(\dfrac{d_1}{d_2}\right)^4 - 1}}$$

令

$$K = \frac{\pi}{4}d_1^2 \sqrt{\frac{2g}{\left(\dfrac{d_1}{d_2}\right)^4 - 1}} \tag{3-34}$$

则

$$Q = K\sqrt{\Delta h} \tag{3-35}$$

很显然，K 只和管径 d_1 和 d_2 有关，对于一个流量计，它是一个常数，可以预先算出。只要测出两断面测压管高差，很快就可求出流量 Q 值。

由于在上面的分析计算中，没有考虑水头损失，而水头损失将会促使流量减小，为此，需乘修正系数 μ。μ 值为文丘里流量系数，其值根据实验确定，值为 $0.95\sim0.98$，则

$$Q = K\mu\sqrt{\Delta h} \tag{3-36}$$

【例 3-10】 设文丘里管的两管直径为 $d_1=200\text{mm}$，$d_2=100\text{mm}$，测得两断面的压强水头差 $\Delta h=0.5\text{m}$，流量系数 $\mu=0.98$，求流量。

解：

$$K = \frac{\pi}{4}d_1^2\sqrt{\frac{2g}{\left(\frac{d_1}{d_2}\right)^4-1}} = \frac{\pi}{4}\times0.2^2\sqrt{\frac{2\times9.807}{\left(\frac{200}{100}\right)^4-1}} = 0.036$$

$$Q = 0.98\times0.036\times\sqrt{0.5} = 0.024\ 9\text{m}^3/\text{s} = 24.9\text{L/s}$$

第六节 动 量 方 程

一、动量方程

恒定流动量方程式是动量守恒定律在流体力学中的具体应用。我们研究动量方程式，就是在恒定流条件下，分析流体总流在流动空间内的动力平衡规律。

恒定流动量方程式可以根据物理学中的动量定律导出。动量定律指出：物体在某一时间内的动量增量等于该物体所受外力的合力在同一时间内的冲量，即

$$\sum \boldsymbol{F}\mathrm{d}t = m\boldsymbol{v}_2 - m\boldsymbol{v}_1 \tag{3-37}$$

若以 $\boldsymbol{K}$ 表示物体的动量，则上式可写为

$$\sum \boldsymbol{F}\mathrm{d}t = \Delta\boldsymbol{K} \tag{3-38}$$

在动量定律的数学表达式中，动量与外力均为矢量，故式（3-37）与式（3-38）两式均为矢量方程。

下面根据动量定律导出恒定流动量方程式，然后着重说明其应用。

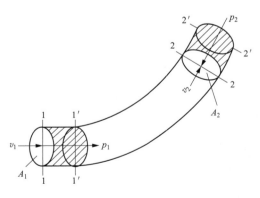

图 3-30 总流的动量变化及受力分析

如图 3-30 所示，在流体恒定流的总流中，选取渐变流断面 1—1 与 2—2 之间的流段作为研究对象，分析其受力及动量变化。断面 1—1 上，流体的压强为 p_1，断面平均流速为 v_1，过流面积为 A_1，断面 2—2 上，流体相应的各参数为 p_2、v_2 和 A_2。按不可压缩流体考虑，流体的密度不变，并且通过两断面的流体体积流量相等。

经时间 $\mathrm{d}t$，从位置 1—2 运动到位置 $1'$—$2'$。$\mathrm{d}t$ 时段前后的动量变化，只是增加了流段新占有的 2—$2'$ 体积内流体所具有的动量，减去流段退出的 1—$1'$ 体积内所具有的动量。中间 $1'$—2 空间为 $\mathrm{d}t$ 前后流段所共有。由于恒定流动，$1'$—2 空间内各点流速大小方向未变，所以动量也不变，因此不予考虑，即动量增量为

$$\Delta\boldsymbol{K} = \boldsymbol{K}_{2-2'} - \boldsymbol{K}_{1-1'} = m_2\boldsymbol{v}_2 - m_1\boldsymbol{v}_1$$

在上式中，流体的动量是采用断面平均流速计算的，它与按实际流速计算的动量存在差异。因此，需要乘上一个系数 β 加以修正。β 称为动量修正系数，是指实际动量与按断面平均流速计算的动量的比值。

动量修正系数 β 的大小取决于总流过流断面上流速分布的不均匀程度，流速分布越不均匀，β 值就越大。一般情况下，工业管道内的流体流动，$\beta=1.0\sim1.05$，工程上常近似取 $\beta=1.0$。

修正后的动量增量为

$$\Delta \boldsymbol{K} = \beta_2 m_2 \boldsymbol{v}_2 - \beta_1 m_1 \boldsymbol{v}_1$$

根据质量守恒定律，单位时间流入断面 1—1 的流体质量 m_1 应等于流出断面 2—2 的流体质量 m_2，即

$$m_1 = m_2 = m = \rho C \mathrm{d}t$$

所以

$$\Delta \boldsymbol{K} = \beta_2 \rho C \boldsymbol{v}_2 \mathrm{d}t - \beta_1 \rho C \boldsymbol{v}_1 \mathrm{d}t$$

把上式代入动量定律的数学表达式（3-38）中，可得

$$\sum \boldsymbol{F} \mathrm{d}t = \beta_2 \rho C \boldsymbol{v}_2 \mathrm{d}t - \beta_1 \rho C \boldsymbol{v}_1 \mathrm{d}t$$

等式两边同除 $\mathrm{d}t$，整理得

$$\sum \boldsymbol{F} = \rho C (\beta_2 \boldsymbol{v}_2 - \beta_1 \boldsymbol{v}_1) \tag{3-39}$$

式中：β 为动量修正系数；$\rho C v$ 为单位时间内通过总流过流断面的流体动量，称为动量流量，N。

式（3-39）即为恒定流不可压缩流体总流的动量方程式。它表明，单位时间内流体的动量增量等于作用在流体上所有外力的总和。

式（3-39）中，由于力和速度都是矢量，故该式为矢量方程，为避免进行矢量运算，将力和速度向 x、y、z 三个坐标轴投影，可得轴向的标量方程，即

$$\left. \begin{aligned} \sum F_x &= \rho C \ (\beta_{2x} v_{2x} - \beta_{1x} v_{1x}) \\ \sum F_y &= \rho C \ (\beta_{2y} v_{2y} - \beta_{1y} v_{1y}) \\ \sum F_z &= \rho C \ (\beta_{2z} v_{2z} - \beta_{1z} v_{1z}) \end{aligned} \right\} \tag{3-40}$$

式中：$\sum F_x$、$\sum F_y$、$\sum F_z$ 为各外力在 x、y、z 坐标轴上投影的代数和；v_{1x}、v_{1y}、v_{1z} 为流体动量改变前流速在 x、y、z 三个坐标轴上的投影；v_{2x}、v_{2y}、v_{2z} 为流体动量改变后流速在 x、y、z 三个坐标轴上的投影。

式（3-40）即为恒定流动量方程式在 x、y、z 三个坐标上的投影方程。它表明单位时间内，流体动量增量在某轴上的投影，等于流体所受各外力在该轴上投影的代数和。在应用动量方程式分析和计算有关工程问题时，若某一轴向没有动量变化，则该轴向可不做分析。

二、应用动量方程的注意事项及例题

恒定流总流的动量方程式，一般适用于恒定流不可压缩流体总流的渐变流断面。在工程上，主要用于求解运动流体与外部物体之间的相互作用力。

应用恒定流动量方程式的条件：恒定流；过流断面为渐变流断面；不可压缩流体。求解实际工程问题时可按以下步骤进行。

1. 取控制体

在流体流动的区域内，把所要研究的流段用控制体隔离起来，以便分析其受力及动量变化。控制体是指某一封闭曲面内的流体体积，如图 3-30 所示。控制体两端的过流断面，一般应选在渐变流断面上，这样可以方便于计算断面平均流速和作用在断面上的压力。控制体的周界，根据具体问题，可以是固体壁面（如管壁），也可以是液体与气体相接触的自由面，或液体与液体的分界面。

2. 分析外力

分析外力是指在建立坐标系的基础上，分析作用在控制体上的所有外力，标注在图上，并向各坐标轴投影。

3. 求动量增量

求动量增量是指分析控制体内流体的动量变化，并向各坐标轴进行投影。必须注意控制体内流体的动量增量应为流出控制体的流体动量减去流入控制体流体动量，两者次序不可颠倒。

在动量增量的计算中，若已知某一流速而另一流速为未知量时，可列连续性方程式求出。

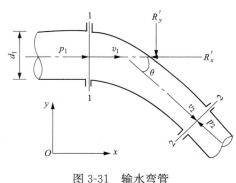

图 3-31   输水弯管

4. 解出未知力

解出未知力是指在所有外力及动量增量分析完毕之后，把它们在各个坐标轴上的投影分别代入相应的轴向动量方程之中，通过运算解出流体与固体间的相互作用力，并确定其方向和作用点。

【例 3-11】   水平设置的输水弯管（见图 3-31），转角 $\theta = 60°$，直径 $d_1 = 200\text{mm}$，$d_2 = 150\text{mm}$。已知转弯前断面的压强 $p_1 = 18\text{kN/m}^2$（相对压强），输水流量 $Q = 0.1\text{m}^3/\text{s}$，不计水头损失，试求水流对弯管作用力的大小。

解：

在转弯段取过流断面 1—1、2—2 及管壁所围成的空间为控制体。选直角坐标系 xOy。令 Ox 轴与 v_1 方向一致。

分析作用在控制体内液体上的力，包括：过流断面上的动水压力 P_1、P_2；重力 G 在 xOy 面无分量；弯管对水流的作用力 R'，此力在要列的方程中是待求量，假定分量 R'_x、R'_y 的方向，如计算得正值，表示假定方向正确，如得负值则表示力的实际方向与假定方向相反。

列总流动量方程的投影式

$$P_1 - P_2 \cos 60° - R'_x = \rho C(\beta_2 v_2 \cos 60° - \beta_1 v_1)$$

$$P_2 \sin 60° - R'_y = \rho Q(-\beta_2 v_2 \sin 60°)$$

$$P_1 = p_1 A_1 = 18 \times \frac{\pi \times 0.2^2}{4} = 0.565\text{kN}$$

列 1—1、2—2 断面的能量方程，忽略水头损失

$$\frac{p_1}{\rho g} + \frac{v_1^2}{2g} = \frac{p_2}{\rho g} + \frac{v_2^2}{2g}$$

$$v_1 = \frac{4Q}{\pi d_1^2} = 3.185 \mathrm{m/s}, \quad v_2 = \frac{4Q}{\pi d_2^2} = 5.66 \mathrm{m/s}$$

$$p_2 = p_1 + \frac{v_1^2 - v_2^2}{2}\rho = 7.043 \mathrm{kN/m^2}$$

$$P_2 = p_2 A_2 = 7.043 \times \frac{\pi \times 0.15^2}{4} = 0.124 \mathrm{kN}$$

将各量代入总流动量方程，解得

$$R_x' = 0.538 \mathrm{kN}, \quad R_y' = 0.597 \mathrm{kN}$$

水流对弯管的作用力与弯管对水流的作用力大小相等方向相反，即

$$R_x = 0.538 \mathrm{kN}, 方向沿 Ox 方向$$
$$R_y = 0.597 \mathrm{kN}, 方向沿 Oy 方向$$

或

$$R = \sqrt{R_x^2 + R_y^2} = 0.804 \mathrm{kN}$$

方向是与 x 轴成 α 角

$$\alpha = \arctan\frac{R_y}{R_x} = 48°$$

小 结

本章介绍了描述流体运动的两种方法：拉格朗日法和欧拉法（流体力学中主要采用欧拉法），并着重以流场为对象介绍了描述流体运动的基本概念、连续性方程、能量方程以及流体力学基本方程的应用等。学习中应理解如流线、恒定流、渐变流等基本概念，掌握流体动力学基本方程的解题方法和步骤，能够完成管路水头线、压力线的绘制，理解管网压力分布图。了解恒定流动量方程的应用及其注意事项。

思考题与习题

3-1 举例说出工程实际中哪些是压力流，哪些是无压流？为什么？

3-2 什么是恒定流与非恒定流、均匀流与非均匀流、渐变流和急变流，各种流动分类的原则是什么？试举出具体例子。

3-3 流线有哪些性质？流线与迹线可以重合吗？若可以，什么条件下可以重合？

3-4 渐变流与急变流过流断面上的压强分布有何不同？

3-5 关于如下说法："水一定由高处向低处流""水是从压强大的地方向压强小的地方流""水是从流速大的地方向流速小的地方流"。这些说法是否正确？若不正确，提出正确的说法。

3-6 流体动力学三大基本方程式用于什么条件？有何意义？

3-7 气流和液流的能量方程式有何不同？为什么？

3-8 直径为 150mm 的给水管道，输水量为 980.7kN/h，试求断面平均流速。

3-9 300mm×400mm 的矩形风道，风量为 2700m³/h，求平均流速。如风道出口处断面收缩为 150mm×400mm，求该断面的平均流速。

3-10　如图 3-32 所示，水从水箱流经直径为 $d_1=10cm$，$d_2=5cm$，$d_3=2.5cm$ 的管道流入大气中。当出口流速为 10m/s 时，求：（1）流量及质量流量；（2）d_1 及 d_2 管段的流速。

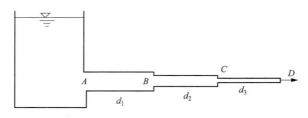

图 3-32　习题 3-10 用图

3-11　设计输水量为 2942.1kN/h 的给水管道，流速限制在 0.9～1.4m/s。试确定管道直径，根据所选直径求流速（直径规定为 50mm 的倍数）。

3-12　圆形风道，流量为 10 000m³/h，流速不超过 20m/s。试设计直径，根据所定直径求流速（直径为 50mm 的倍数）。

3-13　某蒸汽干管的始端蒸汽流速为 25m/s，密度为 2.62kg/m³，干管前段直径为 50mm，接出直径 40mm 支管后，干管后段直径改为 45mm。如果支管末端密度降低至 2.30kg/m³，干管后段末端密度降低至 2.42kg/m³，但两管质量流量相等，求两管末段流速。

3-14　空气流速由超声速过渡到亚声速时，要经过冲击波。冲击波前，风道中风速为 660m/s，密度为 1kg/m³，冲击波后，风速降至 250m/s，求冲击波后的密度。

3-15　一变直径的管段 AB，如图 3-33 所示，直径 $d_A=0.2m$，$d_B=0.4m$，高度差 $\Delta h=1.5m$。今测得 $p_A=30kPa$，$p_B=40kPa$，B 处断面平均流速 $v_B=1.5m/s$，试判断水在管中的流动方向。

3-16　如图 3-34 所示，已知水管直径 50mm，末端阀门关闭时压力表读数为 21kPa，阀门打开后读数降至 5.5kN/m²。如不计水头损失，求通过的流量。

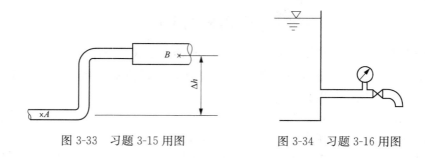

图 3-33　习题 3-15 用图　　　　　　图 3-34　习题 3-16 用图

3-17　如图 3-28 所示，利用皮托管原理测量管中水流速 u，若 $\Delta h=60mm$，求测点流速。

3-18　水在变直径竖管中流动。如图 3-35 所示，已知粗管直径 $d_1=300mm$，流速 $v_1=6m/s$。为使两断面的压力表读数相同，试求细管直径（水头损失不计）。

3-19　计算管道流量，如图 3-36 所示，管出口 $d=50mm$，求 A、B、C、D 各点的压强（不计水头）。

3-20　如图 3-37 所示，同一水箱上、下两孔口出流，求证：在射流交点处，$h_1y_1=h_2y_2$。

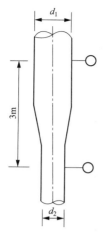
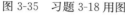

图 3-35 习题 3-18 用图

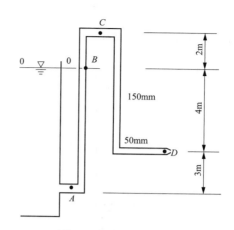

图 3-36 习题 3-19 用图

3-21 如图 3-38 所示，一压缩空气罐与文丘里式的引射管连接，d_1、d_2 均为已知，问气罐压强 p_0 多大才能将 B 池水抽出。

3-22 如图 3-39 所示，由断面为 $0.2m^2$ 和 $0.1m^2$ 的两根管子所组成的水平输水管系从水箱流入大气中：

（1）若不计损失：①求断面流速 v_1 及 v_2；②绘制总水头线及测压管水头线；③求进口 A 点的压强。

（2）计入损失：第一段为 $4\dfrac{v_1^2}{2g}$，第二段为 $3\dfrac{v_1^2}{2g}$。①求断面流速 v_1 及 v_2；②绘制总水头线及测压管水头线；③根据总水头线求各段中间的压强。

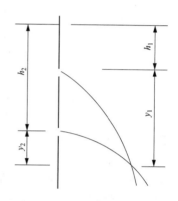

图 3-37 习题 3-20 用图

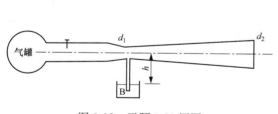

图 3-38 习题 3-21 用图

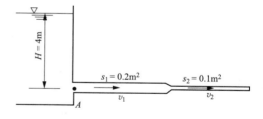

图 3-39 习题 3-22 用图

3-23 如图 3-40 所示的高层楼房煤气立管，B、C 两个供煤气点各供应 $Q=0.02m^3/s$ 的煤气量。假设煤气的密度为 $0.6kg/m^3$，管径为 $50mm$，压强损失 AB 段用 $3\rho\dfrac{v_1^2}{2}$ 计算，BC 用 $4\rho\dfrac{v_2^2}{2}$ 计算，若 C 点要求保持余压为 $300Pa$，求 A 点酒精（单位体积酒精所受的重力为 $7.9kN/m^2$）液面应有的高度差（空气密度为 $1.2kg/m^3$）。

3-24 如图 3-41 所示，烟囱直径 $d=1m$，通过烟气量 $G=176.2kN/h$，烟气密度 $\rho=0.7kg/m^3$，周围气体的密度 $\rho=1.2kg/m^3$，烟囱压强损失用 $p_1=0.035\dfrac{H}{d}\dfrac{v^2}{2g}\rho g$ 计

算，要保证底部（1—1断面）负压不小于 $10\mathrm{mmH_2O}$，烟囱高度至少应为多少？求 $\dfrac{H}{2}$ 高度上的压强。绘制烟囱全高程 1—M—2 的压强分布（计算时设 1—1 断面流速很低，忽略不计）。

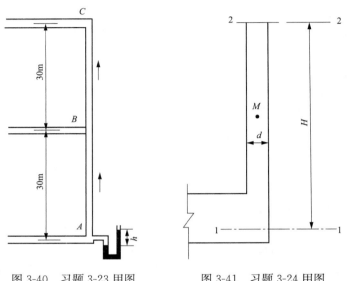

图 3-40　习题 3-23 用图　　　　　图 3-41　习题 3-24 用图

3-25　图 3-42 所示为一水平风管，空气自断面 1—1 流向断面 2—2，已知断面 1—1 的压强 $p_1=150\mathrm{mmH_2O}$，$v_1=15\mathrm{m/s}$，断面 2—2 的压强 $p_2=140\mathrm{mmH_2O}$，$v_2=10\mathrm{m/s}$，空气密度 $\rho=1.29\mathrm{kg/m^3}$，求两断面的压强损失。

3-26　定性绘制图 3-43 中管路系统的总水头线和测压管水头线。

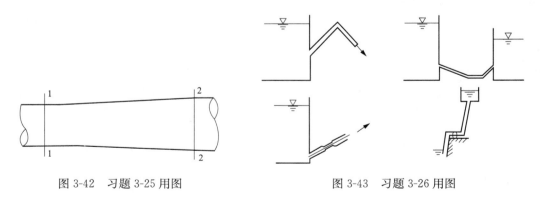

图 3-42　习题 3-25 用图　　　　　图 3-43　习题 3-26 用图

3-27　高压管末端的喷嘴如图 3-44 所示，出口直径 $d=10\mathrm{cm}$，管端直径 $D=40\mathrm{cm}$，流量 $Q=0.4\mathrm{m^3/s}$，喷嘴和管用法兰盘连接，共用 12 个螺栓，不计水和管嘴的重量，求每个螺栓的受力？

3-28　下部水箱重 224N，其中盛水重 897N，如果此箱放在秤台上，受如图 3-45 所示的恒定流作用。问秤的读数是多少？

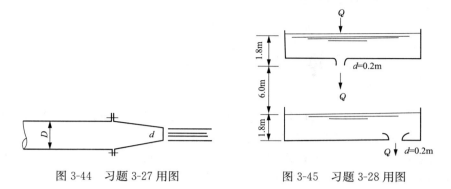

图 3-44　习题 3-27 用图　　　　图 3-45　习题 3-28 用图

第四章　流动阻力与能量损失

为了运用能量方程式确定流动过程中流体所具有的能量变化，或者说，确定各断面上位能、压力能和动能之间的关系以及计算为流动应提供的动力等，都需要解决能量损失项的计算问题。只有确定了能量损失的计算之后，能量方程式才能广泛地用来解决实际工程问题。因此，能量损失的计算是本课程中重要的计算问题之一。

实际流体具有黏滞性，在流动过程中会产生流动阻力，流动阻力是造成能量损失的原因，也就是说，克服流动阻力就要损耗一部分机械能。这部分机械能将不可逆转地转化为热能，造成能量损失。这种引起流动能量损失的阻力除了与流体的黏滞性有关还与惯性力以及固体壁面对流体的阻滞和扰动作用有关。因此，为了得到能量损失的规律，必须分析各种阻力的特性，研究壁面特征的影响。

第一节　流动阻力与能量损失的形式

流体流动的能量损失与流体的运动状态和流动边界条件有密切的关系。根据流动的边界条件，能量损失分为沿程能量（阻力）损失和局部能量（阻力）损失两种形式。

一、流动阻力与能量损失的分类

当束缚流体流动的固体边壁沿程不变，流动为均匀流时，流层与流层之间或质点之间只存在沿程不变的切应力，称为沿程阻力。沿程阻力做功引起的能量损失称为沿程能量损失。由于沿程能量损失沿管路长度均匀分布，故其大小与管路长度成正比。在管路中单位重力水流的沿程能量损失称为沿程水头损失，以 h_f 表示。

当流体流经固体边界突然变化处（即急变流处），由于固体边界的突然变化造成过流断面上流速分布的急剧变化，从而在较短范围内集中产生的阻力称为局部阻力。由于局部阻力做功引起的能量损失称为局部能量损失。在管道入口、突然扩大、突然缩小、弯头、闸阀、三通等管件处都存在局部能量损失。在这些管件处单位重力水流的局部能量损失称为局部水头损失，以 h_j 表示。

如图 4-1 所示，从水箱侧壁上引出的管道，其中 ab、bc、cd 段为直管段，而 a 点、b 点和 c 点分别为管道入口、突然缩小点和阀门。

为了测量损失，可在管道上装设一系列测压管。连接各测压管的水面可得相应的测压管水头线（测压管水面高度再加上相应的流速水头为各点总水头，其连线为该管道的总水头线）。图中的 h_{fab}、h_{fbc}、h_{fcd} 就是 ab、bc、cd 段的沿程水头损失。沿程水头损失沿管道均匀分布，使实际总水头线在相应的各管段上形成一定的坡度，这就是在后续课程中所要介绍的水力坡度。水力坡度表示单位重力水流在单位长度上的沿程水头损失。在同一流量下，直径不同的管段水力坡度不同，直径相同的管段水力坡度不变。整个管路的沿程水头损失等于各管段的沿程水头损失之和，即

$$\sum h_f = h_{fab} + h_{fbc} + h_{fcd}$$

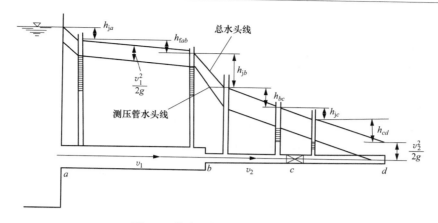

图 4-1　管内流体流动的能量损失

当水流经过管件，即图中的 a、b、c 处时，由于水流运动边界条件发生了急剧改变，引起流速分布迅速改组，水流质点相互碰撞和掺混，并伴随有旋涡区产生，形成局部水头损失。整个管路上的局部水头损失等于各管件的局部水头损失之和，即

$$\sum h_{\mathrm{j}} = h_{\mathrm{ja}} + h_{\mathrm{jb}} + h_{\mathrm{jc}}$$

整个管路上的总水头损失应等于各管段的沿程水头损失与各管件的局部水头损失的总和，即

$$\sum h_{\mathrm{w}} = \sum h_{\mathrm{f}} + \sum h_{\mathrm{j}}$$

二、能量损失的计算公式

当能量损失计算公式用水头损失表示，并以 $\mathrm{mH_2O}$ 为单位时，沿程水头损失按下式（达西公式）计算：

$$h_{\mathrm{f}} = \lambda \frac{L}{d} \times \frac{v^2}{2g} \qquad (4\text{-}1)$$

式中：λ 为沿程阻力系数；L 为管道长度，m；d 为管道直径，m；v 为管道断面平均流速，m/s；g 为重力加速度，m/s^2。

局部水头损失

$$h_{\mathrm{j}} = \xi \frac{v^2}{2g} \qquad (4\text{-}2)$$

式中：ξ 为局部阻力系数。

用压强损失表示，以 Pa 为单位时

$$p_{\mathrm{f}} = \lambda \frac{L}{d} \times \frac{\rho v^2}{2} \qquad (4\text{-}3)$$

$$p_{\mathrm{j}} = \xi \frac{\rho v^2}{2} \qquad (4\text{-}4)$$

式中：ρ 为流体的密度，kg/m^3。

第二节　层流、紊流和雷诺数

英国物理学家雷诺经过大量试验证明，流体在运动过程中主要存在两种流动状态，层流和紊流，并且发现沿程能量损失与流态存在着密切的关系，因此研究流态对于管道沿程能量损失的影响具有重大意义。首先，了解层流和紊流的发现试验，即著名的雷诺试验。

一、层流和紊流

雷诺的流态试验装置如图 4-2 所示。在试验过程中，为保持出水管口压力不变，该试验装置设有溢流口，使得水箱 A 中的水位高度始终保持恒定，水流经玻璃管 B 可以恒定流出，设置在玻璃管 B 上的阀门 K 用来调节管内流量，水箱上部容器 D 中盛有带颜色的水，可以通过阀门 F 的控制，经过细管 E 注入玻璃管 B 中。

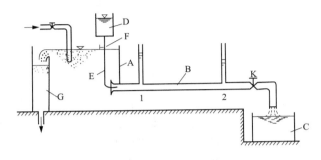

图 4-2　雷诺流态试验装置

A—水箱；B—玻璃管；C—量水桶；D—颜色水箱；E—细管；F—小阀门；G—溢流管；K—阀门

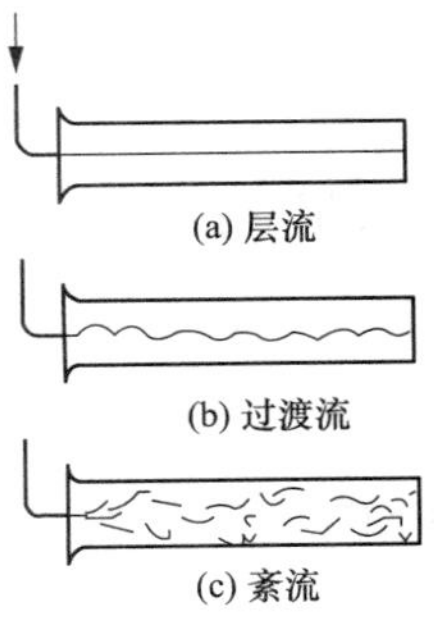

1. 层流

实验开始时，先将玻璃管 B 末端的阀门 K 微微开启，使水在管内缓慢流动。然后打开 E 管上的阀门 F，使少量颜色水注入玻璃管内，这时可以看到一股边界非常清晰的带颜色的细直流束，它与周围清水互不掺混，如图 4-3（a）所示。这一现象表明，当玻璃管 B 内流速较小时，水流呈层状流动，各流层间互不混杂，有条不紊地向前流动，这种层次分明有规则的流态称为层流。

2. 过渡流

将阀门 K 继续开大，玻璃管内水的流速随之增大到某一数值——临界流速时，则可以看到颜色水的流束出现晃动，不再是细直状态，且流束明显加粗，变为波浪状，但仍不与周围清水相混，如图 4-3（b）所示，流体这种出现波动又不掺混的流动状态称为过渡流。

由于过渡流属于临界状态，工程实际中可实现的速度范围极小，一般不易达到，且过渡流的流动特点不明显，研究价值较低，所以在实际工程中经常不予考虑。

3. 紊流

再继续开大阀门 K，颜色水与周围清水迅速掺混，以至完全混合，使得整个玻璃管内的水流都染上颜色，如图 4-3（c）所示。该现象表明管内液体质点的运动轨迹是极不规则的，即各流体质点瞬时速度的大小方向是随时间而不断变化的，各流层质点互相剧烈掺混，这种互相掺混的流动状态称为紊流。

如果再慢慢地关小阀门，使流速由大到小变化，即试验以相反程序进行时，则会观察到出现的试验现象以相反程序重演，但由紊流转变为层流的临界流速值（以 v_{cr} 表示）要比层流转变为紊流的临界流速值（以 v'_{cr} 表示）小，即 $v_{cr} < v'_{cr}$。习惯上称 v'_{cr} 为上临界流速，v_{cr} 为

图 4-3　层流与紊流

（a）层流

（b）过渡流

（c）紊流

下临界流速。

试验进一步表明：对于特定的流动装置来说，其上临界流速 v'_{cr} 是不固定的，随着流动起始条件的扰动程度不同，v'_{cr} 值有很大的差异；但是下临界流速 v_{cr} 却是不变的。而在实际工程中，扰动是普遍存在，因此上临界流速没有实际意义。以后所指的临界流速均为下临界流速 v_{cr}。

二、沿程水头损失与流态的关系

如图 4-2 所示，在玻璃管 B 上选取两个断面 1、2，分别安装测压管。列两断面的伯努利方程为

$$h_f = \left(z_1 + \frac{p_1}{\rho g} + \frac{v_1^2}{2g}\right) - \left(z_2 + \frac{p_2}{\rho g} + \frac{v_2^2}{2g}\right)$$

由于 B 管为水平管，所以 $z_1 = z_2$，又因为两段面间只有沿程水头损失，即 $h_w = h_f$，因此伯努利方程可化简为

$$h_f = \left(z_1 + \frac{p_1}{\rho g}\right) - \left(z_2 + \frac{p_2}{\rho g}\right)$$

即管道两断面之间的沿程水头损失 h_f 等于两断面测压管水头差。

在雷诺试验观察流态的同时，记录不同流速所对应的沿程水头损失值，通过大量的试验发现，沿程水头损失与流速之间存在以下关系：

（1）层流，即当流速小于临界流速时，沿程水头损失与流速的一次方成正比，用公式表示为 $h_f \propto v^{1.0}$。

（2）紊流，即当流速大于临界流速时，沿程水头损失与流速的 1.75～2.0 次方成正比，用公式表示为 $h_f \propto v^{1.75\sim2.0}$。

雷诺试验不仅发现了流体的两种流态——层流和紊流，而且证明了流态不同，沿程水头损失的规律也不同。因此，要想计算沿程水头损失，首先必须对流态进行准确的判定。

三、流态的判定——雷诺数

1. 临界雷诺数

在实际工程中，一般都无法看到流体的运动状态，那么如何判定流体的运动状态呢？雷诺等人针对不同的管径和不同的流体进行了大量的试验，最终发现管道中流体的临界流速与流体的动力黏性系数 η 成正比，与管径 d、流体密度 ρ 成反比，即

$$v_{cr} \propto \frac{\eta}{\rho d} = \frac{\nu}{d}$$

式中：ν 为运动黏性系数，m^2/s。

而实际上用临界流速判定流态并不方便，因此将临界流速 v_{cr}、动力黏性系数 η、管径 d、和流体密度 ρ 组成了一个无量纲的量，用 Re_{cr} 表示。

$$Re_{cr} = \frac{v_{cr} d \rho}{\mu} = \frac{v_{cr} d}{\nu}$$

式中：Re_{cr} 为临界雷诺数，它是一个比例常数，是不随管径和流体物理性质变化而变化的无量纲数。

2. 流态的判定

（1）圆管有压流。圆管流动的实际雷诺数为

$$Re = \frac{vd}{\nu} \tag{4-5}$$

试验表明，当管径和流动介质不同时，临界流速 v_{cr} 不同，但是无论管径和流体种类如何不同，判别流态的临界雷诺数 Re_{cr} 却始终保持在 2000 左右。

因此，对于圆管有压流来说，判定流态只需比较流体的实际雷诺数 Re 和临界雷诺数 Re_{cr} 的大小，即用临界雷诺数 Re_{cr} 作为流体两种流态的判定标准。

$Re \leqslant Re_{cr} = 2000$ 时，该流体的流动状态为层流；

$Re > Re_{cr} = 2000$ 时，该流体的流动状态为紊流。

（2）无压流和非圆形断面有压流。无压流指流体在运动过程无需借助外界压力，仅在重力作用下流动，因此液体流动有与空气相接触的自由表面，其过流断面为非圆形。

由于非圆形断面有压流和无压流过流断面为非圆形，在计算雷诺数时无法使用直径 d，因此需要引入一个特征长度（水力半径 R）代替直径 d，用来综合反映断面大小和几何形状对流动的影响，水力半径的计算公式如下：

$$R = \frac{A}{\chi}$$

式中：R 为水力半径，m；A 为过流断面面积，m^2；χ 为湿周，即过流断面上流体与固体壁面接触的周界，m。

某圆管流，直径为 d，则有

$$R = \frac{A}{\chi} = \frac{\frac{1}{4}\pi d^2}{\pi d} = \frac{1}{4}d$$

对于非圆形断面有压流和无压流（明渠水流），以水力半径 R 为特征长度，同样可以用雷诺数判别流态，即

$$Re = \frac{vR}{\nu} \tag{4-6}$$

因为圆管的水力半径是直径的四分之一，所以无压流和非圆形断面有压流的临界雷诺数 Re_{cr} 为圆管有压流的四分之一，即 $Re_{cr} = 500$。

因此对于无压流和非圆形断面有压流，其流态的判定方法如下：

$Re \leqslant Re_{cr} = 500$ 时，该流体的流动状态为层流；

$Re > Re_{cr} = 500$ 时，该流体的流动状态为紊流。

【例 4-1】 某办公楼内给水管直径 $d = 50\text{mm}$，如管内流速 $v = 2.5\text{m/s}$，水温 $t = 10℃$。

（1）试判断管内水的流态是层流还是紊流；

（2）若使管内流体保持层流状态，如何控制流速？

解：

（1）通过查表得：水在 10℃ 时运动黏性系数为 $\nu = 1.31 \times 10^{-6} \text{m}^2/\text{s}$，管内水流的雷诺数为

$$Re = \frac{vd}{\nu} = \frac{2.5 \times 0.05}{1.31 \times 10^{-6}} = 95\,420 > 2000$$

因此，该管内水的流态为紊流。

（2）若想管内保持层流状态，则管内的最大流速为临界雷诺数 Re_{cr} 所对应的流速，即临界流速

$$Re_{cr} = \frac{v_{cr}d}{\nu}$$

$$v_{cr} = \frac{Re_{cr}\nu}{d} = \frac{2000 \times 1.31 \times 10^{-6}}{0.05} = 0.052\text{m/s}$$

因此，若使管内流体保持层流状态，流速应小于 0.052m/s。

【例 4-2】　某民用建筑内通风管道为矩形，其断面长为 0.5m，宽为 0.3m，风速 $v=6$m/s，在空气温度为 20℃的情况下进行计算。

（1）判断通风管道内空气的流态是层流还是紊流；

（2）该风道的临界流速是多少？

解：

（1）该风道的水力半径为

$$R = \frac{A}{\chi} = \frac{ab}{2(a+b)} = \frac{0.5 \times 0.3}{2 \times (0.5+0.3)} = 0.094\text{m}$$

通过查表得，空气在 20℃时的运动黏性系数为 $\nu=15.7 \times 10^{-6}\text{m}^2/\text{s}$，风管内雷诺数为

$$Re = \frac{vR}{\nu} = \frac{6 \times 0.094}{15.7 \times 10^{-6}} = 35\ 924 > 500$$

因此，该管道内的空气流态为紊流。

（2）临界流速

$$v_{cr} = \frac{Re_{cr}\nu}{R} = \frac{500 \times 15.7 \times 10^{-6}}{0.094} = 0.084\text{m/s}$$

第三节　圆管中的层流运动

虽然在实际工程中只有少数流体运动属于层流，但层流运动的研究有助于对紊流的理解，且具有重要的工程实际意义。

本节主要以圆管有压流为例，介绍圆管层流运动的特点、沿程水头损失和沿程阻力系数的计算公式。在研究层流运动规律前，需要先了解均匀流基本方程。

一、均匀流基本方程

在前面章节中已经介绍过均匀流的特点，只有长直的管道或渠道等过流断面的形状稳定（过流断面形状和大小沿程不变）的流动中才会存在均匀流，因此对于均匀流来说，流体在运动过程中无局部水头损失，只有沿程水头损失。而造成沿程水头损失的直接原因是沿程阻力，即均匀流内部流层与流层间的切应力，因此对于均匀流，可以通过建立沿程损失与切应力的关系来加深对能量损失力学机理的理解，同时为分析积沿程水头损失积打好基础。

如图 4-4 所示，在圆管恒定均匀流中取 1、2 两断面，对两断面间圆柱形流体进行力学分析可知，流体分别受压力（P）、重力（G）和摩

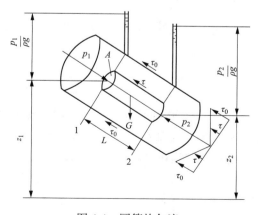

图 4-4　圆管均匀流

擦阻力（T）。

（1）压力。该段流体两端面压力差（侧面压力与轴向流速垂直，不做功）为

$$P = P_1 - P_2 = p_1 A - p_2 A$$

（2）重力

$$G = \rho g A L$$

（3）摩擦阻力是指壁面处流体与管壁的摩擦力。

$$T = \tau_0 \chi L$$

式中：τ_0 为壁面切应力，即该段流体与壁面接触时单位面积上所受的摩擦阻力。

因为流体属于均匀流，因此轴线处的三种力满足合力为零，即 $\sum F = 0$。

$$\sum F = P + G\cos\alpha - T = 0$$

$$p_1 A - p_2 A + \rho g A L \cos\alpha - \tau_0 \chi L = 0$$

等式两边同时除以 $A\rho g$，并将 $L\cos\alpha = z_1 - z_2$ 带入等式整理得

$$\frac{\tau_0 \chi L}{A\rho g} = \left(z_1 + \frac{p_1}{\rho g}\right) - \left(z_2 + \frac{p_2}{\rho g}\right) \tag{4-7}$$

列 1、2 两断面的伯努利方程

$$z_1 + \frac{p_1}{\rho g} + \frac{\alpha_1 v_1^2}{2g} = z_2 + \frac{p_2}{\rho g} + \frac{\alpha_2 v_2^2}{2g} + h_w$$

因为该流体为均匀流，故 $\dfrac{\alpha_1 v_1^2}{2g} = \dfrac{\alpha_2 v_2^2}{2g}$，且前面已论述水头损失仅为沿程损失，即 $h_w = h_f$，方程可化简为

$$h_f = \left(z_1 + \frac{p_1}{\rho g}\right) - \left(z_2 + \frac{p_2}{\rho g}\right)$$

由上式可知，沿程水头损失为两断面测压管水头差，与式（4-7）联立可得

$$\frac{\tau_0 \chi L}{A\rho g} = h_f$$

整理得

$$\tau_0 = \rho g \frac{h_f}{L} \frac{A}{\chi}$$

将代表单位管长沿程水头损失的水力坡度 $J = \dfrac{h_f}{L}$ 和水力半径 $R_0 = \dfrac{A}{\chi} = \dfrac{d}{4} = \dfrac{r_0}{2}$ 代入上式整理得

$$\tau_0 = \rho g J R_0 = \rho g J \frac{r_0}{2} \tag{4-8}$$

式（4-8）将圆管均匀流的沿程损失与切应力联系起来，称为均匀流基本方程。需要注意的是，均匀流基本方程对层流和紊流都适用。

二、圆管中的层流运动特点

本章第二节已论述过层流运动的特点，即流体主要在黏性的影响下，像套筒一样呈层状相对滑动，各流层间互不混杂，有条不紊地向前流动。下面分析层流运动中的切应力、速度、流量等有关参数。

（一）切应力分布规律

根据均匀流基本方程，以半径为 r 的同轴圆柱形流体为代表，求得管内任一点轴向切应力与水力坡度之间的关系为

$$\tau = \rho g J R = \rho g J \frac{r}{2} \tag{4-9}$$

其中单位管长上的沿程水头损失相等，即 $J = J_0$。

式（4-9）除以式（4-8）得

$$\frac{\tau}{\tau_0} = \frac{r}{r_0}$$

因此管道内任一点的轴向切应力与管壁切应力的关系为

$$\tau = \frac{r}{r_0} \tau_0 \tag{4-10}$$

式（4-10）揭示了圆管均匀流过流断面上的切应力是呈线性分布的，与半径成正比，即在轴线处切应力最小，为零，在管壁处切应力最大，为 τ_0，如图 4-5 所示。

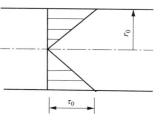

图 4-5　圆管层流切应力分布

（二）过流断面速度分布规律

流体在圆管中做层流运动时，最外一层与管壁接触的流层受黏滞力影响最大，以至于该层流体附着在管壁上，此层流速为零；最内一层管轴中心处离壁面最远，受黏滞力影响最小，此层流速最大；流体在圆管中做层流运动时，从管壁到管轴，过流断面上的黏滞力依次减小，流速依次增大，如图 4-6 所示。

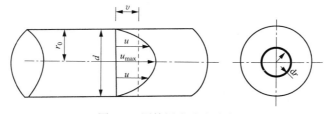

图 4-6　圆管层流速度分布

各流层之间的切应力符合牛顿内摩擦定律，将牛顿内摩擦定律与均匀流基本方程联立得

$$\begin{cases} \tau = -\eta \dfrac{\mathrm{d}u}{\mathrm{d}r} \\ \tau = \rho g J R \end{cases}$$

$$R = \frac{d}{4} = \frac{r}{2}$$

整理得

$$\mathrm{d}u = -\frac{\rho g J}{2\eta} r \, \mathrm{d}r$$

对上式积分得

$$u = -\frac{\rho g J}{4\eta} r^2 + c \tag{4-11}$$

将 $r = r_0$、$u = 0$ 代入式（4-11）得

$$c = \frac{\varrho g J}{4\eta} r_0^2$$

所以，圆管层流过流断面上任一点的流速为

$$u = \frac{\varrho g J}{4\eta}(r_0^2 - r^2) \tag{4-12}$$

流体在圆管中做层流运动时，过流断面上的速度分布呈现抛物线规律，如图 4-6 所示。管轴中心点处，半径为零，此处为过流断面上的最大流速。

过流断面最大流速

$$u_{\max} = \frac{\varrho g J}{4\eta} r_0^2 \tag{4-13}$$

（三）流量

$$Q = \int_A u \, \mathrm{d}A = \int_0^{r_0} \frac{\varrho g J}{4\eta}(r_0^2 - r^2) \pi \mathrm{d}r^2$$

积分得

$$Q = \frac{\varrho g J}{8\eta} \pi r_0^4 = \frac{\varrho g J}{128\eta} \pi d^4 \tag{4-14}$$

式（4-14）表明，流体在做圆管层流运动时，水力坡度（单位管长沿程水头损失）越大，管道流量就越大；水力坡度越小，流量就越小。管道流量与水力坡度呈正比例关系。

（四）断面平均流速

因为流量 $Q = vA$，结合式（4-14）得

$$Q = vA = \frac{\varrho g J}{8\eta} \pi r_0^4$$

整理得，圆管层流过流断面平均流速为

$$v = \frac{\varrho g J}{8\eta} r_0^2 = \frac{\varrho g J}{32\eta} d^2 \tag{4-15}$$

对比式（4-13）可以得出：流体在圆管中做层流运动时，流体的断面平均流速是断面上最大流速的一半，即

$$v = \frac{1}{2} u_{\max}$$

（五）其他参数

根据圆管层流过流断面上速度分布公式，还可计算出动能修正系数和动量修正系数。

1. 动能修正系数

$$\alpha = \frac{\int_A u^3 \mathrm{d}A}{v^3 A} = 2.0$$

在圆管层流运动中，由公式计算得出的动能修正系数值跟 1.0 相比较大，所以在计算圆管层流的动能时必须要进行修正，不能默认为 1.0。

2. 动量修正系数

$$\beta = \frac{\int_A u^2 \mathrm{d}A}{v^2 A} = 1.33$$

在圆管层流运动中，由公式计算得出的动量修正系数值跟 1.0 相比较大，所以在计算圆管层流的动量时也必须要进行修正，不能默认为 1.0。

三、圆管层流沿程损失的计算及沿程损失系数的确定

根据圆管层流平均速度计算式（4-15）、水力坡度计算公式 $J=h_f/L$ 以及达西公式联立，可以推出圆管层流的沿程阻力损失和沿程阻力系数的计算公式，即

$$h_f = \frac{32\mu v L}{\rho g d^2} = \frac{64}{Re} \times \frac{L}{d} \times \frac{v^2}{2g} = \lambda \frac{L}{d} \times \frac{v^2}{2g} \tag{4-16}$$

由此可以得出沿程阻力系数

$$\lambda = \frac{64}{Re} \tag{4-17}$$

该式表明在圆管层流中，雷诺数是唯一影响沿程阻力系数的因素。

【例 4-3】　若某建筑物内有一直径为 10mm 的水管，该管道内水的温度控制在 15℃，流速为 0.2m/s，试计算管长为 30m 时的沿程阻力损失。

解：

已知 $d=10\text{mm}=0.01\text{m}$，$t=15℃$，$v=0.2\text{m/s}$，$L=30\text{m}$。

（1）流态的判定

通过查表得：水在 15℃时运动黏性系数为 $\nu=1.14\times10^{-6}\text{m}^2/\text{s}$，管内水流的雷诺数为

$$Re = \frac{vd}{\nu} = \frac{0.2 \times 0.01}{1.14 \times 10^{-6}\text{m}^2/\text{s}} = 1754 < 2000$$

所以，水在该管道中的流动状态为层流。

（2）沿程阻力系数的计算

$$\lambda = \frac{64}{Re} = \frac{64}{1754} = 0.036\,5$$

（3）根据圆管层流沿程阻力损失计算公式得

$$h_f = \lambda \frac{L}{d} \times \frac{v^2}{2g} = 0.036\,5 \times \frac{30}{0.01} \times \frac{0.2^2}{2 \times 9.807} = 0.223\text{m}$$

第四节　圆管中的紊流运动

上一节已经详细讲述了圆管中的层流运动特点，包括流速、切应力、流量等参数的计算及其规律，并且从流速出发，理论上解决了沿程损失的计算问题，除了对圆管层流的计算有直接作用外，对紊流也具有重要的参考作用。在实际工程中，大多数流体流速较大，更多地表现为紊流运动，因此掌握紊流的运动特征及其能量损失规律，具有更广泛且实际的价值。

由于工程实际以圆管居多，本节内容仍以圆管为例讲述紊流运动涉及的主要参数、基本特征和沿程损失规律。

一、紊流运动参数

1. 脉动现象

在本章第二节的内容中已详细讲述了紊流是一种流体质点，其运动轨迹极不规则，即各

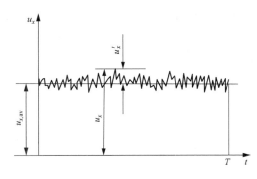

图 4-7 紊流的脉动现象

流体质点瞬时速度的大小、方向是随时间变化而不断变化的，各流层质点互相剧烈掺混的、杂乱无章的运动。而实际上通过大量的实验证明，流体的流速、压强等运动参数虽然看似杂乱无章，却始终围绕着某一个平均值上下波动，这种运动参数围绕某一平均值波动的现象称为脉动现象，如图 4-7 所示。

2. 时均值

由于紊流运动具有瞬时性，研究其运动规律及其有关参数的计算困难较大，因此引入时均值的概念，以代替紊流运动的真实值，简化紊流运动的计算问题。在脉动现象中，运动要素随时间围绕某一平均值上下波动的这个平均值即称为时均值。

如图 4-7 所示的紊流运动中，在时间 T 内，把流体在 x 轴方向上任一时刻的速度称为瞬时速度，用 u_x 表示，瞬时速度 u_x 随时间的变化始终围绕着某一平均值 $u_{x,\text{av}}$ 上下波动，则 $u_{x,\text{av}}$ 即为该紊流运动在 x 轴方向上的时均速度。时均速度与瞬时速度应满足如下关系：

$$u_{x,\text{av}} = \frac{1}{T}\int_0^T u_x \, \mathrm{d}t$$

如图 4-7 所示，在时间 T 足够大的情况下，紊流运动的时均速度值 $u_{x,\text{av}}$ 与时间 T 的长短无关。

3. 时均速度与瞬时速度的关系

通过时均速度的定义，可以将瞬时速度理解为由两部分构成，一部分是流体的时均速度，另一部分是瞬时速度相对于时均速度的涨落，用 u_x' 表示，将两部分叠加，即可通过时均速度求出任一时刻流体的瞬时速度，具体表示为

$$u_x = u_{x,\text{av}} + u_x'$$

式中：u_x' 为脉动速度，是瞬时速度与时均速度的差值，若瞬时速度高于时均速度，则该值为正，反之为负。

二、紊流的阻力——切应力

由于紊流具有脉动现象，因此阻力远远大于层流。实际上，紊流阻力由两部分构成，一部分是各流层间存在同层流一样的黏性切应力 τ_1；另一部分是由于紊流脉动引起质点掺混，从而产生动量交换的惯性切应力 τ_2（又称为附加切应力）。

紊流的切应力 τ 应为黏性切应力 τ_1 与惯性切应力 τ_2 之和，即

$$\tau = \tau_1 + \tau_2$$

1. 黏性切应力

在圆管层流中已经讲述，流体各层因时均流速不同而存在着相对运动，故流层间会产生因黏滞性所引起的摩擦阻力。黏性切应力用 τ_1 表示，是单位面积上的摩擦阻力，符合牛顿内摩擦定律，即

$$\tau_1 = \eta \frac{\mathrm{d}u}{\mathrm{d}y}$$

式中：$\dfrac{\mathrm{d}u}{\mathrm{d}y}$ 为时均速度梯度。

2. 惯性切应力

惯性切应力 τ_2 目前仍然采用经典的半经验理论——普朗特混合长度理论。普朗特提出的理论假定：流体质点的流速、动量等运动要素从某一流层脉动到另一流层的过程之后，才突然发生改变，而在此行程内与周围流体的运动要素保持一致。这段脉动路程的长度即为混合长度，用 l 表示，是指流体质点不与其他质点碰撞，保持原有的运动特性的一段自由行程。

由普朗特混合长度理论得到的以时均速度表示的紊流切应力（惯性切应力）表达式为

$$\tau_2 = \rho l^2 \left(\frac{\mathrm{d}u}{\mathrm{d}y}\right)^2 \tag{4-18}$$

3. 紊流切应力

$$\tau = \tau_1 + \tau_2 = \eta \frac{\mathrm{d}u}{\mathrm{d}y} + \rho l^2 \left(\frac{\mathrm{d}u}{\mathrm{d}y}\right)^2 \tag{4-19}$$

试验表明：当雷诺数较小时，流体质点进行碰撞和掺混的程度较弱，此时惯性切应力不明显，主要表现为黏性切应力；当雷诺数越大时，紊流发展就越充分，质点碰撞和掺混的程度越强，此时黏性切应力的影响就越小，而惯性切应力的影响越大。实际工程中，流体运动的雷诺数一般都足够大，惯性切应力远远大于黏性切应力，此时黏性切应力可以忽略不计。因此，构成紊流阻力的两部分随着流动情况的不同而有所不同，需要考虑紊流发展的情况（用雷诺数表征）。

三、紊流的速度分布

1. 紊流的组成

圆管紊流分为层流底层、过渡层和紊流核心三部分，如图 4-8 所示。在临近管壁的极小区域存在着很薄的一层流体，由于固体壁面的阻滞作用，流速较小，惯性力较小，因而流体仍能保持层流运动，该流层称为层流底层。管中心部分为紊流核心。在紊流核心与层流底层之间还存在一个由层流到紊流过渡的流层，称为过渡层。层流底层的厚度 δ 随着雷诺数 Re 的不断增大而越来越薄，它的存在对管壁粗糙的扰动作用和导热性有重大影响。

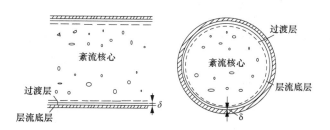

图 4-8　层流底层与紊流核心

2. 紊流的速度分布规律

紊流的速度分布如图 4-9 所示，靠近管壁处速度最小，为零，管轴中心处速度最大。

（1）层流底层的流速分布规律。层流底层的流体受固体边壁的约束，流层内沿边界法线方向上的速度分布是由零急剧增加的，速度梯度很大，而且由于固体边壁的制约，该层内质点的横向运动受到抑制，脉动运动几乎不存在，因此，该流层的紊流切应力主要是黏性切

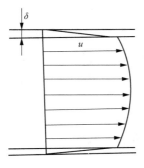

图 4-9　紊流的速度分布

应力，且流速分布也符合层流的流速分布规律，即线性分布规律。

（2）紊流核心的流速分布规律。由于紊流核心的流体质点相互掺混，使流速分布趋于平均化，速度梯度较小。根据普朗特半经验理论可以证明，紊流核心过流断面上的流速分布是对数型的，且通过试验表明与实际流速分布相符，即

$$u = \frac{1}{\beta} \sqrt{\frac{\tau_0}{\rho}} \ln y + C \qquad (4-20)$$

式中：β 为卡门通用常数，由实验确定；τ_0 为紊流中靠近管壁处流速梯度较大的流层内的切应力；y 为质点离圆管管壁的距离；C 为由管道边界条件决定的积分常数。

3. 水力光滑管和水力粗糙管

实际上管壁表面是粗糙不平的，不同的材质和不同的加工方式都会影响管壁的粗糙程度，定义管壁粗糙突出的平均高度为绝对粗糙度，以 Δ 表示。前面已讲到，层流底层的厚度 δ 随雷诺数的增大而减小，可用半经验公式表示为

$$\delta = \frac{32.8d}{Re\sqrt{\lambda}} \qquad (4-21)$$

式中：d 为管径；λ 为沿程阻力系数。

从式（4-21）可以看出，紊流运动越强，雷诺数越大，层流底层就越薄。而层流底层厚度和绝对粗糙度相对大小的不同，会造成紊流的沿程能量损失规律不同。

（1）水力光滑管。如图 4-10（a）所示，当 δ 大于 Δ 的若干倍时，层流底层将管壁粗糙的突出完全淹没，以至于紊流核心并不与管壁突出直接接触，这种流体的能量损失不受管壁粗糙度影响的管道称为水力光滑管。

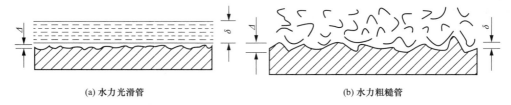

(a) 水力光滑管　　　　　　　　　　　　　　(b) 水力粗糙管

图 4-10　水力光滑和水力粗糙管

（2）水力粗糙管。如图 4-10（b）所示，当 δ 小于 Δ 时，管壁突出伸入紊流核心，流体经过管壁突出时，会阻碍流体运动，形成旋涡，脉动现象加剧，从而增大了流体在流动过程中的能量损失，这种沿程能量损失受管壁粗糙度影响的管道称为水力粗糙管。

因此，水力粗糙管和水力光滑管是一个相对概念，由层流底层的厚度和绝对粗糙度两个因素的相对大小决定，而层流底层厚度又与雷诺数有关，所以同一管道，在雷诺数较小时可能是水力光滑管，但随着流速的增大，雷诺数不断增大，此时该管道可能变为水力粗糙管。

第五节　尼古拉兹实验

解决紊流阻力的计算问题，仅应用普朗特半经验理论是不够完善的，必须结合实验。许多学者进行了大量的相关实验研究，而其中德国科学家尼古拉兹的实验成果比较典型地分析了沿程阻力系数的变化规律。

一、沿程阻力系数 λ 及其影响因素

前面我们已经学习了圆管有压流的沿程水头损失计算公式为

$$h_f = \lambda \frac{L}{d} \times \frac{v^2}{2g}$$

该式是圆管水头损失计算的通用公式，不但适用于层流，同样也适用于紊流。但对于不同的流态，沿程阻力系数 λ 的规律不同，因此，沿程损失的计算，关键在于如何确定沿程阻力系数 λ。圆管做层流运动的沿程阻力系数前面已讲解，只与 Re 有关。由于紊流的复杂性，λ 的确定不可能像层流那样严格地从理论上推导出来，通常有以下两种途径来确定 λ 值：一是直接依据紊流沿程损失的实测资料，综合成阻力系数 λ 的纯经验公式；二是以紊流的半经验理论为基础，理论结合实验研究，整理成半经验公式。

紊流的阻力由黏性阻力和惯性阻力两部分组成，壁面的粗糙度在一定条件下成为产生惯性阻力的主要外因。

紊流的能量损失一方面取决于反映流动内部矛盾的黏性力和惯性力的对比关系，另一方面取决于流动的边壁几何条件。前者可用 Re 来表示，后者则包括管长、过流断面的形状、大小以及壁面的粗糙程度等。对所有圆形管道来说，过流断面形状是一致的，管长 L 和管径 d 已包括在式 $h_f = \lambda \dfrac{L}{d} \times \dfrac{v^2}{2g}$ 中，因此，边壁的几何条件中只有壁面粗糙程度会影响 λ。通过以上分析可知，沿程阻力系数 λ 主要取决于 Re 和壁面粗糙程度这两个因素。

深入分析壁面粗糙发现，影响沿程损失的因素有很多方面，例如：对于工业管道，包括粗糙的凸起高度、粗糙的形状（实验中常采用矩形、方形、三角形、长缝形和星形断面进行对比分析）、粗糙的疏密和排列等因素。

尼古拉兹在实验中使用了一种简化的粗糙模型。他把大小基本相同，形状近似球体的砂粒用漆汁均匀而稠密地黏附于管壁上，如图 4-11 所示，这种尼古拉兹使用的人工均匀粗糙称为尼古

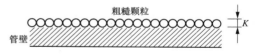

图 4-11　尼古拉兹粗糙

拉兹粗糙。对于这种特定的粗糙形式，就可以用糙粒的凸起高度 Δ（即相当于砂粒直径）来表示边壁的粗糙程度。Δ 称为绝对粗糙度。但粗糙度对沿程损失的影响不完全取决于粗糙的凸起绝对高度 Δ，而是取决于它的相对高度，即 Δ 与管径 d 或半径 r_0 之比。Δ/d 或 Δ/r_0，称为相对粗糙度。其倒数 d/Δ 或 r_0/Δ 则称为相对光滑度。因此，影响 λ 的因素就是雷诺数和相对粗糙度，即

$$\lambda = f\left(Re, \frac{\Delta}{d}\right)$$

二、尼古拉兹实验

尼古拉兹实验是为了探索紊流沿程阻力系数 λ 的变化规律。尼古拉兹用多种管径和多种

粒径的砂粒得到了 Δ/d 分别为 $\dfrac{1}{30}$、$\dfrac{1}{61}$、$\dfrac{1}{126}$、$\dfrac{1}{252}$、$\dfrac{1}{507}$、$\dfrac{1}{1014}$ 的六种相对粗糙度。把这些管道安装在测定沿程水头损失的实验装置中，分别测出每根人工粗糙管在不同流量下的断面平均流速 v 和沿程水头损失 h_{f}，然后根据下面两个公式

$$Re = \frac{vd}{\nu} \ \text{和} \ \lambda = \frac{d^2 g}{L v^2} h_{\mathrm{f}}$$

计算出相应雷诺数 Re 和沿程阻力系数 λ。把所测的一系列实验结果点绘制在对数坐标纸上，便可以得到图 4-12 所示的实验曲线。

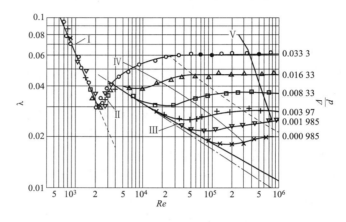

图 4-12　尼古拉兹实验曲线

　　实验曲线表明，不同相对粗糙度的管道，在管内流速从小到大（Re 也相应随之变化），管道内输送水流的流动状态从层流状态发展为充分的紊流状态，其对应的阻力规律不同。根据沿程阻力系数 λ 变化的特征，尼古拉兹实验曲线可以划分为五个阻力区：

　　（1）第 I 区：当 $Re<2000$ 时，流体流动处于层流状态，即层流区。所有的实验点，不论其相对粗糙度如何，都集中在直线 I 上。这说明在层流区沿程阻力系数 λ 与 Δ/d 无关，只与 Re 有关。如果把从理论推导出来的方程 $\lambda = \dfrac{64}{Re}$ 的函数图像点绘到图上，正好与直线 I 重合，因此，尼古拉兹实验证明了由理论分析得到的层流沿程损失计算公式是正确的。不难推导，该区沿程水头损失 h_{f} 与流速 v 成正比。

　　（2）第 II 区：当 $Re=2000\sim4000$ 时，是由层流向紊流的过渡区，即临界区。相当于上、下临界流速之间的区域，λ 随 Re 的增大而增大，而与相对粗糙度无关。该区域在工程上实用意义不大。

　　（3）第 III 区：当 $Re>4000$ 以后，不同相对粗糙度的实验点，起初都集中在曲线 III 上，属于紊流光滑区。随着 Re 的增大，相对粗糙度较大的管道，其实验点在 Re 较低时就偏离曲线 III。而相对粗糙度较小的管道，其实验点要在 Re 较大时才偏离光滑区。换言之，相对粗糙度不同的管道的实验点集中在曲线 III 上，表明沿程阻力系数只与雷诺数 Re 有关，与相对粗糙度 Δ/d 无关。这是因为管内流态虽是紊流，但靠近管壁的层流边界层在雷诺数不大时，其厚度完全掩盖了管壁的糙粒突起高度，水流处于水力光滑管状态；随着雷诺数的增大，层流边界层的厚度不断减小，相对粗糙度大的管道，其实验点就脱离了该区，而相对粗糙度较

小的管道只有在雷诺数较高时，才脱离直线Ⅲ。

（4）第Ⅳ区：属于紊流过渡区。随着雷诺数的继续提高，不同相对粗糙度的管道的实验点都脱离了直线Ⅲ，在图中的Ⅳ区范围内各自分散成一条条波状的曲线，这说明沿程阻力系数 λ 不但与 Re 有关，而且与 Δ/d 也有关。这是因为靠近管壁的层流边界层的厚度随雷诺数的增大而变薄之后，管壁的粗糙度已开始影响到紊流核心的运动，水流处于水力光滑管向水力粗糙管转变的过渡状态。

（5）第Ⅴ区：属于紊流粗糙区。在这个区域里，不同相对粗糙度的实验点分别落在与横坐标平行的直线上，这表明 λ 分别保持某一常数，只与该管道的 Δ/d 有关，而与 Re 无关。这是因为 Re 足够大，管道的层流边界层的厚度很薄，管壁的糙粒几乎全部伸入紊流核心，此时影响管道沿程阻力系数 λ 的唯一因素是管壁粗糙度。在该区域，由前面已学习的沿程损失计算公式可推断，沿程水头损失 h_f 与 v 的平方成正比，故该区又称为阻力平方区。

综上所述，尼古拉兹实验所揭示的沿程阻力系数 λ 的变化规律，可归纳如下：

Ⅰ．层流区

$$\lambda = f_1(Re)$$

Ⅱ．临界过渡区

$$\lambda = f_2(Re)$$

Ⅲ．紊流光滑区

$$\lambda = f_3(Re)$$

Ⅳ．紊流过渡区

$$\lambda = f_4\left(Re, \frac{\Delta}{d}\right)$$

Ⅴ．紊流粗糙区（阻力平方区）

$$\lambda = f_5\left(\frac{\Delta}{d}\right)$$

尼古拉兹实验的重要意义在于比较完整地反映了沿程阻力系数 λ 的变化规律，揭示了影响 λ 变化的主要因素，与前面的理论分析相吻合，他对 λ 和断面流速分布的测定，为推导紊流沿程阻力系数 λ 的半经验公式提供了可靠的依据。

第六节　工业管道紊流阻力系数

尼古拉兹实验是在人工均匀粗糙管中进行的，而工业管道的实际粗糙与人工均匀粗糙有很大差异，因此，将尼古拉兹实验结果用于实际工业管道时，必须要分析这种差异，并寻求解决问题的方法。

一、光滑区和粗糙区的沿程阻力系数 λ

（一）当量糙粒高度

通过把尼古拉兹粗糙管和工业管道 λ 曲线对比表明，在光滑区工业管道的实验曲线和尼古拉兹曲线是重叠的。因此，只要流动位于阻力光滑区，工业管道 λ 的计算就可采用尼古拉兹的实验结果。

　　在粗糙区，关键问题在于如何确定工业管道的 Δ 值。在流体力学中，把尼古拉兹粗糙作为度量粗糙的基本标准。把工业管道的不均匀粗糙折合成尼古拉兹粗糙。这样，就提出了一个当量糙粒高度的概念。

　　所谓当量糙粒高度，就是指和工业管道粗糙区 λ 值相等的同直径尼古拉兹粗糙管的糙粒高度。它在一定程度上反映了粗糙区中各种因素对沿程损失的综合影响。比如，实测出某种材料工业管道在粗糙区时的 λ 值，将它与尼古拉兹实验结果进行比较，找出 λ 值相等的同一管径尼古拉兹粗糙管的糙粒高度，这就是此种材料工业管道的当量糙粒高度。部分常用工业管道的当量糙粒高度（Δ 值）见表 4-1。

表 4-1　　　　　　　　　　　　部分常用工业管道的当量糙粒高度

管道材料	Δ(mm)	管道材料	Δ(mm)
钢板制风管	0.15	新氯乙烯管	$0\sim0.002$
塑胶板制风管	0.01	铅管、铜管、玻璃管	0.01
矿渣石膏板风管	1.0	钢管	0.046
表面光滑的砖风道	4.0	涂沥青铸铁管	0.12
矿渣混凝土板风道	1.5	混凝土管	$0.3.\sim3.0$
铁丝网抹灰风道	$10\sim15$	木条拼合圆管	$0.18\sim0.9$
胶合板风道	1.0	镀锌钢管	0.15
地面沿墙砌造风道	$3\sim6$	铸铁管	0.25
墙内砌造风道	$5\sim10$	竹风道	$0.8\sim1.2$

（二）沿程阻力系数 λ 计算公式

（1）尼古拉兹光滑区公式

$$\frac{1}{\sqrt{\lambda}} = 2\lg \frac{Re\sqrt{\lambda}}{2.51} \tag{4-22}$$

（2）尼古拉兹粗糙区公式

$$\frac{1}{\sqrt{\lambda}} = 2\lg \frac{3.7d}{9} \tag{4-23}$$

　　式（4-22）和式（4-23）均为半经验公式，还有许多纯经验公式，这里只列举两个应用非常广泛的公式。

（3）布拉修斯公式（光滑区）

$$\lambda = \frac{0.3164}{Re^{0.25}} \tag{4-24}$$

　　这是布拉修斯于 1913 年在综合光滑区实验资料的基础上提出的指数公式，式（4-24）在 $Re<10^5$ 范围内使用，准确度较高，同时，公式简单、计算方便，得到了广泛的应用。而尼古拉兹光滑区公式（4-22）可适用于更大的 Re 范围。

（4）希弗林松公式（粗糙区）

$$\lambda = 0.11\left(\frac{\Delta}{d}\right)^{0.25} \tag{4-25}$$

式（4-25）也是一个指数公式，由于形式简单，计算方便，因此工程上广泛采用。

二、紊流过渡区和莫迪图

　　尼古拉兹过渡区的实验资料对于工业管道完全不适用，为了解决工业管道的沿程损失计算问题，柯列勃洛克根据大量的工业管道实验资料，整理出工业管道过渡区曲线，并提出该曲线的方程，即柯列勃洛克公式（以下简称柯氏公式）

$$\frac{1}{\sqrt{\lambda}} = -2\lg\left(\frac{\Delta}{3.7d} + \frac{2.51}{Re\sqrt{\lambda}}\right) \tag{4-26}$$

式（4-26）中，当 Re 值很小时，公式右边括号内第二项很大，第一项相对很小，适用于光滑管区；当 Re 值很大时，公式右边括号内第二项很小，这样它也适用于粗糙管区。也就是说该式适用于工业管道整个紊流的三个阻力区，并与工业管道的实验结果符合较好，因此，又可称它为紊流的综合公式。

在仅应用紊流沿程阻力系数分区计算公式计算沿程阻力系数 λ 的过程中发现，存在根据雷诺数 Re 和相对粗糙度 Δ/d 如何判别实际流动所处哪个紊流阻力区的问题。

我国汪兴华教授导得的判别标准为

紊流光滑区：$2000 < Re \leqslant 0.32\left(\dfrac{d}{\Delta}\right)^{1.28}$

紊流过渡区：$0.32\left(\dfrac{d}{\Delta}\right)^{1.28} < Re \leqslant 1000\left(\dfrac{d}{\Delta}\right)$

紊流粗糙区：$Re > 1000\left(\dfrac{d}{\Delta}\right)$

柯氏公式在国内外得到了极为广泛的应用，我国通风管道的设计计算目前就是以柯氏公式为基础的，但形式比较复杂，求解比较困难。为了简化计算，1944 年莫迪以柯氏公式为基础，绘制出工业管道的阻力系数变化曲线图，即莫迪图，如图 4-13 所示。该图反映了工业管道的沿程阻力系数 λ 的变化规律，从图上可以按管道中流体的雷诺数 Re 和工业管道的当量相对粗糙度 Δ/d 直接查出 λ 值，进而求出管道的沿程损失。

三、计算紊流沿程阻力系数 λ 的其他公式

除了上述计算 λ 的公式外，还有一些学者为了简化计算，提出一些简化公式。

（1）莫迪公式

$$\lambda = 0.0055\left[1 + \left(20\,000\frac{\Delta}{d} + \frac{10^6}{Re}\right)^{\frac{1}{3}}\right] \tag{4-27}$$

式（4-27）在 $Re = 4000 \sim 10^7$、$\dfrac{\Delta}{d} \leqslant 0.01$、$\lambda < 0.05$ 时与柯氏公式相比较，误差不超过 5%。

（2）阿里特苏里公式

$$\lambda = 0.11\left(\frac{\Delta}{d} + \frac{68}{Re}\right)^{0.25} \tag{4-28}$$

式（4-28）也是柯氏公式的近似公式，形式简单，计算方便，是适用于紊流三个区的综合公式。该公式主要用于热水供热管道的 λ 值计算，并编有专用计算图表。

（3）适用于硬聚乙烯给水管道的计算公式

$$\lambda = \frac{0.304}{Re^{0.239}} \tag{4-29}$$

式（4-29）是上海市政工程设计院在中国建设技术发展中心和哈尔滨工业大学建筑工程学院

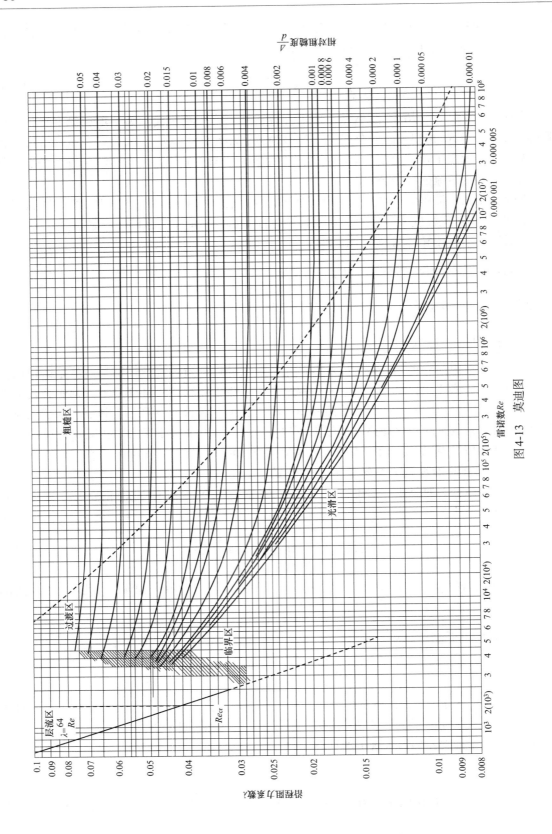

图 4-13 莫迪图

的共同配合下，提出的 λ 的计算公式。该式适用于流速小于 3m/s 的塑料管道。对于玻璃管和一些非碳钢类的金属管道，由于它们的内壁光滑，当流速小于 3m/s 时，同样也可用该式计算 λ 值。

（4）在给水管道中适用于旧钢管、旧铸铁管的舍维列夫公式

当 $v<1.2$m/s 时（紊流过渡区）

$$\lambda = \frac{0.017\ 9}{d^{0.3}}\left(1+\frac{0.867}{v}\right)^{0.3} \tag{4-30}$$

在给水工程中，使用金属管道考虑锈蚀的影响，会使管壁粗糙度增大，为了保证计算可靠，钢管和铸铁管的阻力系数都按旧管的粗糙度考虑。

（5）适用于旧钢管和旧铸铁管的舍维列夫公式

当 $v\geqslant1.2$m/s 时（紊流粗糙管区）

$$\lambda = \frac{0.021}{d^{0.3}} \tag{4-31}$$

需要强调的是，式（4-30）与式（4-31）中，d 为管道内径，单位只能用 m。

到目前为止还不能从纯理论方面提出 λ 的计算方法，只能根据实验资料结合理论分析而总结出经验或半经验公式，这些公式尽管在理论上还不十分严密，但都与实验结果较好符合，可以满足工程中水力计算要求，因而得到广泛应用。

【例 4-4】　在管径 $d=100$mm，管长 $l=300$m 的圆管中，流动着 $t=10℃$ 的水，其雷诺数 $Re=80\ 000$，试分别求下列三种情况下的水头损失。

（1）管内壁为 $\Delta=0.15$mm 的均匀砂粒的人工粗糙管。

（2）为光滑铜管（即流动处于紊流光滑区）。

（3）为工业管道，其当量糙粒高度 $\Delta=0.15$mm。

解：

（1）$\Delta=0.15$mm 的人工粗糙管的水头损失

根据 $Re=80\ 000$ 和 $\Delta/d=0.15/100=0.001\ 5$

查图 4-12 尼古拉兹实验曲线得，$\lambda=0.02$。$t=10℃$ 时，$\nu=1.3\times10^{-6}$m²/s，根据 $Re=\frac{vd}{v}$，即 $80\ 000=\frac{v\times0.1}{1.3\times10^{-6}}$，得 $v=1.04$m/s。

故 $h_\text{f}=\lambda\dfrac{l}{d}\times\dfrac{v^2}{2g}=0.02\times\dfrac{300}{0.1}\times\dfrac{1.04^2}{2g}=3.31$m。

（2）光滑黄铜管的沿程水头损失

在 $Re<10^5$ 时可用布拉修斯公式

$$\lambda = \frac{0.316\ 4}{Re^{0.25}} = \frac{0.316\ 4}{80\ 000^{0.25}} = 0.018\ 8$$

$$h_\text{f} = \lambda\frac{l}{d}\times\frac{v^2}{2g} = 0.018\ 8\times\frac{300}{0.1}\times\frac{1.04^2}{2g} = 3.12\text{m}$$

（3）$\Delta=0.15$mm 工业管道的沿程水头损失

根据莫迪图得 $\lambda\approx0.024$

$$h_\text{f} = \lambda\frac{l}{d}\times\frac{v^2}{2g} = 0.024\times\frac{300}{0.1}\times\frac{1.04^2}{2g} = 3.97\text{m}$$

【例 4-5】　某铸铁输水管路，内径 $d=300$mm，长度 $L=2000$m，流量 $Q=60$L/s，试计

算管路的沿程水头损失 h_f。

解：

（1）判别流态

$$v = \frac{Q}{A} = \frac{Q}{\frac{\pi}{4}d^2} = \frac{0.060}{\frac{\pi}{4} \times 0.3^2} = 0.85 \text{m/s} < 1.2 \text{m/s}$$

可知管中水流处于紊流过渡区。

（2）计算 λ 值

根据舍维列夫公式当流速小于 1.2m/s 时，有

$$\lambda = \frac{0.017\,9}{d^{0.3}}\left(1 + \frac{0.867}{v}\right)^{0.3} = \frac{0.017\,9}{0.3^{0.3}}\left(1 + \frac{0.867}{0.85}\right)^{0.3} = 0.031\,7$$

（3）计算 h_f 值

$$h_f = \lambda \frac{L}{d} \times \frac{v^2}{2g} = 0.031\,7 \times \frac{2000}{0.3} \times \frac{0.85^2}{2 \times 9.8} = 7.76 \text{m}$$

【例 4-6】 在管径 $d = 300$mm，相对粗糙度 $\Delta/d = 0.002$ 的工业管道内，运动黏度 $\nu = 1.3 \times 10^{-6}$ m²/s，$\rho = 999.23$kg/m³ 的水以 3m/s 的速度运动。试求：管长 $L = 300$m 的管道内的沿程水头损失 h_f。

解：

$$R_e = \frac{\nu d}{v} = \frac{3 \times 0.3}{10^{-6}} = 9 \times 10^5$$

由图 4-13 查得，$\lambda = 0.023\,8$，处于粗糙区。

也可用（4-23）式计算 λ，即

$$\frac{1}{\sqrt{\lambda}} = 2\lg\frac{3.7d}{\Delta} = 2\lg\frac{3.7}{0.002}$$

$$\lambda = 0.023\,5$$

可见，查图和利用公式计算是很接近的，故

$$h_f = \lambda \frac{L}{d} \times \frac{v^2}{2g} = 0.023\,8 \times \frac{300}{0.3} \times \frac{3^2}{2g} = 10.8 \text{m}$$

第七节　非圆管流的沿程损失

前面几节内容学习了圆管层流和紊流沿程损失的计算方法。但工程实际中，经常会遇到非圆管流的情况，例如通风、空调系统中的风道，有许多就是矩形断面。为了利用圆管沿程损失计算的相关公式和图表解决非圆管沿程损失计算的问题，通过建立非圆管的当量直径的思路来实现，由此首先引出水力半径的概念。

一、水力半径 R 和当量直径 d_e

水力半径 R 的定义为过流断面面积 A 和湿周 χ 之比，即

$$R = \frac{A}{\chi}$$

过流断面中影响沿程损失的主要因素体现在过流断面的面积和湿周两个水力要素上。若

两种不同的断面形式具有相同的湿周，平均流速相同，则 A 越大，通过流体的数量就越多，因而单位重力流体的能量损失就越小；而当流速和过流断面面积不变时，由于流动阻力主要集中在边界附近，所以湿周大的断面，水头损失也大。因此，两个断面水力要素对流体能量损失的影响完全不同，而水力半径是一个基本上能反映过流断面和湿周对沿程损失影响的综合物理量。

无论是圆管还是非圆管，只要两者流速相等，同时它们的水力半径也相等，两者在相同管长的条件下，沿程损失也就相等。

圆管的水力半径为

$$R = \frac{A}{\chi} = \frac{\frac{\pi d^2}{4}}{\pi d} = \frac{d}{4}$$

边长分别为 a 和 b 的矩形断面水力半径为

$$R = \frac{A}{\chi} = \frac{ab}{2(a+b)} \tag{4-32}$$

边长为 a 的正方形断面的水力半径为

$$R = \frac{A}{\chi} = \frac{a^2}{4a} = \frac{a}{4} \tag{4-33}$$

令非圆形管道水力半径 R 和圆管的水力半径 $\frac{d}{4}$ 相等，即得当量直径的计算公式：

$$R = R_\mathrm{c} = \frac{d}{4}$$
$$d_\mathrm{e} = d = 4R \tag{4-34}$$

显然，当量直径为水力半径的 4 倍。

由式（4-32）、式（4-34）推导出矩形管道的当量直径为

$$d_\mathrm{e} = \frac{2ab}{a+b} \tag{4-35}$$

同样，由式（4-33）、式（4-34）可得方形管道的当量直径为

$$d_\mathrm{e} = a \tag{4-36}$$

式中：a 为正方形的边长。

有了当量直径，就可以利用前面学习的圆管沿程损失的方法来进行非圆管的沿程损失计算，即

$$h_\mathrm{f} = \lambda \frac{L}{d_\mathrm{e}} \times \frac{v^2}{2g} \tag{4-37}$$

当然也可以用当量相对粗糙度 $\frac{\Delta}{d_\mathrm{e}}$ 代入相应的沿程阻力系数计算公式中计算 λ 值。

非圆管的雷诺数 Re 可以用该管道的当量直径或水力半径 R 计算：

$$Re = \frac{vd_\mathrm{e}}{\nu} = \frac{v(4R)}{\nu} \tag{4-38}$$

这个 Re 也可以近似地用来判别非圆管中的流态，其临界雷诺数仍取 2000。

需要强调，应用当量直径计算非圆管能量损失的方法，并不适用于所有情况。这表现在两方面：

（1）通过分析非圆管和圆管 $\lambda - Re$ 的对比实验表明：对矩形、方形、三角形断面，使用

当量直径原理，所得到的实验数据结果和圆管是很接近的，但长缝形和星形断面差异很大。因此，非圆形截面的形状和圆形的偏差越小，应用当量直径的可靠性就越大。

（2）由于层流的流速分布不同于紊流，沿程损失不像紊流那样集中在管壁附近，而层流过流断面上切应力按线性规律分布。这样单纯用湿周大小作为影响能量损失的主要外因条件，对层流来说就不充分了。因此在层流中应用当量直径进行计算时，会产生较大误差。

二、谢才公式

在市政工程和水利工程等专业中，计算沿程水头损失常采用谢才公式，即

$$v = C\sqrt{RJ} \tag{4-39}$$

式中：C 为谢才系数；R 为断面水力半径；J 为水力坡度。

式（4-39）既适用于圆管也适用于明渠等非圆管；它在沿程阻力的五个分区均适用。对不同的分区，区别仅在于计算谢才系数的经验公式不同。市政工程和水利工程的大量实际流动处于阻力平方区，介绍两个常用的适用于阻力平方区的谢才系数经验公式。

1. 曼宁公式

$$C = \frac{1}{n}R^{\frac{1}{6}} \tag{4-40}$$

式中：n 为粗糙系数，简称糙率。

2. 巴甫洛夫斯基公式

$$C = \frac{1}{n}R^y \tag{4-41}$$

$$y = 2.5\sqrt{n} - 0.13 - 0.75\sqrt{R}(\sqrt{n} - 0.10) \tag{4-42}$$

巴甫洛夫斯基公式适用范围为

$$0.1\text{m} \leqslant R \leqslant 3.0\text{m}, \quad 0.011 \leqslant n \leqslant 0.04$$

谢才公式和达西公式的实质是一致的，只是使用的专业、习惯或目的不同而已。不难推得谢才系数与沿程阻力系数的关系为

$$C = \sqrt{\frac{8g}{\lambda}} \tag{4-43}$$

【例 4-7】 断面面积为 $A = 0.48\text{m}^2$ 的正方形管道，宽为高的三倍的矩形管道和圆形管道。求：

（1）湿周和水力半径；（2）正方形和矩形管道的当量直径。

解：

（1）求湿周和水力半径

1）正方形管道

边长　　　　　　　　　$a = \sqrt{A} = \sqrt{0.48} = 0.692\text{m}$

湿周　　　　　　　　　$\chi = 4a = 4 \times 0.692 = 2.77\text{m}$

水力半径　　　　　　　$R = \dfrac{A}{\chi} = \dfrac{0.48}{2.77} = 0.174\text{m}$

2）矩形管道

面积　　　　　　　　　$A = a \times b = a \times 3a = 3a^2 = 0.48\text{m}^2$

所以边长　　　　　　　$a = \sqrt{\dfrac{A}{3}} = 0.4\text{m}$

$$b = 3a = 3 \times 0.4 = 1.2 \text{m}$$

湿周　　　　　$$\chi = 2(a+b) = 2(0.4+1.2) = 3.2 \text{m}$$

水力半径　　　　$$R = \frac{A}{\chi} = \frac{0.48}{3.2} = 0.15 \text{m}$$

3）圆形管道

管径　　　　　$$d \frac{\pi d^2}{4} = A = 0.48 \text{m}^2$$

故　　　　　$$d = \sqrt{\frac{4A}{\pi}} = \sqrt{\frac{4 \times 0.48}{3.14}} = 0.78 \text{m}$$

湿周　　　　　$$\chi = \pi d = 3.14 \times 0.78 = 2.45 \text{m}$$

水力半径　　　　$$R = \frac{A}{\chi} = \frac{0.48}{2.45} = 0.195 \text{m}$$

或　　　　　$$R = \frac{d}{4} = \frac{0.78}{4} = 0.195 \text{m}$$

以上计算说明，过流断面面积虽然相等，但因形状不同，湿周长短就不等。湿周越短，水力半径就越大。沿程损失随水力半径的加大而减少。因此，当流量和断面积等条件相同时，方形管道比矩形管道的水头损失小，而圆形管道又比方形管道水头损失少。从减少水头损失的观点来看，圆形断面是最佳的。

（2）正方形管道和矩形管道的当量直径

1）正方形管道

$$d_e = a = 0.692 \text{m}$$

2）矩形管道

$$d_e = \frac{2ab}{a+b} = \frac{2 \times 0.4 \times 1.2}{0.4+1.2} = 0.6 \text{m}$$

【例 4-8】　某钢板制风道，断面尺寸为 400mm×200mm，管长 80m。管内平均流速 $v = 10\text{m/s}$。空气温度 $t = 20℃$，求压强损失 p_f。

解：

（1）当量直径

$$d_e = \frac{2ab}{a+b} = \frac{2 \times 0.2 \times 0.4}{0.2+0.4} = 0.267 \text{m}$$

（2）求 Re，查表 1-2，$t = 20℃$ 时，$\nu = 15.7 \times 10^{-6} \text{m}^2/\text{s}$

$$Re = \frac{v d_e}{\nu} = \frac{10 \times 0.267}{15.7 \times 10^{-6}} = 1.7 \times 10^5$$

（3）求 Δ/d，钢板制风道，$\Delta = 0.15\text{mm}$

$$\frac{\Delta}{d_e} = \frac{0.15 \times 10^{-3}}{0.267} = 5.62 \times 10^{-4}$$

查图 4-13 得，$\lambda = 0.0195$。

（4）计算压强损失

$$p_f = \lambda \frac{l}{d_e} \times \frac{\rho v^2}{2} = 0.0195 \times \frac{80}{0.267} \times \frac{1.2 \times 10^2}{2} = 350 \text{N/m}^2$$

第八节　局部损失的计算与减阻措施

通过前面沿程损失计算方法的学习，我们发现之前的计算都是建立在过流断面的大小及形状沿程不变的均匀流管道基础之上的。在工业管道中，为了控制和调节管内的流动，经常用到弯头、阀门、三通、变径管等管道配件，流体流经这些配件处时，由于边壁或流量的改变，使均匀流状态在这一局部地区遭到破坏，引起流速的方向、大小以及分布的变化，在局部管件处会产生局部阻力，流体因克服局部阻力所造成的能量损失，称为局部（能量）损失。

在采暖、给排水、通风空调等安装专业的作业工程中，管道配件的使用非常频繁，对流动产生的影响很大，因而对局部损失的分析、计算不能忽视。

管道配件种类繁多，形状各异，在流动过程中其边壁的变化大多比较复杂，多数局部阻力的计算，还不能从理论上解决，必须通过实验得来的经验公式或系数，解决管路中的水力计算问题。

本节通过对局部阻力和局部损失的一些典型情况进行分析，总结出局部损失的一些规律，对全面学习和深入理解管道的能量损失有定性指导作用。

一、局部损失的成因分析

前面已经介绍了局部损失的计算公式，即

$$h_{\mathrm{j}} = \xi \frac{v^2}{2g}$$

局部损失与沿程损失一样，流态对局部阻力会产生很大的影响，但要使流体在流经管道配件处受到固体边壁强烈干扰的情况下，仍能保持层流，就要求 Re 远比 2000 小的情况下才有可能。而工业管道中，这种情况是极少见的，所以接下来我们只分析紊流的局部损失。由于管道配件造成的局部障碍形状很多，不可能一一列举分析，通过分析其流动的特征规律，归为以下几种类型：过流断面的扩大或收缩、流动方向的改变、流量的合入与分出等几种基本形式，以及这几种基本形式的组合。从边壁的变化缓急来看，局部阻碍又分为突变的和渐变的两类。为了深入分析探讨，先选取几个典型的流动，图 4-14 所示为流体通过一些常见管道配件时的流动情况。从图中情况分析局部损失的成因及规律，主要归纳为以下几个方面。

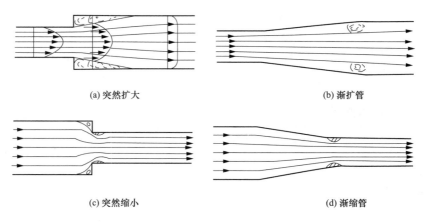

(a) 突然扩大　　　　　　　　　　　　(b) 渐扩管

(c) 突然缩小　　　　　　　　　　　　(d) 渐缩管

图 4-14　几种典型的局部阻碍（一）

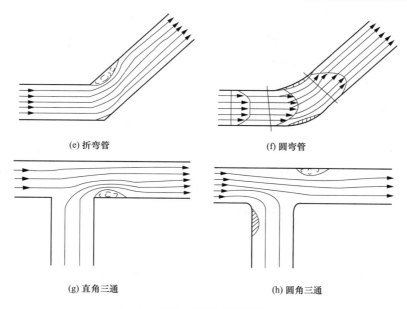

(e) 折弯管 (f) 圆弯管

(g) 直角三通 (h) 圆角三通

图 4-14 几种典型的局部阻碍（二）

显然，图 4-14（a）、（c）、（e）、（g）是突变的，而（b）、（d）、（f）、（h）是渐变的。具体分析如下：

（1）突变型旋涡区的形成。当流体以紊流流态通过突变的局部阻碍时，由于惯性力处于支配地位，流动不能像边壁那样突然转折，于是在边壁突变的地方，出现主流与边壁脱离的现象。主流与边壁之间形成旋涡区，旋涡区内的流体并不是固定不变的。形成的大尺度旋涡会不断地被主流带走，补充进去的流体，又会出现新的旋涡，如此周而复始。

（2）减速增压旋涡区的形成。边壁虽然无突然变化，但沿流动方向出现减速增压现象的地方，也会产生旋涡区。图 4-14（b）所示的渐扩管中，流速沿程减小，压强不断增加。在这样的减速增压区，流体质点受到与流动方向相反的压差作用，靠近管壁的流体质点，流速本来就小，在这一反向压差的作用下，速度逐渐减小到零。随后出现了与主流方向相反的流动。就在流速等于零的地方，主流开始与壁面脱离，在出现反向流动的地方形成了旋涡区。如图 4-14（h）所示的圆角三通管道上的旋涡区，也是这种减速增压过程造成的。

（3）局部障碍与 Re 的关系。对于渐变流的局部阻碍，在一定的 Re 范围内，旋涡区的位置及大小与 Re 有关。例如，在渐扩管中，随着 Re 的增长，旋涡区的范围越大，位置就越靠前。但在突变的局部阻碍中，旋涡区的位置不会变，Re 对旋涡区大小的影响也没有那样显著。

（4）减压增速区旋涡区的形成。在减压增速区，流体质点受到与流动方向一致的正压差作用，它只能加速，不能减速。因此，渐缩管内不会出现旋涡区，不过如收缩角不是很小，紧接渐缩管之后，有一个不大的旋涡区，如图 4-14（d）所示。

（5）弯管流动旋涡区的形成。流体经过弯管时，如图 4-14（e）、（f）所示，弯管内侧的旋涡，无论是大小还是强度，一般都比外侧的大。因此，它是加大弯管能量损失的重要因素。

综上所述，无论是改变流速的大小，还是改变它的方向，较大的局部损失总是和旋涡区的存在相联系。旋涡区越大，能量损失也就越大。如果边壁变化仅使流体质点变形和流速分布改组，但不出现旋涡区，则其局部损失一般比较小。

事实上，在局部阻碍范围内损失的能量，只占局部损失中的一部分，另一部分是在局部阻碍下游一定长度的管段上损耗掉的，这段长度称为局部阻碍的影响长度。受局部阻碍干扰的流动，经过了影响长度之后，流速分布和紊流脉动才能达到均匀流动的正常状态。

经过对各种局部阻碍进行的大量实验研究表明，紊流的局部阻力系数ξ一般说来取决于局部阻碍的几何形状、固体壁面的相对粗糙度和雷诺数，即

$$\xi = f(局部阻碍的几何形状,相对粗糙度,Re)$$

但在不同情况下，各因素所起的作用不同。局部阻碍的几何形状始终是一个起主导作用的因素。

由于管道上安装的管件种类较多，形态各异，只有少数外形简单的局部管件，可以从理论上推导求得它的阻力系数。

下面以圆管突然扩大的局部管件为例，通过应用恒定流能量方程和动量方程，推导其局部损失的计算公式。

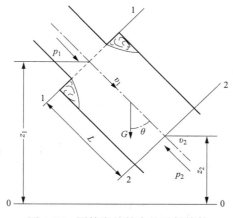

图 4-15　圆管突然扩大的局部管件

二、圆管突然扩大的局部损失

图 4-15 所示为一倾斜放置的圆管突然扩大的局部管件。设突然扩大前后流体的过流断面面积分别为 A_1 和 A_2，压强分别为 p_1 和 p_2，断面平均流速分别为 v_1 和 v_2，两断面中心距基准面 0—0 的高度分别为 z_1 和 z_2。因所选流段长度较短，其边壁阻力可略去不计，两断面之间只考虑局部损失，边壁上动压强垂直于流向。

为了计算该管件的局部损失，以 0—0 为基准面，列出断面 1—1 与 2—2 的实际液体总流能量方程式为

$$z_1 + \frac{p_1}{\rho g} + \frac{\alpha_1 v_1^2}{2g} = z_2 + \frac{p_2}{\rho g} + \frac{\alpha_2 v_2^2}{2g} + h_j$$

设动能修正系数 $\alpha_1 = \alpha_2 = 1.0$，将上式整理后可得

$$\left(z_1 + \frac{p_1}{\rho g}\right) - \left(z_2 + \frac{p_2}{\rho g}\right) = \frac{v_2^2 - v_1^2}{2g} + h_j \tag{4-44}$$

同样以断面 1—1 与 2—2 之间的流体作为控制体，忽略流体内摩擦力，分析作用在该控制体上的所有外力及动量变化。

作用在该控制体上的外力有三个。

1. 端面压力

根据实验证明，压强沿断面 1—1，包括同旋涡区相接触的部分即 $(A_2 - A_1)$ 基本上符合静水压强分布规律。因此端面 1—1 上的总压力等于 1—1 断面上的形心压强 p_1 与其过流断面积 A_1 的乘积再加上环形面积上的总压力即 1—1 断面形心压强 p_1 乘以环形面积 $(A_2 - A_1)$，得

$$P_1 = p_1 A_1 + p_1 (A_2 - A_1) = p_1 A_2$$

P_1 在管轴上的投影为正，即 $P_1 = p_1 A_2$。

端面 2—2 上的总压力等于断面 2—2 上的形心压强与其过流断面积 A_2 的乘积，即

$$P_2 = p_2 A_2$$

P_2 在管轴上的投影为负，即 $P_2 = -p_2 A_2$。

2. 重力

重力等于控制体内流体本身重量，设单位体积流体的重量为 ρg，则重力为

$$G = \rho g A_2 L$$

重力在管轴上的投影为

$$G' = \rho g A_2 L \cos\theta$$

如图 4-15 所示，$L\cos\theta = z_1 - z_2$，所以

$$G' = \rho g A_2 (z_1 - z_2)$$

3. 侧面压力

作用在控制体上的侧面压力与管轴垂直，在管轴上的投影为零。于是，控制体上所有外力在管轴上投影的代数和为

$$\sum F = p_1 A_2 - p_2 A_2 + \rho g A_2 (z_1 - z_2)$$

沿水流方向建立动量方程，则

$$p_1 A_2 - p_2 A_2 + \rho g A_2 (z_1 - z_2) = \rho Q(\beta_2 v_2 - \beta_1 v_1)$$

取动量修正系数 $\beta_1 = \beta_2 = 1.0$，$Q = v_2 A_2$，代入上式得

$$p_1 A_2 - p_2 A_2 + \rho g A_2 (z_1 - z_2) = \frac{\rho g}{g} v_2 A_2 (v_2 - v_1)$$

上式两端同除以 $\rho g A_2$ 后，整理可得

$$\left(z_1 + \frac{p_1}{\rho g}\right) - \left(z_2 + \frac{p_2}{\rho g}\right) = \frac{v_2}{g}(v_2 - v_1) \tag{4-45}$$

比较式（4-44）、式（4-45）得

$$\frac{v_2^2 - v_1^2}{2g} + h_j = \frac{v_2}{g}(v_2 - v_1)$$

不难得出

$$h_j = \frac{v_2}{g}(v_2 - v_1) - \frac{v_2^2 - v_1^2}{2g} = \frac{2v_2^2 - 2v_1 v_2 - v_2^2 + v_1^2}{2g}$$

可得

$$h_j = \frac{v_2^2 - 2v_2 v_1 + v_1^2}{2g}$$

即

$$h_j = \frac{(v_1 - v_2)^2}{2g} \tag{4-46}$$

式（4-46）称为包达定理。该式说明，在无弹性碰撞时，突然扩大的动能损失（即为水头损失）等于以平均流速差计算的流速水头。由此可见，当水流断面突然扩大时所引起的水头损失同水流冲击有关，因 $v_1 > v_2$，故上游水流对下游水流形成冲击。

根据连续性方程式得

$$v_1 = v_2 \frac{A_2}{A_1} \text{ 或 } v_2 = v_1 \frac{A_1}{A_2}$$

把它们分别代入式（4-46）可得

$$h_j = \frac{\left(v_1 - v_1 \dfrac{A_1}{A_2}\right)^2}{2g} = \left(1 - \frac{A_1}{A_2}\right)^2 \frac{v_1^2}{2g} = \xi_1 \frac{v_1^2}{2g}$$

或

$$h_j = \frac{\left(v_2 \dfrac{A_2}{A_1} - v_2\right)^2}{2g} = \left(\frac{A_2}{A_1} - 1\right)^2 \frac{v_2^2}{2g} = \xi_2 \frac{v_2^2}{2g}$$

所以突然扩大的阻力系数为

$$\xi_1 = \left(1 - \frac{A_1}{A_2}\right)^2 \quad \text{或} \quad \xi_2 = \left(\frac{A_2}{A_1} - 1\right)^2$$

突然扩大前后有两个不同的平均流速，因而有两个相应的阻力系数。计算时必须注意使选用的阻力系数与流速水头相匹配。

通过以上分析，我们得出了圆管突然扩大局部水头损失的计算公式。对于其他大多数类型的管件的水头损失，目前还不能用理论方法推导，但各种类型局部水头损失的基本特征有共同点，所以工程中采用共同的通用计算公式，即

$$h_j = \xi \frac{v^2}{2g} \tag{4-47}$$

对于气体管路，上式可以改写为

$$p_j = \rho g h_j = \xi \frac{v^2}{2g} \rho g \tag{4-48}$$

式中：p_j 为局部压头损失，Pa；v 为局部阻力系数相对应的断面平均流速，m/s。

常用管件的局部阻力系数 ξ 值，见表 4-2。

表 4-2   **常用管道的局部阻力系数**

序号	名称	示意图	ξ 值及其说明
1	断面突然扩大		$\xi' = \left(\dfrac{A_2}{A_1} - 1\right)^2 \left(\text{应用 } h_j = \xi' \dfrac{v_2^2}{2g}\right)$ $\xi = \left(1 - \dfrac{A_1}{A_2}\right)^2 \left(\text{应用 } h_j = \xi \dfrac{v_1^2}{2g}\right)$
2	圆形渐扩管		$\xi = k\left(\dfrac{A_2}{A_1} - 1\right)^2 \left(\text{应用 } h_j = \xi \dfrac{v_2^2}{2g}\right)$ <table><tr><td>α</td><td>8°</td><td>10°</td><td>12°</td><td>15°</td><td>20°</td><td>25°</td></tr><tr><td>k</td><td>0.14</td><td>0.16</td><td>0.22</td><td>0.30</td><td>0.42</td><td>0.62</td></tr></table>
3	断面突然缩小		$\xi = 0.5\left(1 - \dfrac{A_2}{A_1}\right) \left(\text{应用 } h_j = \xi \dfrac{v_2^2}{2g}\right)$
4	圆形渐缩管		$\xi = k_1\left(\dfrac{1}{k_2} - 1\right)^2 \left(\text{应用 } h_j = \xi \dfrac{v_2^2}{2g}\right)$ <table><tr><td>α</td><td>10°</td><td>20°</td><td>40°</td><td>60°</td><td>80°</td><td>100°</td><td>140°</td></tr><tr><td>k_1</td><td>0.40</td><td>0.25</td><td>0.20</td><td>0.20</td><td>0.30</td><td>0.40</td><td>0.60</td></tr></table> <table><tr><td>$\dfrac{A_2}{A_1}$</td><td>0.1</td><td>0.3</td><td>0.5</td><td>0.7</td><td>0.9</td></tr><tr><td>k_2</td><td>0.40</td><td>0.36</td><td>0.30</td><td>0.20</td><td>0.10</td></tr></table>

续表

序号	名称	示意图	ξ值及其说明
5	管道进口		圆形喇叭口：$\xi=0.05$ 安全修圆：$\dfrac{r}{d}\geqslant 0.15$，$\xi=0.10$ 稍加修圆：$\xi=0.20\sim0.25$ 直角进口：$\xi=0.50$ 内插进口：$\xi=1.0$
6	管道出口		流入渠道，$\xi=\left(1-\dfrac{A_1}{A_2}\right)^2$ 流入水池，$\xi=1.0$
7	折管		圆形 <table><tr><td>α</td><td>10°</td><td>20°</td><td>30°</td><td>40°</td><td>50°</td><td>60°</td><td>70°</td><td>80°</td><td>90°</td></tr><tr><td>ξ</td><td>0.04</td><td>0.1</td><td>0.2</td><td>0.3</td><td>0.4</td><td>0.55</td><td>0.70</td><td>0.90</td><td>1.10</td></tr></table> 矩形 α：15° 30° 45° 60° 90°；ξ：0.025 0.11 0.26 0.49 1.20
8	弯管		$\alpha=90°$
9	缓弯管		α 为任意角度，$\xi=k\xi_{90°}$
10	分岔管		$\xi_{1-3}=2$，$h_{j1-3}=2\dfrac{v_3^2}{2g}$，$h_{j1-2}=\dfrac{v_1^2-v_2^2}{2g}$
11	分岔管		$\xi=0.5$　$\xi=1.0$　$\xi=3.0$　$\xi=0.1$　$\xi=1.5$

圆形 折管：

α	10°	20°	30°	40°	50°	60°	70°	80°	90°
ξ	0.04	0.1	0.2	0.3	0.4	0.55	0.70	0.90	1.10

矩形 折管：

α	15°	30°	45°	60°	90°
ξ	0.025	0.11	0.26	0.49	1.20

弯管（$\alpha=90°$）：

d/R	0.2	0.4	0.6	0.8	1.0
ξ	0.132	0.138	0.158	0.206	0.294
d/R	1.2	1.4	1.6	1.8	2.0
ξ	0.440	0.660	0.976	1.406	1.975

缓弯管：

α	20°	40°	60°	90°	120°	140°	160°	180°
k	0.47	0.66	0.82	1.00	1.16	1.25	1.33	1.41

序号	名称	示意图	ξ值及其说明
12	板式阀门		e/d: 0 / 0.125 / 0.2 / 0.3 / 0.4 / 0.5 ；ξ: ∞ / 97.3 / 35.0 / 10.0 / 4.60 / 2.06 ；e/d: 0.6 / 0.7 / 0.8 / 0.9 / 1.0 ；ξ: 0.98 / 0.44 / 0.17 / 0.06 / 0
13	蝶阀		α: 5° / 10° / 15° / 20° / 25° / 30° ；ξ: 0.24 / 0.52 / 0.90 / 1.54 / 2.51 / 3.91 ；α: 35° / 40° / 45° / 50° / 55° / 60° ；ξ: 6.22 / 10.8 / 18.7 / 32.6 / 58.8 / 118 ；α: 65° / 70° / 90° / 全开 ；ξ: 256 / 751 / ∞ / 0.1~0.3
14	截止阀		$d(\text{cm})$: 15 / 20 / 25 / 30 / 35 / 40 / 50 / ≥60 ；ξ: 6.5 / 5.5 / 4.5 / 3.5 / 3.0 / 2.5 / 1.8 / 1.7
15	滤水网		无底阀：$\xi=2\sim3$ ；有底阀：$d(\text{cm})$: 4.0 / 5.0 / 7.5 / 10 / 15 / 20 ；ξ: 12 / 10 / 8.5 / 7.0 / 6.0 / 5.2 ；$d(\text{cm})$: 25 / 30 / 35 / 40 / 50 / 75 ；ξ: 4.4 / 3.7 / 3.4 / 3.1 / 2.5 / 1.6

　　应当注意，表 4-2 中的 ξ 值，都是针对某一过流断面平均流速而言的。因此，在计算局部损失时，必须使查得的 ξ 值与表中所指的断面平均流速相对应，凡未标明者，均应采用局部管件以后的流速。

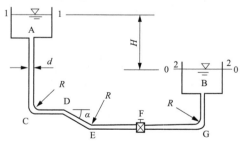

图 4-16　管路水头损失计算

【例 4-9】　如图 4-16 所示，水从 A 箱经底部连接管流入 B 箱，已知钢管直径 $d=100\text{mm}$，长度 $L=50\text{m}$，流量 $Q=0.031\ 4\text{m}^3/\text{s}$，转弯半径 $R=200\text{mm}$，折角 $\alpha=30°$，板式阀门相对开度 $e/d=0.6$，待水位静止后，试求两箱的水面差。

解：

取水箱 B 水面为 0—0 基准面，建立 1—1、2—2 断面能量方程

$$\rho g z_1 + p_1 + \frac{\alpha \rho v_1^2}{2} = \rho g z_2 + p_2 + \frac{\alpha \rho v_2^2}{2} + p_{w1-2}$$

式中，$z_1 = H, z_2 = 0, p_1 = p_2 = p_a, v_1 \approx v_2 \approx 0$。

所以

$$\rho g H = p_{w1-2}$$

则

$$H = \left(\lambda \frac{L}{d} + \Sigma \xi\right)\frac{v^2}{2g}$$

式中，$\sum\xi=\xi_A+\xi_C+\xi_D+\xi_E+\xi_F+\xi_G+\xi_B$。

$$v=\frac{Q}{A}=\frac{0.031\,4}{0.785\times0.1^2}=4\text{m/s}>1.2\text{m/s}$$

钢管中水流为阻力平方区，其沿程能量损失系数 λ 为

$$\lambda=\frac{0.021}{d^{0.3}}=\frac{0.021}{0.1^{0.3}}=0.041\,9$$

（1）进口：$\xi_A=0.5$。

（2）90°弯头：$d/R=\dfrac{100}{200}=0.5$ 时

$$\xi_C=\xi_G=0.148$$

（3）30°折管：对于圆形折管当 $\alpha=30°$ 时，查得 $\xi_D=0.2$。

（4）30°弯管，查表 4-2 第九栏得

$$\xi_E=k\,\xi_{90°}=0.57\times0.148=0.084$$

（5）板式阀门：当 $e/d=0.6$ 时 $\xi=0.98$。

（6）90°弯管：$\xi_G=\xi_C=0.148$。

（7）出口：$\xi_B=1.0$。

则水面高差为

$$H=\left(0.041\,9\times\frac{50}{0.1}+0.5+2\times0.148+0.2+0.084+0.98+1.0\right)\times\frac{4^2}{2\times9.8}=19.6\text{m}$$

三、局部阻力之间的相互干扰

局部阻碍前的断面流速分布和脉动强度对局部阻力系数 ξ 有明显的影响，以上给出的局部阻力系数 ξ 值，是在局部阻碍前后都有足够长的直管段的条件下，由实验得到的。测得的局部损失也不仅仅是局部阻碍范围内的损失，还包括它下游一段长度上因紊流脉动加剧而引起的附加损失。如果局部阻碍之间相距很近，流出前一个局部阻碍的流动，在流速分布和紊流脉动还未达到正常均匀流之前又流入后一个局部阻碍，这样连在一起的两个局部阻碍，其阻力系数不等于正常条件下两个局部阻碍的阻力系数之和。这样就存在按一般水头损失叠加计算的修正问题。

实验研究表明，如果局部阻碍直接连接，局部损失可能出现大幅度的增大或减小，变化幅度为所有单个正常局部损失总和的 0.5～3 倍。同时实验发现，如果各局部阻碍之间都有一段长度不小于 3 倍直径的连接管，干扰的结果将使总的局部损失小于按正常条件下算出的各局部损失的叠加。可见，在上述条件下，如不考虑相互干扰的影响，计算结果一般是偏于安全的。

四、减小阻力的措施

减小管中流体运动的阻力有两条完全不同的路径：一是改进流体外部的边界，改善边壁对流动的影响；二是通过在流体中加入少量添加剂，使其影响流体运动的内部结构实现减阻的目的。下面介绍几种减阻措施。

1. 减小管壁的粗糙度

在实际工程中对钢管、铸铁管内部喷涂的工艺，既可达到管道防腐的目的，又可减小管道阻力。另外，随着管道材料的多样化，采用塑料管道、玻璃钢管道代替金属管道也可达到

很好的效果。

2. 改变流体外边界条件

防止或推迟流体与壁面的分离，避免旋涡区的产生或减小旋涡区的大小和强度，是减小局部损失的重要措施。

（1）管道进口。如图 4-17 所示，平顺的管道进口可以大幅度减小进口处的局部阻力系数。

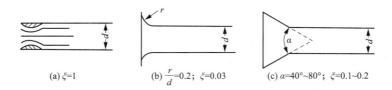

(a) $\xi=1$　　　　　(b) $\frac{r}{d}=0.2$；$\xi=0.03$　　　　(c) $\alpha=40°\sim80°$；$\xi=0.1\sim0.2$

图 4-17　几种管道进口的阻力系数

（2）渐扩管和突扩管。渐扩管的阻力系数随扩散角的大小而增减，如渐扩管制成如图 4-18 (a) 所示的形式，其阻力系数大约可减小一半左右。对突然扩大的管件如制成如图 4-18（b）所示的台阶式，阻力系数也能有所减小。

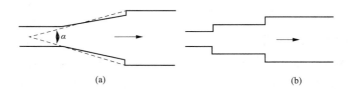

(a)　　　　　　　　　　　　　(b)

图 4-18　复合式渐扩管和台阶式突扩管

（3）弯管。弯管的阻力系数在一定范围内随曲率半径 R 的增大而减小。90°弯管在不同的 R/d 时的ξ值见表 4-3。

表 4-3　　　　　　　　　不同 R/d 时 90°弯管的ξ值（$Re=10^6$）

R/d	0	0.5	1	2	3	4	6	10
ξ	1.14	1.00	0.246	0.159	0.145	0.167	0.20	0.24

由表 4-3 可知，如 $R/d<1$ 时，ξ值随 R/d 的减小而急剧增加；如 $R/d>3$，ξ值随 R/d 的加大而增加。这是因为随 R/d 的增加，弯管长度增加，管道的摩阻增大造成的，所以弯管 R 最好选在（1~4）d。

（4）三通。尽可能减小支管与合流管之间的夹角，或将支管与合流管连接处的折角改缓，如将正三通改为斜三通或顺水三通，都能改进三通的工作，减小局部阻力系数。配件之间的不合理衔接，也会使局部阻力加大，例如在既要转 90°，又要扩大断面的流动中采用先弯后扩的水头损失要比先扩后弯的水头损失大数倍，因此，如果没有其他原因，先弯后扩是不合理的。

第九节　绕流阻力与升力

在工程实践中，经常会遇到流体在固体边界以外绕过固体的流动，例如水流经桥墩、在锅炉内高温烟气横向冲刷受热面的流动、风绕过建筑物的流动等，这些称为绕流。

在绕流中，流体作用在物体上的力可以分为两个分量：一个是垂直于来流方向的作用力，称为升力；另一个是平行于来流方向的作用力，称为阻力。绕流阻力由两部分组成，即摩擦阻力和形状阻力。

一、附面层的基本概念

流体在绕过物体运动时，其摩擦阻力主要发生在紧靠物体表面的一个流速梯度很大的流体薄层内，这个薄层称为附面层。形状阻力主要是指流体流经固体边界条件变化处会出现附面层与固体边界分离，同时伴生旋涡所造成的阻力。这种阻力与物体形状有关，故称为形状阻力，这两种阻力都与附面层有关，所以，我们先建立附面层概念。

图 4-19 所示为绕平板的绕流运动。来流流速 u_0 是均匀分布的，它的方向与平板平行。当流体接触平板表面之后，由于流体的黏性以及平板阻滞作用的影响，在紧贴平板表面的流体薄层内，沿垂直平板方向，流速迅速降低，致使平板表面上的流速 $u_0 = 0$。紧贴平板表面这一流速梯度很大的流体薄层，称为附面层，其厚度以符号 δ 表示。尽管附面层的厚度较小，但是其中的流速梯度却很大，因此附面层的存在必然对绕流产生摩擦阻力。在附面层以外的流体，可以认为基本上没有受平板的阻滞影响，仍以原速度 u_0 向前流动。

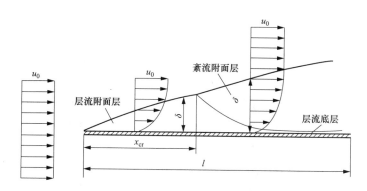

图 4-19　绕平板的绕流运动

在平板表面上，从平板迎流面的端点开始，附面层厚度 δ 从零沿流向逐渐增加。在平板前部，做层流运动，随着附面层不断加厚，到达一定距离 x_{cr} 处，层流转变为紊流。在做紊流运动的附面层内，也还存在着一层极薄的层流底层。这与流体在管道中的流动相似。附面层由层流转化为紊流的条件，仍可以用临界雷诺数来判别，但在计算公式中，应以平板前端至流态转化点的距离 x_{cr} 代替管径 d，以来流速度 u_0 代替断面平均流速 v，即

$$Re_{cr} = \frac{u_0 x_{cr}}{\nu} = (3.5 \sim 5.0) \times 10^5 \tag{4-49}$$

式中：Re_{cr} 为附面层的临界雷诺数；u_0 为流体的来流速度，m/s；x_{cr} 为平板前缘至流动形态转化点的距离，m；ν 为流体的运动黏性系数，m^2/s。

二、绕流阻力

对于实际绕流物体，不同于流体在极薄平板上的绕流运动，它们都具有一定的厚度，而且形状也有变化，这样就会出现附面层与绕流物体脱离的现象。如图 4-20 所示，当流体流经曲面形状的物体时，在图中 B 点之前，由于绕流的过流断面积减小，引起流线加密，流速增大，即动能增大，根据能量方程式分析，动能增大之后，势能必然减小（对于图中气体主要是压力势能减小），因此附面层在 AB 段处于减压增速状态，但在 B 点之后断面增大，动能沿程减小，而压强增加，即在 BCD 段处于减速增压状态，而且由于附面层内摩擦阻力的存在，要消耗一部分动能，从而使流速进一步降低，在 C 点处，附面

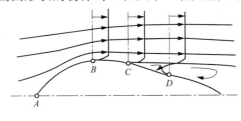

图 4-20　附面层的分离

层内的流速下降为零。由于流速 $u_0 = 0$，压强 $p_C < p_D < p_A$，流体在反向压差的作用下，迫使附面层脱离固体边壁向外流去，这样就产生了附面层的分离现象，C 点称为分离点，而在分离点的下游，流体回流填补主流所空出的区域而形成旋涡区。

旋涡区的存在会造成流体运动的能量损失，引起能量损失的流动阻力称为旋涡阻力。因为旋涡区的大小与附面层分离点的位置有关，分离点越靠前，旋涡区就越大，而分离点的位置和旋涡区的大小都与物体的形状有关，因此这个阻力也称为形状阻力。

通过以上分析可知，流体绕流阻力由两部分组成：第一是附面层与固体壁面分离形成旋涡区产生的形状阻力；第二是流体受固体壁面的影响，附面层内产生很大的速度梯度而形成的摩擦阻力。所以绕流阻力的大小不但与物体形状有关，还与物体表面的粗糙程度及流体流动状态等因素有关。绕流阻力可用下式计算：

$$D = C_d A \frac{\rho u_0^2}{2} \tag{4-50}$$

式中：D 为物体所受的绕流阻力；C_d 为无因次绕流阻力系数，通常和物体的形状、物体在流动中的方位和流动的雷诺数及物体表面粗糙状况有关，C_d 值可由实验确定，也可由有关手册查得；A 为物体的投影面积，如主要受形状阻力时，采用垂直于来流速度方向的投影面积；ρ 为流体的密度；u_0 为未受干扰时的来流速度。

一般情况下，绕流阻力中形状阻力大于摩擦阻力，所以为了达到减小形状阻力的目的，运动物体的外形尽量做成流线型，就是为了推后分离点，缩小旋涡区。但有的时候也可以对附面层分离产生的旋涡区加以利用。例如工业厂房自然通风，在天窗设置挡风板，要求气流在指定区域绕流时形成旋涡区，利用旋涡区内局部低压以达到增强通风的效果，如果天窗两侧都设置挡风板，其通风效果将不受风向的影响。

在专业应用中，常遇到绕圆柱体的运动，比如锅炉高温烟气绕对流管束的流动、风绕烟囱的流动等。可以由图 4-21 近似查得阻力系数 C_d。

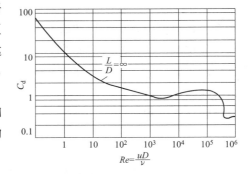

图 4-21　无限长圆柱体的阻力系数

三、绕流升力

如图 4-22（a）所示，当绕流物体为非对称形，

或虽为对称形，但其对称轴与来流方向不平行时［见图 4-22（b）］，由于绕流的物体上下所受压力不相等，存在着垂直于来流方向的绕流升力，其原因主要是绕流物体上部流线较密，而下部流线较稀，根据能量方程式，动能大的部位压能低，动能小处压能高，因此在物体的上下存在压差，从而获得升力。升力对于轴流泵和轴流风机的叶片设计有重要意义。良好的叶片形状应该具有较大的升力和较小的阻力。升力的计算公式为

$$L = C_L A \frac{\rho u_0^2}{2} \qquad (4\text{-}51)$$

式中：L 为物体的绕流升力；C_L 为无因次绕流升力系数，一般由实验确定。

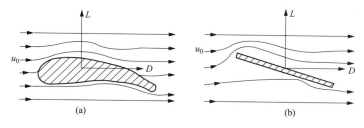

(a)　　　　　　　　　　　(b)

图 4-22　升力示意

其他符号的意义与前述一致。

【例 4-10】　一圆柱烟囱，高 $l = 20\text{m}$，直径 $d = 0.6\text{m}$。求风速 $u_0 = 18\text{m/s}$，风横向吹过时，烟囱所受的总推力。已知空气密度 $\rho = 1.293\text{kg/m}^3$，运动黏性系数 $\nu = 13 \times 10^{-6}\text{m}^2/\text{s}$。

解：

流动的雷诺数

$$Re = \frac{u_0 d}{\nu} = \frac{18 \times 0.6}{13 \times 10^{-6}} = 8.3 \times 10^5$$

可近似由图 4-21 查得阻力系数 $C_d = 0.35$。

烟囱的总推力，即绕流阻力 D 为

$$D = C_d L d \frac{\rho u_0^2}{2} = 0.35 \times 20 \times 0.6 \times \frac{1.293 \times 18^2}{2} = 880\text{N}$$

小　结

本章首先介绍了流体的能量损失（沿程损失和局部损失）、流体运动的两种状态（层流和紊流）以及雷诺数的概念及应用；着重讲解了圆管中两种流态的能量损失规律、尼古拉兹实验曲线的由来及应用、莫迪图的应用等；从工程实际应用情况考虑，讲述了非圆管流沿程损失的计算，同时，鉴于相关专业需要，对附面层、绕流阻力、绕流升力等内容作了简单的介绍。学习中，应重点掌握两种流态的判别方法以及两种能量损失的计算方法，会应用尼古拉兹实验曲线和莫迪图查询数据，熟悉减阻措施，了解附面层、绕流阻力、绕流升力的相关概念。

思考题与习题

4-1　圆管有压流、非圆管有压流、无压流，应用雷诺数判别流态的方法有何区别？

4-2　如何理解瞬时速度、时均速度、脉动速度之间的联系与区别？

4-3　在判别流态中，为何采用下临界雷诺数，而不采用上临界雷诺数？

4-4　怎样理解"在紊流光滑区内，沿程阻力系数 λ 仅与雷诺数 Re 有关，而与相对粗糙度 $\frac{\Delta}{d}$ 无关？"

4-5　由于沿程阻力损失 h_f 随流量增加而增加，因此工业管道的沿程阻力系数 λ 在紊流过渡区也随雷诺数 Re 的增加而增加。这种说法对吗？简要说明原因。

4-6　如图 4-23 所示：（1）绘制水头线；（2）若关小上游阀门 A，各段水头线如何变化？若关小下游阀门 B，各段水头线又如何变化？（3）若分别关小和开大阀门 A 和 B，对固定断面 1—1 的压强产生什么影响？

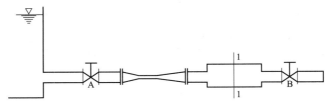

图 4-23　习题 4-6 用图

4-7　有两根直径 d、长度 L 和绝对粗糙度相同的管道，一根输送水，另一根输送油。试问：（1）当两管道中液体的流速相等时，其沿程水头损失 h_f 是否相等？（2）当两管道中液体的雷诺数 Re 相等时，其沿程水头损失 h_f 是否相等？

4-8　（1）$\tau = \rho g R J$，$h_\mathrm{f} = \lambda \dfrac{L}{d} \dfrac{v^2}{2g}$ 和 $v = C\sqrt{RJ}$ 三个公式之间有何联系与区别？R 为水力半径，J 为水力坡度，C 为谢才系数；（2）上述三式是否在均匀流和非均匀流中、管路和明渠中、层流和紊流中均能应用？

4-9　有一圆形风道，管径为 300mm，输送的空气温度 20℃，求气流保持层流时的最大流量。若输送的空气量为 200kg/h，气流是层流还是紊流？

4-10　两条长度相同，断面积相同的风管，它们的断面形状不同，分别为圆形和正方形。若它们的沿程阻力损失相等，而且流动都处于阻力平方区，试问哪条管道的流量大，大多少？

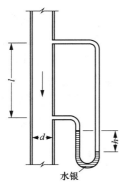

图 4-24　习题 4-12 用图

4-11　水流经过一个渐扩管，如小断面的直径为 d_1，大断面的直径为 d_2，且 $\dfrac{d_2}{d_1} = 2$，试问哪个断面雷诺数大？这两个断面的雷诺数的比值 Re_1/Re_2 是多少？

4-12　如图 4-24 所示，油在管中以 $v = 1\mathrm{m/s}$ 的速度流动，油的密度 $\rho = 920\mathrm{kg/m^3}$，$l = 3\mathrm{m}$，$d = 25\mathrm{mm}$，水银压差计测得 $h = 9\mathrm{cm}$，试求：（1）油在管中的流态；（2）油的运动黏性系数 ν；（3）若保持相同的平均流速反向流动，压差计的读数有何变化？

4-13　如图 4-25 所示，油的流量 $Q = 77\mathrm{cm^3/s}$，流过直径 $d = 6\mathrm{mm}$ 的细管，在 $l = 2\mathrm{m}$ 长的管段两端水银压差计读数 $h = 30\mathrm{cm}$，油

的密度 $\rho = 900\text{kg/m}^3$，求油的 η 和 ν 的值。

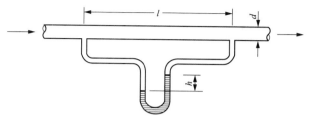

图 4-25　习题 4-13 用图

4-14　利用圆管层流 $\lambda = \dfrac{64}{Re}$，水力光滑区 $\lambda = \dfrac{0.316\,4}{Re^{0.25}}$ 和粗糙区 $\lambda = 0.11\left(\dfrac{\Delta}{d}\right)^{0.25}$ 这三个公式，论证在层流中 $h_\mathrm{f} \sim v$，光滑区 $h_\mathrm{f} \sim v^{1.75}$，粗糙区 $h_\mathrm{f} \sim v^2$。

4-15　某风管直径 $d = 500\text{mm}$，流速 $v = 20\text{m/s}$，沿程阻力系数 $\lambda = 0.017$，空气温度 $t = 20℃$，求风管的 Δ 值。

4-16　$d = 250\text{mm}$ 的圆管，内壁涂有 $\Delta = 0.5\text{mm}$ 的砂粒，如水温为 10℃，问要保持为粗糙区的流动，最小流量为多少？

4-17　上题中管中通过流量分别为 5、20、200L/s 时，各属于什么阻力区？其沿程阻力系数各为若干？若管长 $l = 100\text{m}$，求沿程水头损失各为多少？

4-18　在管径 $d = 50\text{mm}$ 的光滑铜管中，水的流量为 3L/s，水温 $t = 20℃$。求在管长 $l = 500\text{m}$ 的管道中的沿程水头损失。

4-19　某铸管直径 $d = 50\text{mm}$，当量糙粒高度 $\Delta = 0.25\text{mm}$，水温 $t = 20℃$，问在多大流量范围内属于过渡区流动？

4-20　镀锌铁皮风道，直径 $d = 500\text{mm}$，流量 $Q = 1.2\text{m}^3/\text{s}$，空气温度 $t = 20℃$，试判别流动处于什么阻力区，并求其值。

4-21　长度 10m，直径 $d = 50\text{mm}$ 的水管，测得流量为 4L/s，沿程水头损失为 1.2m，水温为 20℃，求该种管材的 Δ 值。

4-22　如图 4-26 所示，矩形风道的断面尺寸为 1200mm×600mm，风道内空气的温度为 45℃，流量为 42 000m³/h，风道壁面材料的当量糙粒高度 $\Delta = 0.1\text{mm}$，今用酒精微压计计量测风道水平段 AB 两点的压差，微压计读值 $a = 7.5\text{mm}$，已知 $\alpha = 30°$，$l_{AB} = 12\text{m}$，酒精的密度 $\rho = 860\text{kg/m}^3$，试求风道的沿程阻力系数 λ。

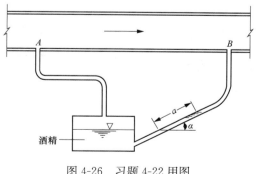

图 4-26　习题 4-22 用图

4-23 如管道的长度不变，通过的流量不变，欲使沿程水头损失减少一半，直径需增大百分之几？试分别讨论下列三种情况：

（1）管内流动为层流 $\lambda = \dfrac{64}{Re}$。

（2）管内流动为光滑区 $\lambda = \dfrac{0.316\,4}{Re^{0.25}}$。

（3）管内流动为粗糙区 $\lambda = 0.11\left(\dfrac{\Delta}{d}\right)^{0.25}$。

4-24 如图 4-27 所示，烟囱的直径 $d = 1\mathrm{m}$，通过的烟气流量 $Q = 18\,000\mathrm{kg/h}$，烟气的密度 $\rho = 0.7\mathrm{kg/m^3}$，外面大气的密度按 $\rho = 1.29\mathrm{kg/m^3}$ 考虑，如烟道的 $\lambda = 0.035$，要保证烟囱底部 1—1 断面的负压不小于 $100\mathrm{N/m^2}$，烟囱的高度至少应为多少？

4-25 如图 4-28 所示，为测定 90°弯头的局部阻力系数 ξ，可采用如图所示的装置。已知 AB 段管长 $l = 10\mathrm{m}$，管径 $d = 50\mathrm{mm}$，$\lambda = 0.03$。实测数据：（1）AB 两断面测压管水头差 $\Delta h = 0.629\mathrm{m}$；（2）经 2min 流入量水箱的水量为 $0.329\mathrm{m^3}$。求弯头的局部阻力系数 ξ。

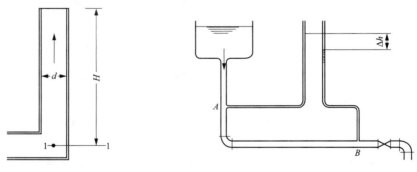

图 4-27 习题 4-24 用图　　　　　图 4-28 习题 4-25 用图

4-26 如图 4-29 所示，测定一阀门的局部阻力系数，在阀门的上下游装设了 3 个测压管，其间距 $L_1 = 1\mathrm{m}$，$L_2 = 2\mathrm{m}$，若直径 $d = 50\mathrm{mm}$，实测 $H_1 = 150\mathrm{cm}$，$H_2 = 125\mathrm{cm}$，$H_3 = 40\mathrm{cm}$，流速 $v = 3\mathrm{m/s}$，求阀门的 ξ 值。

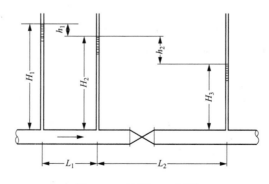

图 4-29 习题 4-26 用图

第五章 孔口管嘴管路流动

第一节 孔口出流

在容器壁或者底部开孔，流体经孔口流出的水力现象，称为孔口出流。

一、孔口的形式

孔口的型式可以分为以下几种：

（1）根据孔壁厚度分：若容器壁较薄，孔口四周边缘尖锐，则出流与孔壁仅是一线接触，这种孔口称为薄壁孔口；反之，若孔口壁厚度较厚，则称为厚壁孔口。

（2）孔口出流时，孔口形心处的压强水头称为孔口的水头，用符号 H 表示。根据孔口直径 d 与孔口水头 H 的比值，将孔口分为大孔口与小孔口两类：

当 $d \leqslant H/10$，这种孔口称为小孔口。由于孔口直径 d 比水头 H 小很多，可以假定孔口断面上各点的压强水头都相等，即等于 H。

当 $d > H/10$，则称为大孔口。这种情况下就需要考虑孔口断面从上缘到下缘各点压强水头的变化。

（3）由流体出流后的情况分：经孔口出流的流体与周围的静止流体属于同相流体，如水流入另一部分水体之中称为淹没出流；反之，流体流入非同相流体时，如水流入大气中，则称为自由出流。

（4）根据孔口水头变化的情况分：若孔口出流时，容器水位稳定，孔口水头保持不变，则这种孔口出流称为恒定出流；反之，流体流出时，水位不稳定，孔口水头变化，则称为非恒定出流。

二、自由出流

如图 5-1 所示，水箱中的水从各个方向以不同的流速通过孔口流出时，由于水流动的惯性，其流线不能出现直角，只有光滑的弯曲，使水流逐渐向孔口处收缩，在孔口断面上仍然继续弯曲，且向中心收缩，在距离孔口 $d/2$ 处断面收缩达到最小，流线在此趋于平行，该断面 c—c 称为收缩断面。

设 c—c 处收缩断面的面积为 A_c，孔口的面积为 A，则两者的比值反映了水流经过孔口后的收缩程度，称为收缩系数，以 ε 表示，即 $\varepsilon = \dfrac{A_c}{A}$。

为了计算流体经小孔口出流的流速 V_c 和流量 Q。现以通过孔口中心的水平面为基准面 0—0，列水箱水面 1—1 与收缩断面 c—c 的能量方程，即

$$z_1 + \frac{p_1}{\rho g} + \frac{\alpha_1 v_1^2}{2g} = z_c + \frac{p_c}{\rho g} + \frac{\alpha_c v_c^2}{2g} + h_j$$

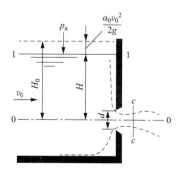

图 5-1 孔口自由出流

上式中 $h_j = \xi_0 \dfrac{v_c^2}{2g}$ 为孔口的局部水头损失，且 $z_1 = H$，$z_c = 0$，$p_1 = p_c = p_a$，令 $\alpha_1 = \alpha_c = 1.0$，代入上式则有

$$H + \frac{v_1^2}{2g} = \frac{v_c^2}{2g} + \xi_0 \frac{v_c^2}{2g} = (1 + \xi_0)\frac{v_c^2}{2g}$$

令 $H_0 = H + \dfrac{v_1^2}{2g}$，代入上式得

收缩断面流速为

$$v_c = \frac{1}{\sqrt{1 + \xi_0}}\sqrt{2gH_0} = \varphi\sqrt{2gH_0} \qquad (5-1)$$

式中：ξ_0 为孔口的局部阻力系数，根据实测，圆形薄壁小孔口 $\xi_c = 0.06$；H_0 为孔口的作用水头，m；φ 为孔口的流速系数，由公式 $\varphi = \dfrac{1}{\sqrt{1 + \xi_c}}$ 计算，得薄壁圆形小孔口 $\varphi = 0.97$。

孔口出流量为

$$Q = v_c A_c = \varphi\varepsilon A\sqrt{2gH_0} = \mu A\sqrt{2gH_0} \qquad (5-2)$$

式中：Q 为孔口出流的流量，m^3/s；μ 为孔口的流量系数，根据实测，对于圆形薄壁小孔口 $\varepsilon = 0.62 - 0.64$，$\mu = \varepsilon\varphi = 0.60 - 0.62$；$A$ 为孔口面积，m^2。

式（5-1）、式（5-2）就是圆形薄壁小孔口恒定出流的基本公式。

三、淹没出流

如图 5-2 所示，当水通过孔口出流到另一充满水的容器中，就属于淹没出流。

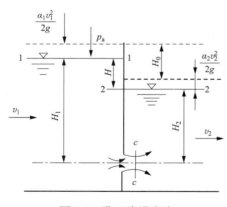

图 5-2 孔口淹没出流

淹没出流的水体通过孔口后，由于流动的惯性作用，流体也会形成收缩断面，收缩后又会扩散到整个水体之中。孔口淹没出流与自由出流的不同之处在于孔口两侧都有一定的液体深度，所以两种出流的作用水头是不同的。

现以孔口中心为基准线，列出水箱两侧水面 1—1 与 2—2 断面的能量方程式为

$$z_1 + \frac{p_1}{\rho g} + \frac{\alpha_1 v_1^2}{2g} = z_2 + \frac{p_2}{\rho g} + \frac{\alpha_2 v_2^2}{2g} + h_w$$

式中 $z_1 = H_1$，$z_2 = H_2$，$p_1 = p_2 = p_a$

对于孔口淹没出流，有 $\dfrac{\alpha_1 v_1^2}{2g} \approx 0$，$\dfrac{\alpha_2 v_2^2}{2g} \approx 0$

代入上式得 $\qquad H_1 - H_2 = h_w$

式中的局部损失 h_w 包括孔口的局部损失和收缩断面之后突然扩大的局部水头损失，设两者的局部阻力系数分别为 ξ_c 和 ξ_k，则局部损失为

$$h_w = (\xi_c + \xi_k)\frac{v_c^2}{2g}$$

则 $\qquad\qquad H_1 - H_2 = (\xi_c + \xi_k)\dfrac{v_c^2}{2g}$

对于淹没出流有 $\qquad H_0 = H_1 - H_2 = (\xi_c + \xi_k)\dfrac{v_c^2}{2g}$

$$v_c = \frac{1}{\sqrt{\xi_c + \xi_k}}\sqrt{2gH_0} \tag{5-3}$$

孔口淹没出流的流量为

$$Q = v_c A_c = v_c \varepsilon A = \frac{1}{\sqrt{\xi_c + \xi_k}}\varepsilon A \sqrt{2gH_0} \tag{5-4}$$

式中：ξ_c 为孔口处的局部阻力系数；ξ_k 为水流收缩断面之后突然扩大的局部阻力系数，由于 2—2 断面比收缩断面 C—C 大很多，所以 $\xi_k = \left(1 - \dfrac{A_c}{A_2}\right)^2 = 1$。

$$v_c = \frac{1}{\sqrt{\xi_c + 1}}\sqrt{2gH_0} = \varphi\sqrt{2gH_0} \tag{5-5}$$

式中：$\varphi = \dfrac{1}{\sqrt{\xi_c + 1}}$ 为流速系数。

则淹没出流的流量公式为

$$Q = v_c A_c = v_c \varepsilon A = \varphi \varepsilon A \sqrt{2gH_0} = \mu A \sqrt{2gH_0} \tag{5-6}$$

式中：μ 为淹没出流的流量系数。

上式为水箱上下游液面压强等于大气压强时淹没出流的计算公式。若是封闭容器时，上下游水箱液面压强不等于大气压强，式中的作用水头 $H_0 = (H_1 - H_2) + \left(\dfrac{p_1}{\rho g} - \dfrac{p_2}{\rho g}\right)$。

实验证明，孔口淹没出流的流速系数和流量系数与孔口自由出流的流速系数和流量系数可采用完全一致的值。但应注意淹没出流的作用水头 H_0 是孔口出口断面形心上的作用水头，而自由出流的作用水头 H_0 是孔口前后作用水头之差。

气体出流一般为淹没出流，流量计算中需要用压强差来代替水头差，即

$$Q = \mu A \sqrt{\frac{2\Delta p_0}{\rho}} \tag{5-7}$$

式中：Δp_0 为使气体出流的全部能量。

$$\Delta p_0 = (p_A - p_B) + \frac{\rho(\alpha_A v_A^2 - \alpha_B v_B^2)}{2}$$

式中：ρ 为气体的密度，kg/m^3。

气体管路中装有一薄壁孔口的隔板，称为孔板（见图 5-3），此时通过孔口的出流是淹没出流，因为流量和管径在给定条件下不变，所以测压断面上流速不变。将 $\Delta p_0 = p_A - p_B$ 代入式 (5-7) 中，得

$$Q = \mu A \sqrt{\frac{2\Delta p_0}{\rho}} = \mu A \sqrt{\frac{2}{\rho}(p_A - p_B)} \tag{5-8}$$

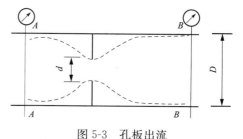

图 5-3　孔板出流

在管道中装有如上所述的孔板，通过 A 断面和 B 断面安装的压力表，测得孔板前后两断面的压差，即可用孔口淹没出流的计算公式求得管道中的流量，这种装置称为孔板流量计。式 (5-8) 中的流量系数需根据孔板的类型查有关孔板流量计手册获得。

【例 5-1】　有一孔板流量计，测得 $\Delta p = 50\text{mmH}_2\text{O}$，孔板直径为 $d = 80\text{mm}$，试求水管中流量 Q 为多少？（流量系数 $\mu = 0.61$）

解：

本题孔板流量计出流为淹没出流，所以有

$$H_0 = (H_1 - H_2) + \frac{p_1 - p_2}{\rho g} + \frac{\alpha_1 v_1^2 - \alpha_2 v_2^2}{2g}$$

因为 $H_1 = H_2$，$v_1 = v_2$，有

$$H_0 = \frac{p_1 - p_2}{\rho g} = \frac{50}{1000} = 0.05\text{m}$$

$$Q = \mu A \sqrt{2gH_0} = \mu \frac{\pi}{4} d^2 \sqrt{2gH_0}$$

$$= 0.61 \times \frac{3.14}{4} \times 0.08^2 \times \sqrt{2 \times 9.81 \times 0.05} = 0.003\,033\text{m}^3/\text{s}$$

【例 5-2】　如上题，孔板流量计装在气体管路中，测得 $p_1 - p_2 = 50\text{mmH}_2\text{O}$，其孔径同上例，求气体流量。（流量系数 $\mu = 0.61$）

解：

气体出流为淹没出流，利用式（5-8）得

$$\Delta p_0 = p_1 - p_2 = 50 \times 9.81 = 490.5\text{N/m}^2$$

$$Q = \mu A \sqrt{\frac{2\Delta p_0}{\rho}} = 0.61 \times 0.005\,02 \sqrt{\frac{2 \times 490.5}{1.2}} = 0.087\,6\text{m}^3/\text{s}$$

第二节　管嘴出流

如图 5-4 所示，在孔口处接一段长度为 $L = 3d \sim 4d$ 的圆形短管（即管嘴，d 为管嘴直径）时，此时的出流现象称为管嘴出流。管嘴出流有很多类型，本节主要对圆柱形外管嘴出流进行分析。

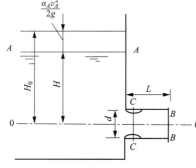

图 5-4　圆柱形管嘴出流

一、圆柱形外管嘴出流

当流体流入管嘴时，在管嘴的进口部分，流体收缩，其直径小于管嘴直径，该收缩断面 C—C 之后流体逐渐扩张，至出口断面上完全充满管嘴断面流出。

在收缩断面 C—C 前后流体与壁面分离，中间形成旋涡区，产生负压，出现了管嘴的真空现象。

下面推导管嘴出流的流速和流量的计算公式。

以管嘴中心的水平面为基准面，列出水箱水面 A—A 和管嘴出口 B—B 断面的能量方程式为

$$z_A + \frac{p_A}{\rho g} + \frac{\alpha_A v_A^2}{2g} = z_B + \frac{p_B}{\rho g} + \frac{\alpha_B v_B^2}{2g} + \xi \frac{v_B^2}{2g}$$

由于 $z_A = H$，$z_B = 0$，$\alpha_A = \alpha_B = 1.0$，$p_A = p_B = p_a$，代入上式得

$$H + \frac{v_A^2}{2g} = \frac{v_B^2}{2g} + \xi \frac{v_B^2}{2g}$$

设作用水头 $H_0 = H + \frac{v_A^2}{2g}$，代入上式整理得

$$H_0 = (1 + \xi) \frac{v_B^2}{2g}$$

所以

$$v_B = \frac{1}{\sqrt{1+\xi}}\sqrt{2gH_0} = \varphi\sqrt{2gH_0} \tag{5-9}$$

式中：ξ 为管嘴局部阻力系数，管嘴的阻力损失主要是进口损失，沿程阻力损失很小可以忽略，所以从局部阻力系数图中查得锐缘进口 $\xi = 0.5$；H_0 为管嘴出流的作用水头，如果流速 v_A 很小时，可近似得 $H_0 = H$；φ 为管嘴流速系数，$\varphi = \frac{1}{\sqrt{1+\xi}} = \frac{1}{\sqrt{1+0.5}} = 0.82$。

$$Q = v_B A = \varphi A\sqrt{2gH_0} = \mu A\sqrt{2gH_0} \tag{5-10}$$

式中：μ 为管嘴流量系数，因管嘴出口断面无收缩，即 $\mu = \varphi = 0.82$。

　　前面介绍了管嘴出流中，收缩断面 C—C 处产生了真空现象，下面就该现象对管嘴出流流量产生的影响进行讨论。

　　如图 5-4 所示，仍以管嘴中心线为基准线，列水箱水面 A—A 与收缩断面 C—C 的能量方程式，即

$$z_A + \frac{p_A}{\rho g} + \frac{\alpha_A v_A^2}{2g} = z_C + \frac{p_C}{\rho g} + \frac{\alpha_C v_C^2}{2g} + h_w$$

由于 $z_A = H$，$z_C = 0$，$\alpha_A = \alpha_B = 1.0$，$p_A = p_a$，忽略两端面间的沿程损失，局部阻力系数是孔口出流的局部阻力系数 ξ_C，则水头损失 $h_w = \xi_C\frac{v_C^2}{2g}$。代入上式

$$H + \frac{p_A}{\rho g} + \frac{v_A^2}{2g} = \frac{p_C}{\rho g} + \frac{v_C^2}{2g} + \xi_C\frac{v_C^2}{2g}$$

设作用水头 $H_0 = H + \frac{v_A^2}{2g}$，收缩断面 C—C 处为真空状态，由此可得 C—C 断面的真空度为

$$\frac{p_a - p_C}{\rho g} = (1+\xi_C)\frac{v_C^2}{2g} - H_0 \tag{5-11}$$

根据连续性方程 $v_C A_C = vA$

$$v_C = \frac{vA}{A_C} = \frac{v}{\varepsilon}$$

式中：v 为管嘴出口流速，m/s；A 为管嘴出口面积，m^2。

　　由式（5-9）可知 $v = \varphi\sqrt{2gH_0}$，即 $v_C = \frac{v}{\varepsilon} = \frac{\varphi}{\varepsilon}\sqrt{2gH_0}$，代入式（5-11）中得

$$\frac{p_a - p_C}{\rho g} = \left[(1+\xi_C)\frac{\varphi^2}{\varepsilon^2} - 1\right]H_0 \tag{5-12}$$

式中，孔口局部阻力系数 $\xi_C = 0.06$，收缩系数 $\varepsilon = 0.64$，管嘴的流速系数 $\varphi = 0.82$，将这些系数代入式（5-12）后得

$$\frac{p_a - p_C}{\rho g} = 0.75 H_0 \tag{5-13}$$

　　上式即为圆柱形外管嘴在收缩断面产生真空度的数学表达式。该式表明圆柱形外管嘴在收缩断面出现的真空度，可以达到管嘴作用水头的 0.75 倍，水从管嘴流出不仅是由于作用水头 H_0 的作用，也是由于真空吸入的结果，这就会使管嘴出流的流量比相同作用水头和面积的孔口出流流量大，因此管嘴出流在工程上的应用较广。

　　由式（5-13）中可以看出，H_0 越大，收缩断面上的真空值也就越大，流量也会越大。

但真空值是不能超过 $10\text{mH}_2\text{O}$ 的，实际上当真空值达到 $7\sim8\text{mH}_2\text{O}$ 时，收缩断面上水就会汽化，汽被水流带出，汽化区就会与外界大气相通，使空气从出口吸入，从而破坏收缩断面上的真空，管嘴出口断面就不能保持满管出流，从而变成了薄壁孔口出流。为保持正常的管嘴出流，真空值必须控制在 $7\text{mH}_2\text{O}$ 以下，这样就决定了作用水头为

$$H_0 \leqslant \frac{7}{0.75} = 9.3\text{mH}_2\text{O}$$

另外，管嘴的长度也是有要求的，其长度一般为管嘴直径的 $3\sim4$ 倍，即 $L=3d\sim4d$。如果管嘴太短，流股收缩后不能扩大到整个断面满管出流，收缩断面真空就不能形成，实际称为孔口出流；如果过长，则沿程损失不能忽略不计，会使流量减少，出流变为短管出流。

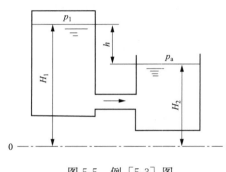

图 5-5 例 [5-3] 图

【例 5-3】 水从封闭的容器中经管嘴流入敞口水池中，如图 5-5 所示。已知管嘴的直径为 10cm，容器与水池中水面高差 $h=2\text{m}$，封闭容器液面相对压强为 49.05kPa，试求流经管嘴的流量是多少？

解：

由于容器和水池的过流断面远大于管嘴过流断面，所以液面流速水头均接近于零，因此管嘴的作用水头仅为两水面测压管水头之差，即

$$H_0 = \left(H_1 + \frac{p_1}{\rho g}\right) - \left(H_2 + \frac{p_2}{\rho g}\right) = (H_1 - H_2) + \frac{p_1}{\rho g} = h + \frac{p_1}{\rho g}$$

由题知 $h=2\text{m}$，$p_1=49.05\text{kPa}$，$\rho g=9.807\text{kN/m}^3$，代入上式得

$$H_0 = 2 + \frac{49.05}{9.807} = 7\text{mH}_2\text{O}$$

根据管嘴出流计算公式

$$Q = \mu A \sqrt{2gH_0} = \mu \frac{\pi}{4} d^2 \sqrt{2gH_0}$$

式中，$\mu=0.82$，得

$$Q = 0.82 \times \frac{1}{4} \times 3.14 \times 0.1^2 \times \sqrt{2 \times 9.807 \times 7} = 0.075\text{m}^3/\text{s}$$

二、其他形式的管嘴

1. 流线型管嘴

如图 5-6（a）所示，这种管嘴形状和孔口出流的水流形状相同，进口部分是曲率逐渐改变的喇叭形，这种管嘴内不形成水股的离壁及收缩断面，因而阻力大为减小，所以流量系数很大。它适用于要求流量大而水头损失小且出口断面上速度分布均匀的场合。

2. 圆锥形收缩管嘴

如图 5-6（b）所示，其外形呈圆锥收缩状，收缩断面面积和管嘴出口断面面积相近，因此两断面上的流速和压力几乎一样，收缩断面处的压力约等于大气压力，在管嘴内几乎不产生真空，这种管嘴出流流量约等于从薄壁孔口出流的流量，所以应用圆锥形收缩管嘴的目的不在于增加流量，而在于增加出口的流速和动能。这种管嘴的流量系数与圆锥收缩角 θ 有关，$\theta=13°24'$时，$\varphi=0.963$，$\mu=0.943$ 为最大值。此形式管嘴能得到高速而密集的射流，

常应用于消防水枪、射流器等。

3. 圆锥形扩大管嘴

如图 5-6（c）所示，其外形呈圆锥扩张状，这种管嘴可以得到分散而流速小的射流。其流速系数和流量系数与圆锥扩张角 θ 有关，其最佳的圆锥角为 $\theta=5°\sim7°$，此时 $\mu=\varphi=0.42\sim0.45$。这种管嘴真空值比圆柱形外管嘴

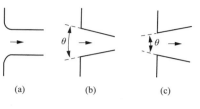

图 5-6　常用管嘴

大，吸力较大，流量较大。同时流体出口断面面积增大出口流速减小。它适用于要求流量大而不希望流速大的情况，如引射器的扩压管等。

第三节　简单管路

为了研究流体在管路中的流动规律，首先讨论流体在简单管路中的流动。所谓简单管路就是指管径沿程不变，流量也不变的管路系统。它是组成各种复杂管路的基本单元，是所有复杂管路计算问题的基础。

工程上为了简化计算，按沿程水头损失与局部水头损失在全部水头损失中所占比重的不同，将管路分为"短管"和"长管"。"短管"是指管路中局部损失和流速水头的总和占有相当的比重（一般大于沿程损失的 10%），计算时不可以忽略的管路，如水泵的吸水管、虹吸管和室内采暖管路等都属于短管；"长管"是指水头损失以沿程损失为主，局部损失和流速水头的总和同沿程损失相比很小，计算时可以忽略不计，或可以将其按沿程损失的某一百分数估算（通常是在 $l/d>1000$ 条件下），如城市的集中供热干管和室外给水干管等都属于长管。

本节将讨论有压管路中的简单管路水力计算，包括短管的水力计算以及长管的水力计算。

一、短管的水力计算

（一）短管水力计算的基本公式

如图 5-7 所示，设管路长度为 l，管径为 d，另外在管路中还装有两个相同的弯头和一个阀门。为了建立短管水流各要素的关系，以 0—0 为基准线，列 1—1、2—2 两断面间的能量方程式为

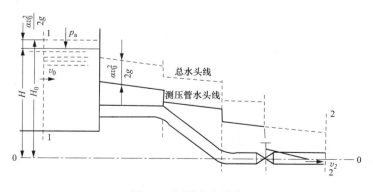

图 5-7　短管水力计算

$$H+\frac{p_1}{\rho g}+\frac{\alpha_1 v_1^2}{2g}=0+\frac{p_2}{\rho g}+\frac{\alpha_2 v_2^2}{2g}+h_{w1-2}$$

式中 $p_1=p_2=p_a=0$，$v_2=v$，$\alpha_2=\alpha=1$，忽略自由液面流速 $v_1=0$，则

$$H=\frac{\alpha v^2}{2g}+h_{w1-2}$$

$$H=\frac{\alpha v^2}{2g}+\lambda\frac{l}{d}\frac{v^2}{2g}+\sum\xi\frac{v^2}{2g}$$

若将 $\alpha=1$ 作为出口局部阻力系数 ξ，包含到 $\sum\xi$ 中去，则上式为

$$H=\left(\lambda\frac{l}{d}+\sum\xi\right)\frac{v^2}{2g}$$

将 $v=\frac{4Q}{\pi d^2}$ 代入上式，整理得

$$H=8\left(\lambda\frac{l}{d}+\sum\xi\right)\frac{Q^2}{\pi^2 d^4 g}$$

令 $$S_H=8\left(\lambda\frac{l}{d}+\sum\xi\right)\frac{1}{\pi^2 d^4 g} \tag{5-14}$$

式中：S_H 为管路阻抗，s^2/m^5，适用于液体管路计算，如给水管路计算。

则 $$H=S_H Q^2 \tag{5-15}$$

对于气体管路，式（5-15）仍适用，但气体常用压强表示为

$$p=\rho g H=\rho g S_H Q^2$$

令 $$S_P=\rho g S_H=8\left(\lambda\frac{l}{d}+\sum\xi\right)\frac{\rho}{\pi^2 d^4} \tag{5-16}$$

式中：S_P 为管路阻抗，kg/m^7，适用于不可压缩的气体管路计算，如空调、通风管道计算。

则 $$p=S_P Q^2 \tag{5-17}$$

式（5-14）和式（5-16）即为阻抗的两种表达式，从表达式中我们可以看出，无论 S_H 还是 S_P，对于一定的流体（即 ρ 一定），在管径 d 和管长 l 已给定时，S 只随 λ 和 $\sum\xi$ 变化。从第四章可知，沿程阻力系数 λ 与流动状态有关，但是当流动处于阻力平方区时，只要管道材质确定，就可以将沿程阻力系数 λ 视为常数。当管路系统确定以后，管路中的局部构件是固定的，只要不调节阀门，局部阻力系数是固定不变的，所以 $\sum\xi$ 可视为常数。从而将 S_H 和 S_P 视为只与管路系统有关的系数，即对于给定的系统，管路阻抗 S_H 和 S_P 是常数。它综合反映了管路上沿程阻力和局部阻力情况。

用阻抗表示管路流动规律是非常简练的。从式（5-15）和式（5-17）中可以看出：简单管路中，总阻力损失与体积流量的平方成正比，这一规律在管路计算中广为应用。由于该公式综合反映了流体在管路中的构造特征和流动特性规律，故可称为管路特性方程。

（二）短管水力计算的应用

1. 虹吸管的水力计算

如图 5-8 所示，虹吸管的一部分高出上游水位一定高度，因此必须有真空区才能正常工作。理论上管内真空值最大能达到 10m 水柱高。但实际上，当真空值达到一定数值时将发生汽化，使溶解在水中的空气分离出来。严重时造成气塞，破坏液体连续输送。为保证虹吸管的正常工作，必须限定虹吸管的最大真空度不能超过允许值 $[h_s]$（一般为 $7\sim8mH_2O$）。

虹吸管的优点是能跨越高地，减少土方量。虹吸管的水力计算可按短管计算，其计算任务主要有以下两项：

（1）计算虹吸管的流量。

（2）确定虹吸管顶部的真空值或安装高度。

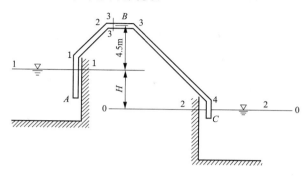

图 5-8　虹吸管

【例 5-4】　如图 5-8 所示，虹吸管越过山丘输水。虹吸管长 $l=l_{AB}+l_{BC}=20\text{m}+30\text{m}=50\text{m}$，直径 $d=200\text{mm}$。两水池水位差 $H=1.2\text{m}$，已知沿程阻力系数 $\lambda=0.03$，局部阻力系数：进口 $\xi_e=0.5$，出口 $\xi_s=1.0$，弯头 1 的 $\xi_1=0.2$，弯头 2、3 的 $\xi_2=\xi_3=0.4$，弯头 4 的 $\xi_4=0.3$，B 点高出上游水面 4.5m，试求流经虹吸管的流量 q_V 和虹吸管顶 B 点的真空度。

解：

取 1—1 和 2—2 断面，且以 0—0 断面为基准面，列能量方程。

$$H+0+0=0+0+0+h_{w1-2}$$

得

$$H=h_{w1-2}=\left(\lambda\frac{l}{d}+\Sigma\xi\right)\frac{v^2}{2g}$$

则

$$v=\frac{1}{\sqrt{\lambda\dfrac{l}{d}+\Sigma\xi}}\sqrt{2gH}$$

$$\Sigma\xi=0.5+0.2+2\times0.4+0.3+1.0=2.8$$

将 λ、l、d 代入上式得

$$v=\frac{1}{\sqrt{0.03\times\dfrac{50}{0.2}+2.8}}\sqrt{2\times9.81\times1.2}=1.51\text{m/s}$$

则

$$q_V=Av=\frac{1}{4}\pi d^2v=\frac{1}{4}\pi\times0.2^2\times1.51=0.047\ 5\text{m}^3/\text{s}$$

再对 2—2 和 3—3 断面（过水平管段 B 点的断面）列能量方程

$$(H+4.5)+\frac{p_B}{\rho g}+\frac{\alpha v^2}{2g}=0+0+0+h_{w3-2}$$

取 $\alpha=1$，$h_{w3-2}=\left(\lambda\dfrac{l_{BC}}{d}+\xi_3+\xi_4+\xi_s\right)\dfrac{v^2}{2g}$，代入能量方程并整理得

$$\frac{p_B}{\rho g}=\left(\lambda\frac{l_{BC}}{d}+\xi_3+\xi_4+\xi_s-1\right)\frac{v^2}{2g}-(H+4.5)$$

$$=\left(0.03\times\frac{30}{0.2}+0.4+0.3+1-1\right)\frac{1.51^2}{2\times9.81}-(1.2+4.5)$$

$$=-5.09\text{m}$$

2. 水泵管路的水力计算

图 5-9 所示为离心式水泵装置示意。水泵的管路由吸水管和压水管组成。水泵管路计算的主要任务是确定水泵的安装高度和水泵的扬程。

确定水泵的安装高度需进行吸水管路的水力计算，确定水泵扬程需进行压水管路的水力计算。吸水管路一般按短管计算，而压水管路视具体情况而定，一般当压力管的长度 $l>1000d$ 时，按长管计算其损失，这其中 d 为压水管的管径。

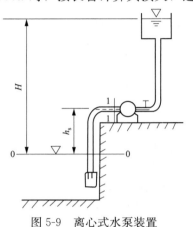

图 5-9　离心式水泵装置

【例 5-5】　如图 5-9 所示，已知水泵流量 $Q=30\text{m}^3/\text{h}$，提水高度 $H=15\text{m}$；吸、压水管的直径和长度分别为：$d_{吸}=100\text{mm}$，$d_{压}=80\text{mm}$，$L_{吸}=5\text{m}$，$L_{压}=20\text{m}$，水管的沿程阻力系数 $\lambda=0.046$，局部阻力系数分别为：$\xi_{底阀}=8.5$，$\xi_{弯}=0.17$，$\xi_{阀门}=0.15$，$\xi_{出口}=1.0$。若水泵允许吸上真空高度 $[h_s]\leqslant6\text{m}$，试确定：（1）水泵的安装高度 h_s；（2）水泵扬程和管路系统的阻抗 S_H。

解：

（1）确定水泵的安装高度 h_s。以水源水面 0—0 为基准面，对断面 0—0 和水泵进口断面 1—1 列能量方程，取 $\alpha=1$ 得

$$0+0+0=h_s+\frac{p_1}{\rho g}+\frac{v_{吸}^2}{2g}+h_{w吸}$$

其中，$\dfrac{p_1}{\rho g}=-h_v=-6\text{m}$ 是水泵最大允许吸上真空高度。

又

$$v_{吸}=\frac{4Q}{\pi d_{吸}^2}=\frac{4\times30}{3.14\times0.1^2\times3600}=1.06\text{m/s}$$

$$\frac{v_{吸}^2}{2g}=\frac{1.06^2}{2\times9.81}=0.06\text{m}$$

$$h_{w吸}=\left(\lambda\frac{l_{吸}}{d_{吸}}+\sum\xi_{吸}\right)\frac{v_{吸}^2}{2g}$$

$$=\left(0.046\times\frac{5}{0.1}+8.5+0.17\right)\times0.06=0.66\text{m}$$

所以水泵的安装高度为

$$h_s=6-0.06-0.66=5.28\text{m}$$

上式说明：水泵轴线的安装高程不能高于水源水面 5.28m 以上，否则水泵进口处的真空值将超过允许值，会影响水泵的正常工作。

（2）确定水泵扬程 H_P 和管路阻抗 S_H。以水源液面 0—0 为基准面，列 0—0、2—2 能量方程

$$H_P+z_0+\frac{p_0}{\rho g}+\frac{\alpha_0 v_0^2}{2g}=z_2+\frac{p_2}{\rho g}+\frac{\alpha_2 v_2^2}{2g}+h_w$$

式中　　　$v_0=v_2=0$，　$z_0=0$，　$p_0=p_2=0$，　$z_2=H=15\text{m}$

而

$$h_w = h_压 + h_吸 = \left(\lambda \frac{l_压}{d_压} + \sum \xi_压 \right) \frac{v_压^2}{2g} + h_吸$$

$$= \left(0.046 \times \frac{20}{0.08} + 0.15 + 0.17 + 1 \right) \times \left(\frac{4 \times 30}{3.14 \times 0.08^2 \times 3600} \right)^2 \times \frac{1}{2 \times 9.81} + 0.66$$

$$= 1.80 + 0.66 = 2.46\mathrm{m}$$

则水泵总扬程为

$$H_P = 15 + 2.46 = 17.46\mathrm{m}$$

管路的阻抗

$$S_H = \frac{h_w}{Q^2} = \frac{2.46}{(30/3600)^2} = 35\ 424\mathrm{s}^2/\mathrm{m}^5$$

二、长管的水力计算

(一) 长管水力计算的基本公式

关于长管的水力计算方法很多，这里主要介绍阻抗法和比阻法。

1. 阻抗法

上面所讲述的关于短管的水力计算公式 [式 (5-15) 和式 (5-17)] 也同样适用于长管水力计算，只是其中的管路阻抗与短管的阻抗的含义有所不同，在长管水力计算中的水头损失只考虑沿程损失而忽略局部损失和流速水头，所以这里的阻抗计算公式为

$$S'_H = \frac{8\lambda l}{\pi^2 d^5 g} \tag{5-18}$$

$$S'_P = \rho g S'_H = \frac{8l\lambda\rho}{\pi^2 d^5} \tag{5-19}$$

$$H = S'_H Q^2 \tag{5-20}$$

$$p = S'_P Q^2 \tag{5-21}$$

式 (5-18) 和式 (5-19) 即为长管阻抗的两种表达式，也是长管管路特性方程式。可以看出，与短管一样，无论 S'_H 还是 S'_P，对于一定的流体（即 ρ 一定），在管径 d 和管长 l 已给定时，S 只随 λ 变化。而在阻力平方区时，只要管道材质确定，λ 值可视为常数。所以我们同样可以应用式 (5-18) 和式 (5-19) 非常简便地对长管进行一系列的水力计算。

2. 比阻法

在给水工程中，习惯上将式 (5-20) 改写成

$$h_f = H = \frac{8\lambda}{\pi^2 d^5 g} l Q^2 = Al Q^2$$

即

$$h_f = Al Q^2 \tag{5-22}$$

式中：h_f 为沿程水头损失，m；A 为比阻，$A = \dfrac{8\lambda}{\pi^2 d^5 g}$，$\mathrm{s}^2/\mathrm{m}^6$。

式 (5-22) 是长管管路特性方程式的另一种表达形式，也称为舍维列夫公式。比阻 A 表示单位管长通过单位流量时所消耗的水头损失。

在工程实际中，为了简化计算，常将比阻值整理成专用水力计算表，可在设计手册中查到。表 5-1 给出了钢管和铸铁管的比阻，供计算中使用。

表 5-1 钢管和铸铁管的比阻

管径（mm）	50	75	100	125	150	175	200	250	300	350	400
$A(\mathrm{s}^2/\mathrm{m}^6)$	15 190	1709	365.3	110.8	41.85	18.96	9.029	2.752	1.025	0.453	0.223

表 5-1 中的数值对应平均流速 $v > 1.2\text{m/s}$ 的情况，此时管中的流动处于阻力平方区；如果平均流速 $v < 1.2\text{m/s}$，则管中流动处于紊流光滑区或紊流过渡区，这时由表 5-1 中所查得的比阻值需乘以修正系数 k，k 值可由表 5-2 查出。

表 5-2　　　　　　　　　　　　　　　比阻 A 的修正值 k

$v(\text{m/s})$	0.2	0.3	0.4	0.5	0.6	0.7	0.8	0.9	1.0	1.1	$\geqslant 1.2$
k	1.41	1.28	1.20	1.15	1.12	1.09	1.06	1.04	1.03	1.02	1.00

（二）长管水力计算的应用

1. 已知管路尺寸及作用水头，计算其输水能力

【例 5-6】　一简单管路如图 5-10 所示。管长 $l = 500\text{m}$，管径 $d = 100\text{mm}$，管路上有两个弯头，每个弯头的局部阻力系数 $\xi_{弯} = 0.3$，管路沿程阻力系数 $\lambda = 0.025$，若作用水头 $H = 30\text{m}$，试求通过管路的流量。

解：

为了比较，先按短管计算。该管路系统为自由出流，所以

$$H = S_H Q^2$$

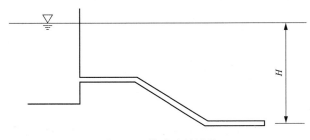

图 5-10　管路流量计算

而

$$S_H = \frac{8\left(\lambda \dfrac{l}{d} + \sum \xi\right)}{\pi^2 d^4 g}$$

式中

$$\sum \xi = 1 + \xi_{进口} + 2\xi_{弯头}, \quad \xi_{进口} = 0.5$$

则

$$S_H = \frac{8 \times \left(0.025 \times \dfrac{500}{0.1} + 1 + 0.5 + 2 \times 0.3\right)}{3.14^2 \times 0.1^4 \times 9.81} = 105\,125.3\text{s}^2/\text{m}^5$$

所以

$$Q = \sqrt{\frac{H}{S_H}} = \sqrt{\frac{30}{105\,125.3}} = 0.016\,9\text{m}^3/\text{s}$$

按长管计算

$$H = S_H' Q^2$$

而

$$S_H' = \frac{8\lambda \dfrac{l}{d}}{\pi^2 d^4 g} = \frac{8 \times 0.025 \times \dfrac{500}{0.1}}{3.14^2 \times 0.1^4 \times 9.81} = 103\,388.4\text{s}^2/\text{m}^5$$

$$Q = \sqrt{\frac{H}{S_H}} = \sqrt{\frac{30}{103\,388.4}} = 0.017\,0\text{m}^3/\text{s}$$

可见，上述管路按长管计算时引起的误差是很小的。

2. 已知管路尺寸及流量，确定作用水头

【例5-7】　如图5-11所示，水塔沿长度 $l=1.5\text{km}$，直径 $d=400\text{mm}$ 的铸铁管向某厂区供水，水塔所在处地面高程 $Z_a=120\text{m}$，厂区地面高程 $Z_b=100\text{m}$，若工厂需水量为 $Q=130\text{L/s}$，需自由水头 $H_b=25\text{m}$，试确定水塔高度（即地面至水塔水面的高度）。

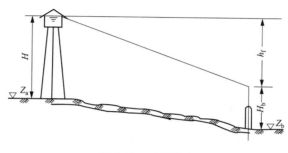

图 5-11　工厂供水

解：

自来水管道可按比阻计算。

先验算阻力区

$$v=\frac{4Q}{\pi d^2}=\frac{4\times 0.13}{3.14\times 0.4^2}=1.03\text{m/s}<1.2\text{m/s}$$

查表 5-1 得管道比阻　$A=0.223\,2\text{s}^2/\text{m}^6$。

查表 5-2 得修正系数　$k=1.025$。

则管道的总水头损失为

$$h_f=kAlQ^2=1.025\times 0.223\,2\times 1500\times 0.13^2=5.80\text{m}$$

于是水塔的高度为

$$H=Z_b+H_b+h_f-Z_a=100+25+5.8-120=10.8\text{m}$$

3. 已知流量、管长及作用水头，确定管径

【例5-8】　有一条长 2km 的管道，作用水头为 $H=30\text{m}$，工程要求输送的流量 $Q=65\text{L/s}$，拟采用铸铁管，求管径 d。

解：

因为 $H=AlQ^2$，得

$$A=\frac{H}{lQ^2}=\frac{30}{2000\times 0.065^2}=3.55\text{s}^2/\text{m}^6$$

查表 5-1 可知：

当取 $d=200\text{mm}$ 时，$A=9.029\text{s}^2/\text{m}^6$；

当取 $d=250\text{mm}$ 时，$A=2.752\text{s}^2/\text{m}^6$。

在作用水头 H 和管长 l 一定时，若采用较小的管径，比阻 A 会大于计算结果，从而使流量减小。为了保证设计流量，就得选用 $d=250\text{mm}$ 管径的管道。

第四节　串联与并联管路

　　工程实际中所涉及的复杂管路，都是简单管路经过串联和并联组合而成的，所以研究管路的串联和并联规律具有十分重要的意义。

一、串联管路

　　串联管路是由直径不同的几段简单管路顺次连接而成的，如图 5-12 所示，图中串联管路由 3 根简单管路顺序连接而成。

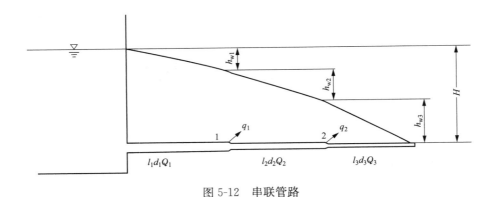

图 5-12　串联管路

　　1. 流量规律

　　管段与管段相连接的点称为节点。在每一节点处应满足连续方程，即对不可压缩流体流入节点的流量应等于流出节点的流量。取流入流量为正，流出流量为负，则对于每一节点都可以写出 $\sum Q = 0$，或写成 $Q_i = q_i + Q_{i+1}$（Q_i 和 Q_{i+1} 分别为节点 i 上下游管段的流量；q_i 表示节点 i 流入或分出的流量）。

　　如无中途分流或合流（即 $q_i = 0$），则各管段的流量相等。则有

$$Q_1 = Q_2 = Q_3 = Q$$

可写成一般形式

$$Q_1 = Q_2 = \cdots = Q_n = Q \tag{5-23}$$

　　2. 阻力损失规律

　　对于串联管路系统，整个管路的阻力损失应等于各管段阻力损失之和。则有

$$H = \sum h_{wi} = h_{w1} + h_{w2} + h_{w3} = S_1 Q_1^2 + S_2 Q_2^2 + S_3 Q_3^2$$

如各管段流量相等（即 $Q_1 = Q_2 = Q_3 = Q$），则有

$$H = h_w = SQ^2 = S_1 Q_1^2 + S_2 Q_2^2 + S_3 Q_3^2 = (S_1 + S_2 + S_3)Q^2$$

$$S = S_1 + S_2 + S_3$$

可写成一般形式

$$H = \sum h_{wi} = S_1 Q_1^2 + S_2 Q_2^2 + \cdots + S_n Q_n^2 \tag{5-24}$$

$$S = S_1 + S_2 + S_3 + \cdots + S_n \tag{5-25}$$

　　由此得出结论，当无中途分流或合流时，串联管路的计算原则为各管段的流量相等；总

能量损失等于各管段能量损失之和；总阻抗等于各管段阻抗之和。

【例 5-9】　由水塔向某居民区供水，供水量 $Q=0.15\text{m}^3/\text{s}$。采用长度 $l=2500\text{m}$ 的给水管路供水，已知管路沿程阻力系数 $\lambda=0.030$，水塔至用水点间的最大允许水头损失为 9m。要求设计该供水管路。

解：

根据阻抗关系式有

$$S=\frac{H}{Q^2}=\frac{9}{0.15^2}=400\text{s}^2/\text{m}^5$$

对于长管 $S=\dfrac{8\lambda l}{\pi^2 d^5 g}$

$$400=\frac{8\times0.030\times2500}{3.14^2\times d^5\times9.81}$$

解得

$$d=0.435\text{m}=435\text{mm}$$

由于 435mm 不是标准管径，采用标准管径时，如果选择 $d=400\text{mm}$ 的管子，则不能满足要求，如果采用 $d=450\text{mm}$ 的管子将造成管材浪费。所以合理的办法是采用 $d_1=400\text{mm}$ 和 $d_2=450\text{mm}$ 的两段不同管径的管路进行串联。现在来计算每段管路的长度。

根据串联管路的管路特性

$$S=S_1+S_2$$

$$S=\frac{8\lambda l_1}{\pi^2 d_1^5 g}+\frac{8\lambda l_2}{\pi^2 d_2^5 g}=\frac{8\lambda}{\pi^2 g}\left(\frac{l_1}{d_1^5}+\frac{l_2}{d_2^5}\right)$$

将已知各值代入上式中并整理得

$$3044=1.845l_1+1.024l_2$$

又由于 $l_1+l_2=2500$，联立求解以上两式得

$$l_1=589.5\text{m},\quad l_2=1910.5\text{m}$$

二、并联管路

并联管路是由两条或两条以上的管段在同一处分出，又在另一处汇集而构成的管路，如图 5-13 所示，图中的 BC 是由三条管段组成的并联管路。

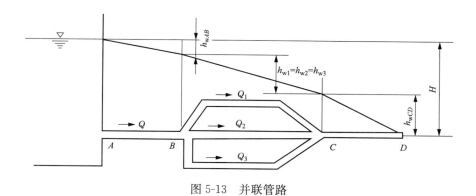

图 5-13　并联管路

下面讲述并联管路的特点。

1. 流量规律

同串联管路一样，各管段的流量分配应满足节点连续性方程，即对于不可压缩流体，应满足$\sum Q=0$。对于图 5-13 所示的并联管路，有

$$Q=Q_1+Q_2+Q_3 \tag{5-26}$$

可写成一般形式

$$Q=\sum Q_i \tag{5-27}$$

2. 阻力损失规律

虽然组成并联管路的各管段的管材、管径及管长未必相同，但由于并联管路 BC 的起点和终点是共同的，因此各管段的水头损失必然相等，都等于 B、C 两断面间的水头差。忽略局部水头损失可写为

$$h_{wBC}=h_{w1}=h_{w2}=h_{w3} \tag{5-28}$$

即

$$SQ^2=S_1Q_1^2=S_2Q_2^2=S_3Q_3^2$$

式中：S 为并联管路的总阻抗；Q 为并联管路的总流量。

因为

$$Q=\frac{\sqrt{h_{wBC}}}{\sqrt{S}}, \quad Q_1=\frac{\sqrt{h_{w1}}}{\sqrt{S_1}}, \quad Q_2=\frac{\sqrt{h_{w2}}}{\sqrt{S_2}}, \quad Q_3=\frac{\sqrt{h_{w3}}}{\sqrt{S_3}} \tag{5-29}$$

根据式（5-26）有

$$\frac{\sqrt{h_{wBC}}}{\sqrt{S}}=\frac{\sqrt{h_{w1}}}{\sqrt{S_1}}+\frac{\sqrt{h_{w2}}}{\sqrt{S_2}}+\frac{\sqrt{h_{w3}}}{\sqrt{S_3}}$$

再根据式（5-28）可得出

$$\frac{1}{\sqrt{S}}=\frac{1}{\sqrt{S_1}}+\frac{1}{\sqrt{S_2}}+\frac{1}{\sqrt{S_3}}$$

可写成一般形式

$$H=h_{wi}=S_1Q_1^2=S_2Q_2^2=\cdots=S_nQ_n^2 \tag{5-30}$$

$$\frac{1}{\sqrt{S}}=\frac{1}{\sqrt{S_1}}+\frac{1}{\sqrt{S_2}}+\frac{1}{\sqrt{S_3}}+\cdots+\frac{1}{\sqrt{S_n}} \tag{5-31}$$

由此得出结论，并联管路的计算原则：并联节点上的总流量等于各支路流量之和；并联各支路上的阻力损失相等；并联管路总阻抗平方根的倒数等于各支路阻抗平方根的倒数之和。

3. 流量分配规律

进一步分析式（5-29），将其改写为

$$\frac{Q_1}{Q_2}=\frac{\sqrt{S_2}}{\sqrt{S_1}}, \quad \frac{Q_2}{Q_3}=\frac{\sqrt{S_3}}{\sqrt{S_2}}, \quad \frac{Q_3}{Q_1}=\frac{\sqrt{S_1}}{\sqrt{S_3}}$$

写成连比形式，即

$$Q_1:Q_2:Q_3=\frac{1}{\sqrt{S_1}}:\frac{1}{\sqrt{S_2}}:\frac{1}{\sqrt{S_3}} \tag{5-32}$$

可写成一般形式

$$Q_1:Q_2:Q_3:\cdots:Q_n=\frac{1}{\sqrt{S_1}}:\frac{1}{\sqrt{S_2}}:\frac{1}{\sqrt{S_3}}:\cdots:\frac{1}{\sqrt{S_n}} \tag{5-33}$$

式（5-33）所表达的是并联管路流量分配规律，从该式中我们可以得出：各支路的流量

将按水头损失相等来分配，S 值大的支路流量小，S 值小的支路流量大。工程实践中进行管路设计计算时，为保证用户所需的流量，需按照流量分配规律，合理选择管道尺寸和所需要的局部构件，这就是管路水力计算中所说的"阻力平衡"。

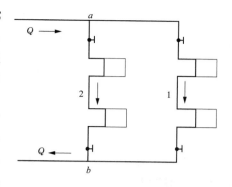

图 5-14　供热管路计算

【例 5-10】　如图 5-14 所示，有两层建筑的供热管路立管设置：管段 1 的直径 $d_1 = 20\text{mm}$，总长 $l_1 = 20\text{m}$，$\sum\xi_1 = 15$；管段 2 的直径 $d_2 = 20\text{mm}$，总长 $l_2 = 10\text{m}$，$\sum\xi_2 = 15$。管路的 $\lambda = 0.025$，干管中的流量 $Q = 0.001\text{m}^3/\text{s}$，求 Q_1 和 Q_2。

解：

并联管路中 a、b 两点间各段的阻抗分别为

$$S_1 = \left(\lambda_1 \frac{l_1}{d_1} + \sum\xi_1\right)\frac{8}{\pi^2 d_1^4 g}$$

$$S_2 = \left(\lambda_2 \frac{l_2}{d_2} + \sum\xi_2\right)\frac{8}{\pi^2 d_2^4 g}$$

因为 $\dfrac{Q_1}{Q_2} = \dfrac{\sqrt{S_2}}{\sqrt{S_1}}$，且 $d_1 = d_2$，故有

$$\frac{Q_1}{Q_2} = \frac{\sqrt{S_2}}{\sqrt{S_1}} = \frac{\sqrt{\lambda_2 \dfrac{l_2}{d_2} + \sum\xi_2}}{\sqrt{\lambda_1 \dfrac{l_1}{d_1} + \sum\xi_1}} = \frac{\sqrt{0.025\times10+15\times0.02}}{\sqrt{0.025\times20+15\times0.02}} = 0.828$$

即

$$Q_1 = 0.828Q_2$$

由连续性方程得

$$Q = Q_1 + Q_2 = (0.828+1)Q_2$$
$$0.001 = 1.828Q_2$$

所以

$$Q_2 = 0.55\text{L/s}, \quad Q_1 = 0.45\text{L/s}$$

计算结果表明，$Q_2 > Q_1$，这是因为 $S_2 < S_1$，但这样会造成冷热不均现象，为保证供热效果，要求通过两支管的流量相等，因此必须调整现有的管径和局部阻力系数，使得两支管的阻抗数相等，这就是"阻力平衡"的过程。

第五节　管　网　计　算　基　础

管网是一种在许多节点处有分支、由简单管路经串联和并联所构成的复杂管路。管网按其布置方式可分为枝状管网和环状管网，如图 5-15 所示。

枝状管网是指管段从管路系统的各节点分出后不再汇合的管网。枝状管网的形状呈树枝状，通常情况下，枝状管网的管线长度较短，造价比较低，但可靠性较差。

环状管网是指从管路系统各节点分出的管线汇合到其他节点的管网。环状管网的管线全部形成闭合环路，因此环状管网的管线长度较长，可靠性较好，但造价比较高。

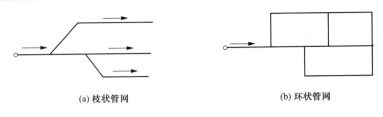

(a) 枝状管网　　　　　　　(b) 环状管网

图 5-15　管网

管网的水力计算一般比较复杂，在各门专业课中将有针对性地详细讨论。这里仅介绍管网水力计算的方法。

一、枝状管网

枝状管网的水力计算步骤如下：

（1）划分管段。按简单管路划分计算管段，并进行节点标号，如图 5-16 所示。

（2）确定最不利管线，即确定一条主干线。通常情况下，最不利管线是指管线长度最长、局部构件最多或输送流量最大的管线，最不利管线的阻力损失遵循串联管路的流动规律。

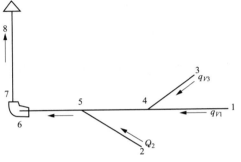

图 5-16　枝状管网

（3）初选管径。在最不利管线中，按输送流量 Q 和限定流速 $[v]$ 来计算管径 d'，即 $d' = \sqrt{\dfrac{4Q}{\pi [v]}}$。限定流速是工程实际中根据技术经济要求所规定的合适流速，在限定流速下输送流体最经济合理。

（4）确定实际管径 d。根据步骤（3）中算得的 d'，查取标准规格的管径 d。在确定 d 之后，根据 d 计算管内实际流速 v，即 $v = \dfrac{4Q}{\pi d^2}$。此流速在限定流速范围内则满足要求，不在限定范围内则需要重新选择管径。

（5）阻力损失计算。根据已确定的管径计算各管段的阻力损失，将各管段的阻力损失叠加可得到最不利管线的阻力损失。

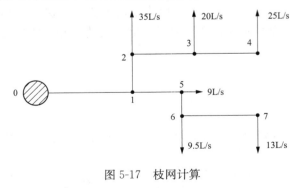

图 5-17　枝网计算

（6）选择动力设备。根据系统的总流量和总的阻力损失来确定动力设备的容量等相关参数。

【例 5-11】　如图 5-17 所示，一枝状管网从水塔 0 沿 0—1 干线输送用水，各节点要求供水量如图所示。已知每一段管路长度（见表 5-3）。此外，水塔 0 处的地形标高和节点 4、节点 7 的地形标高相同，节点 4 和节点 7 要求的自由水头 H_G 同为 20m 水柱。求各管段的直径、水头损失及水塔应有的高度。

解：

（1）首先根据枝状管网流量计算方法确定各管段流量，填入表 5-3 中。

表 5-3　　　　　　　　　　　　**枝 状 管 网 计 算**

管段		管段长度 l (m)	管段中的流量 Q(L/s)	管道直径 d (mm)	流速 v (m/s)	比阻 A (s^2/m^6)	修正系数 k	水头损失 h (m)
左侧支线	3-4	350	25	200	0.80	9.029	1.06	2.09
	2-3	350	45	250	0.92	2.752	1.038	2.03
	1-2	200	80	300	1.13	1.025	1.011	1.31
右侧支线	6-7	500	13	150	0.74	41.85	1.073	3.78
	5-6	200	22.5	200	0.72	9.029	1.089	0.99
	1-5	300	31.5	250	0.64	2.752	1.013	0.90
水塔至分叉点	0-1	400	111.5	350	1.16	0.4529	1.006	2.27

（2）根据经济流速选择各管段的直径

例如对于左侧支路中的 3-4 管段

$$Q=25L/s=0.025m^3/s$$

采用经济流速，若经济流速取 $v=1m/s$，则此管段管径

$$d=\sqrt{\frac{4Q}{\pi v}}=\sqrt{\frac{4\times0.025}{3.14\times1}}=0.178m$$

取 $d=200mm$。

（3）计算管中实际流速

$$v=\frac{4Q}{\pi d^2}=\frac{4\times0.025}{3.14\times0.2^2}=0.8m/s$$

（4）计算水头损失

采用铸铁管，查表 5-1，得 $A=9.029s^2/m^6$。由于速度 $v=0.8m/s<1.2m/s$，水流在过渡区，A 值需要修正。查表 5-2 得修正系数 $k=1.06$，则 3-4 管段的水头损失为

$$h_{f3-4}=kAlQ^2=1.06\times9.029\times350\times0.025^2=2.09m$$

同理，我们可以计算得出其他各管段的水力参数，将计算结果列于表 5-3。

从水塔到最远的用水点 4 和 7 的沿程水头损失：

沿 4-3-2-1-0 线：$\sum h_f=2.09+2.03+1.31+2.27=7.70m$；

沿 7-6-5-1-0 线：$\sum h_f=3.78+0.99+0.90+2.27=7.94m$。

因为管网中点 0、点 4 和点 7 的地形标高相同，从上述水力计算结果知，确定节点 7 为该管网水塔高度计算的控制点。则点 0 处的水塔水面高度为

$$H_t=\sum h_{f0-7}+H_G=7.94+20=27.94m$$

取 $H_t=28m$。

二、环状管网

环状管网如图 5-18 所示。环状管网的特点是管段在某一共同点分支，然后在另一节点汇合。环状管网由很多管段串联和并联而成，因此环状管网遵循串联和并联管路的计算原则，且主要遵循以下两条原则：

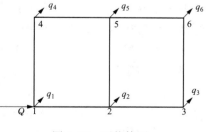

图 5-18　环状管网

①每个节点都满足流量平衡条件，即流入和流出的流量相等，满足$\sum Q_i = 0$。②如规定顺时针方向流动的阻力损失为正，反之为负，则任意的闭合环路中所包含的所有管段阻力损失代数和均等于零，即$\sum h_J = 0$，J为各环的编号。上述的两个条件在理论上非常简单，但是在实际的设计计算中却相当烦琐，必须进行环状管网平差。

环状管网的计算通常是在环状管网的布置情况及节点的流量已经确定的条件下，来决定通过各管段的流量和管径，并进一步确定整个管网所需的总水头。因此，根据以上两个计算原则，环状管网的计算方法较多，这里仅对常用的 Hardy-Cross（哈代·克罗斯）法做简单的介绍，其计算程序如下：

（1）根据管网和供水实际情况进行管段流量 Q 预分，选取适当的流速 v 确定管径 d；

（2）按照流量和管径的关系计算各管段的阻力损失值 h_i，求出每个环路的阻力损失闭合差 $\sum h_i$；

（3）根据 $\sum h_i$ 计算各环路的校正流量 ΔQ，ΔQ 的计算公式为

$$\Delta Q = -\frac{\sum h_i}{2\sum |S_i Q_i|} = -\frac{\sum h_i}{2\sum \left|\dfrac{h_i}{Q_i}\right|}$$

（4）计算所得的校正流量 ΔQ 加到管段原来流量 Q 上，这样就可以得到第一次校正流量 Q_1，在考虑校正时一定要注意正负号；

（5）重复步骤（1）～（4），进行第二次校正，第三次校正……直到 $\sum h_i$ 达到精确度要求为止。

在进行环状管网的计算时，理论上没什么困难，但实际计算程序相当烦琐，环状管网的计算问题将在专业课中详细介绍，此处不具体讨论。

第六节　有压管中的水击

在压力管路中，由于某种外界原因（如阀门突然关闭或水泵突然启闭等），使液体的流速突然发生改变，而引起一系列急剧的压强交替升降的水力冲击现象，这种现象称为水击。水击现象中所产生的压强对管壁的作用就像锤击一样，所以水击又称水锤。

由于水击而产生的压强增加可能达到管中原来正常压强的几十倍甚至几百倍，而且增压和减压交替频率很高，其危害性很大，严重时会造成阀门损坏、管道接头断开甚至管道爆裂等重大事故。

一、水击现象发生的过程

发生水击现象的根本原因在于液体的惯性和压缩性。通常情况下将液体视为不可压缩的。但发生水击时，水击压强的数值很大，液体和管壁都将发生变形，这时必须考虑液体的压缩性，而且还要考虑管壁的弹性。

水击现象发生时，压力管路中任一点的压强和流速等运动要素都是随时间变化的，这时流动属于非恒定流动。

下面以有压管路的阀门突然关闭为例，说明水击现象发生和发展过程。图 5-19 所示为简单有压管路，水流由水位保持不变的水池流入管路，管径为 d。管路末端设一阀门，阀门关闭前管中流速为 v_0，压强为 p_0。由于管路中流速水头和水头损失均远小于压强水头，故在

水击计算中略去不计。

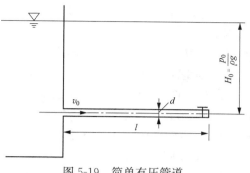

图 5-19　简单有压管道

水击的过程分为四个阶段，假设阀门突然关闭，即关闭时间趋近于零。

第一阶段：在压强 p_0 的作用下，水以 v_0 的速度从上游水池流向下游。若阀门突然关闭，则紧靠阀门的第一层微小流段停止流动，速度由 v_0 骤变为零。而由于水流的惯性，管中水流仍以速度 v_0 流向阀门，使紧靠阀门的微小流段受压，密度增大，压强骤然升高至 $p_0+\Delta p$，同时管壁也受到膨胀。压强的升高值 Δp 称为水击压强。

当紧靠阀门的第一层微小流段停止流动后，与之相邻的第二层微小流段停止流动。同时伴随水体密度增大，压强升高，管壁膨胀。接着第三层、第四层……依次停下来，形成一个减速、升压的运动，直到全管液体处于暂时静止受压和整个管壁被胀大的状态。

这种减速增压的过程，是以增压（$p_0+\Delta p$）弹性波的形式向管的上游传递，称此弹性波为水击波。以 c 表示水击波的传播速度，则在 $0<t<l/c$ 时段内，管中部分液体停止流动，部分液体仍以 v_0 速度向阀门方向流动。当 $t=l/c$ 时，自阀门开始的水击波正好传到管道进口处，这时管中液体停止流动，全部液体便处在 $p_0+\Delta p$ 作用下的受压缩状态，如图 5-20（a）所示。图中 $H_0=\dfrac{p_0}{\rho g}$，$\Delta H=\dfrac{\Delta p}{\rho g}$。

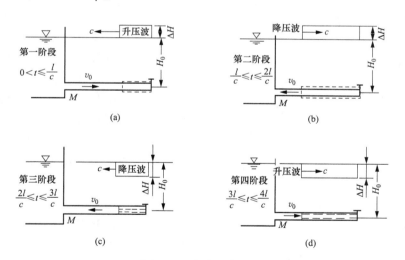

图 5-20　水击现象分析

第二阶段：当 $t=l/c$ 时，管内压强 $p_0+\Delta p$ 大于进口外侧水池内的压强 p_0，在压强差 Δp 的作用下，管内水体将以 $-v_0$ 的速度向水池倒流。当 $l/c<t<2l/c$ 时，管中水体逐层向水池倒流，压缩解除，压强恢复到 p_0。此过程相当于第一阶段的反射波。当 $t=2l/c$ 时，反射波传到阀门处，全管内液体都恢复到正常压强 p_0，但具有一个反向流速 $-v_0$ 向水池方向倒流，如图 5-20（b）所示。

第三阶段：当 $t=2l/c$ 时，管内液体压强为 p_0，速度为 $-v_0$。由于液体的惯性，水向水池倒流。由于此时阀门关闭，没有水源补充，致使紧靠阀门处水体的压强降为 $p_0-\Delta p$，该处流速由 $-v_0$ 变为零。在时段 $2l/c<t<3l/c$ 时，管中水体逐层停止倒流，压强降低到 $p_0-\Delta p$，至 $t=3l/c$ 时，管中水体全部停止流动，全管处于低压状态，如图 5-20（c）所示。

　　第四阶段：当 $t=3l/c$ 时，管中的水全部停止流动，而压强比水池的压强 p_0 低 Δp，由于 Δp 的存在使管中水体以 v_0 的速度向阀门方向流动。在时段 $3l/c<t<4l/c$ 时，管中水体以速度 v_0 向阀门流动，压强恢复到 p_0。当 $t=4l/c$ 时，升压波传到阀门处，此时全管压强恢复到正常值 p_0，而管中的水体具有速度 v_0，即恢复到第一阶段，如图 5-20（d）所示。

　　经过上述四个阶段，水击波的传播完成了一个周期。在一个周期内，水击波由阀门至进口，再由进口至阀门共往返两次。往返一次所需的时间为相或相长，以 T 表示，即 $T=2l/c$，一个周期包括两相。

　　现将水击波传播过程的运动特征归纳为表 5-4。

表 5-4　　　　　　　　　　　　　水击波传播过程运动特征

阶段	时距	速度变化	流向	压强变化	水击波传播方向	运动特征	水体状态
一	$0<t<\dfrac{l}{c}$	$v_0\to0$	进口→阀门	升高 Δp	阀门→进口	减速升压	压缩
二	$\dfrac{l}{c}<t<\dfrac{2l}{c}$	$0\to-v_0$	阀门→进口	恢复原状	进口→阀门	增速降压	恢复原状
三	$\dfrac{2l}{c}<t<\dfrac{3l}{c}$	$-v_0\to0$	阀门→进口	降低 Δp	阀门→进口	减速降压	膨胀
四	$\dfrac{3l}{c}<t<\dfrac{4l}{c}$	$0\to v_0$	进口→阀门	恢复原状	进口→阀门	增速升压	恢复原状

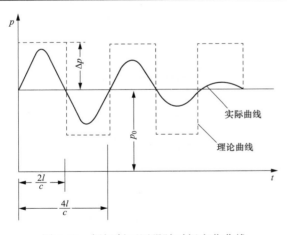

图 5-21　阀门断面压强随时间变化曲线

　　如果水击波在传播过程中没有能量损失，水击波将按这个周期周而复始地传播下去。但实际上由于水流阻力引起的能量损失，水击波的传播将是一个逐渐衰减的过程，最终水击现象将会停止。图 5-21 所示为阀门断面压强随时间的变化曲线，其中虚线是不计能量损失的理论曲线，实线是实际变化曲线。

　　综观上述分析不难看出：引起管路中的速度突然变化的因素，如阀门突然关闭，这只是水击现象产生的外因，而液体本身具有的可压缩性和惯性是发生水击现象的内因。

二、水击压强的计算

　　分析水击现象发生的过程时，是在假设关阀时间趋近于零的条件下进行的。但在实际工程中，关闭阀门需要一定的时间，设实际关闭阀门所需时间为 T_s。根据 T_s 与水击相长（水击波在管道中传播一个来回的时间为 T）的对比关系，可将水击分为直接水击和间接水击两种类型。下面讨论这两种水击压强的计算。

　　1. 直接水击

　　如果 $T_s<T$，即关阀时间非常短，在从水池返回来的水击波未到阀门处时，阀门已关

闭，这种情况下的水击称为直接水击。

直接水击时，阀门处所受的压强增值达到水击所能引起的最大压强，其计算公式为

$$\Delta p = \rho c (v_0 - v) \tag{5-34}$$

式中：Δp 为水击压强，Pa 或 kPa；ρ 为液体密度，kg/m³；c 为水击波速，m/s；v_0 为关阀前的速度，m/s；v 为关阀后的速度（阀门完全关闭时 $v=0$），m/s。

水击波的传播速度，通常根据下面的公式进行计算：

$$c = \frac{1425}{\sqrt{1 + \frac{E_0}{E} \times \frac{d}{\delta}}} \tag{5-35}$$

式中：E_0 为液体的弹性模量，kPa，水的弹性模量 $E_0 \approx 2.03 \times 10^6$ kPa；E 为管材的弹性模量，kPa，各种管材的弹性模量可参考表 5-5；d 为管道直径，m；δ 为管壁厚度，m。

表 5-5　　　　　　　　　　**各种管材的弹性模量**

管道材料	弹性模量 E(kPa)	弹性模量比 E_0/E
钢管	2.06×10^8	0.01
铸铁管	9.81×10^7	0.02
混凝土管	1.96×10^7	0.10

直接水击压强的计算公式表明：水击波速越大，水击压强也就越大，而水击波速的大小取决于管道直径、管壁厚度及管材弹性模量。从水击波速的计算式可知：管径大、管壁薄、管材弹性模量小的管道，其水击波速小。要减小水击压强，可选择管径大、管壁薄、管材弹性模量小的管道。

2. 间接水击

如果 $T_s > T$，此时从水池返回来的水击波在阀门尚未关闭完全时到达，这种情况下的水击称为间接水击。

间接水击时，水击得到一定程度的缓解，从而水击压强比直接水击压强小，其计算公式为

$$\Delta p = \rho v_0 \frac{2l}{T_s} \tag{5-36}$$

式中：Δp 为水击压强，Pa 或 kPa；ρ 为液体密度，kg/m³；v_0 为关阀前的速度，m/s；l 为管道长度，m；T_s 为阀门关闭时间，s。

【例 5-12】　供水管道采用钢管，直径 $d=500$mm，管长 $l=200$m，管道的厚度 $\delta=10$mm，如果供水量 $q_{V0}=2000$m³/h。求：(1) 阀门瞬时关闭时的水击压强；(2) 如果关阀时间为 5s，水击压强又为多少？

解：

(1) 阀门瞬时关闭时，产生直接水击压强。查表 5-5 可知，钢管的 $E_0/E=0.01$，则水击波速为

$$c = \frac{1425}{\sqrt{1 + \frac{E_0}{E} \times \frac{d}{\delta}}} = \frac{1425}{\sqrt{1 + 0.01 \times \frac{500}{10}}} = 1163.51 \text{m/s}$$

管内流速为

$$v_0 = \frac{4q_{V0}}{\pi d^2} = \frac{4 \times 2000}{3600 \times 3.14 \times 0.5^2} = 2.83\text{m/s}$$

水击压强为

$$\Delta p = \rho c (v_0 - v) = \rho c v_0 = = 1000 \times 1163.51 \times 2.83 = 3292.73\text{kPa}$$

（2）水击的相长

$$T = \frac{2l}{c} = \frac{2 \times 200}{1163.51} = 0.34\text{s} < 5\text{s}$$

所以发生的是间接水击，从而水击压强为

$$\Delta p = \rho v_0 \frac{2l}{T_s} = 1000 \times 2.83 \times \frac{2 \times 200}{5} = 226.4\text{kPa}$$

计算结果表明：间接水击压强仅为直接水击压强的 6.9%。

三、防止水击危害的措施

由上述分析及例题可见，水击的危害是相当大的。因此，为防止水击危害，必须设法减弱水击。基本思路是满足 $T_s > T$ 即 $l < cT_s/2$ 的条件，尽量避免直接水击，使压强的增量 Δp 值减小。在工程实践中，可以在管理上和安装上采取以下措施，以保证管路的安全。

1. 延长阀门的启闭时间

从水击压强的传播过程可知，T_s 越大，水击波的抵消作用就越大，水击压强也就越小。工程上总是使 $T_s > T$，以免发生直接水击，并尽可能延长 T_s，以减小间接水击的压强值。

2. 限制管中流速 v_0

从直接水击和间接水击压强计算公式可知，v_0 值越小，水击压强 Δp 值就越小。因此减小管中流速 v_0 值，可以减小水击压强值。在工程计算中，管道往往规定了最大允许流速，就是将防止水击危害的因素考虑在内了。

3. 设置安全装置

在管路系统中安装安全阀，当压强升高到某一限值时自动开启，将管中一部分水放出，从而降低水击的压强增量，而当升高的压强消失后，阀件自动关闭。

4. 使用弹性较好的管道

弹性较好的管道可以随着水击压强的变化而收缩，从而起到减小破坏管路系统的作用。

5. 设置缓冲装置

在管路系统中设置空气罐，在水击发生的瞬间，有一部分水可以流入空气罐，这样空气罐就起了一定的缓冲作用，从而减小了水击的危害作用。

小 结

本章重点讲述了孔口、管嘴出流的水力计算方法，讲述了简单管路中不可压缩恒定流的水力计算，对串联管路、并联管路的不可压缩恒定流的水力计算进行了分析，对管网的水力计算方法作了简单的介绍，同时对有压管路中不可压缩非恒定流——水击的概念及过程作了简单介绍和分析。学习中应理解孔口出流及其分类、管嘴出流的概念，理解孔口、管嘴自由出流与淹没出流的特点，掌握孔口、管嘴自由出流与淹没出流在工程中的应用、分析及水力计算方法，熟悉枝状管网与环状管网的计算原则与计算步骤，掌握短管、长管的水力计算方法，了解水击及其传播过程，熟知防止水击危害的措施。

思考题与习题

5-1　如何区分大孔口与小孔口？

5-2　什么叫作用水头？自由出流与淹没出流作用水头有何不同？

5-3　为什么在孔口处接出一段适当长度的管嘴，可增大孔口的出流流量？最合适的管嘴长度依据什么原则来考虑？管嘴长度太长或太短为什么不行？

5-4　长管和短管有什么区别？

5-5　什么叫管路阻抗？为什么有两种表示？在什么情况下，S 与管中流量无关，仅取决于管路中尺寸及构造？

5-6　并联管路中各支管流量分配遵循什么原理？如果要得到各支管中流量相等，该如何设计管路？

5-7　什么是水击？引起水击的外界条件和内在原因是什么？

5-8　水击有何危害？工程上一般采用什么措施防止水击危害？

5-9　已知容器内水的作用水头 $H_0=1.8\mathrm{m}$，出流流量 $Q=2\mathrm{L/s}$，流量系数 $\mu=0.62$，试求侧壁圆形小孔口的直径。

5-10　已知空气淋浴地带要求射流半径为 1.2m，质量平均流速 $v_2=3\mathrm{m/s}$，圆形喷嘴直径为 0.3m。求：(1) 喷口至工作地带的距离；(2) 喷嘴流量。

5-11　水从 A 水箱通过直径为 10cm 的孔口流入 B 水箱，流量系数为 0.62。设上游水箱的水面高程 $H_1=3\mathrm{m}$ 保持不变，如图 5-22 所示。(1) B 水箱中无水时，求通过孔口的流量。(2) B 水箱水面高程 $H_2=2\mathrm{m}$ 时，求通过孔口的流量。(3) A 水箱水面压力为 2000Pa，$H_1=3\mathrm{m}$ 时，而 B 水箱水面压力为 0，$H_2=2\mathrm{m}$ 时，求通过孔口的流量。

5-12　某通风管路系统，通风机总压头 $p=100\mathrm{Pa}$，风量 $Q=3.5\mathrm{m^3/s}$。如果将该系统的风量提高 12%，试求此时通风机的总压头 p' 为多少？

5-13　有两个管径和管长都相同的支管并联如图 5-23 所示，如果在支管 2 上加设一个调节阀，则 Q_1 和 Q_2 哪一个大些？阻力 h_{f1} 和 h_{f2} 的关系如何？

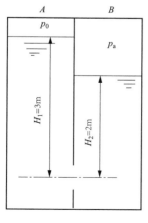

图 5-22　习题 5-11 用图

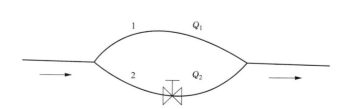

图 5-23　习题 5-13 用图

5-14　如图 5-24 所示，简单管路，总流量 $Q=0.08\text{m}^3/\text{s}$，第一支路 $d_1=200\text{mm}$，$l_1=600\text{m}$，第二支路 $d_2=200\text{mm}$，$l_2=360\text{m}$，$\lambda=0.02$，求各管段间的流量及两节点间的水头损失。如果要使 $Q_1=Q_2$ 如何改变第二支路？

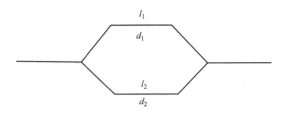

图 5-24　习题 5-14 用图

5-15　如图 5-25 所示的水泵系统，吸水管：管长为 $l_1=20\text{m}$，管径 $d_1=250\text{mm}$；压水管：管长为 $l_2=260\text{m}$，管径 $d_2=200\text{mm}$，局部阻力系数 $\xi_{底阀}=3.0$，$\xi_{弯头}=0.2$，$\xi_{阀门}=0.5$，流量 $Q=0.04\text{m}^3/\text{s}$，$\lambda=0.03$，求：（1）吸水管及压水管的阻抗值；（2）求水泵所需的水头。

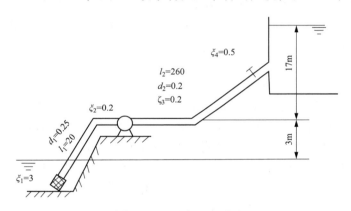

图 5-25　习题 5-15 用图

5-16　如图 5-26 所示，有一水平安装的通风机，吸入管 $d_1=200\text{mm}$，$l_1=1\text{m}$。压出管为直径不同的两段管道串联组成，$d_2=200\text{mm}$，$l_2=50\text{m}$，$d_3=100\text{mm}$，$l_3=50\text{m}$。各管段 $\lambda=0.02$，空气密度 $\rho=1.2\text{kg/m}^3$，风量 $Q=0.15\text{m}^3/\text{s}$，若按长管计算，试计算：（1）风机产生的总风压是多少？（2）如风机与管路铅垂安装，但管路情况不变，风机的风压有无变化？

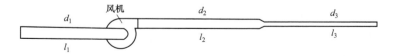

图 5-26　习题 5-16 用图

第六章 气体射流

流体经孔口管嘴喷出，流入另一部分流体介质中的流动现象，称为射流。射流与孔口管嘴出流的研究对象不同。前者讨论的是出流后的流速场、温度场与浓度场，后者仅讨论出口断面的流速和流量。

依照射流的流体种类，可分为气体射流和液体射流。

按照射流与射流流入空间的流体是否同相，可分为淹没射流和自由射流。

如果流体喷射到无限大空间中，流动不受固体边壁的限制，称为无限空间射流，又称自由射流；相反，则称为有限空间射流，又称受限射流。

按照喷口形状，又可分为圆形射流、矩形射流和条缝射流。圆形射流是轴对称射流。如矩形喷口的长短边之比（$a:b$）不超过 3：1 时，矩形射流能够迅速发展为圆形射流，只需要根据当量直径，就可采用圆形射流公式进行计算。当矩形喷口长短边之比超过 10：1 时，就属于条缝射流，条缝射流又称为平面射流。

按照气体射流的流动形态不同，可分为层流射流和紊流射流。在供热通风与空调工程中所应用的射流，一般具有较大的雷诺数，流动呈紊流状态，多为气体紊流射流。

如果射流气体与周围气体具有相同的温度和密度，这种射流称为等温或等浓度射流。相反，则称为温差或浓差射流。

第一节 无限空间淹没射流特征

本节讨论无限空间气体紊流淹没射流，简称气体紊流射流。这里需指出，本节所讨论的气体紊流射流是等温或等浓度射流，并主要研究气体紊流射流的运动规律。

一、射流的形成与结构

现以圆断面无限空间紊流射流为例分析射流的形成过程和结构。

假设气体从半径为 r_0 的圆形喷口喷出，由于讨论的是紊流射流，所以气体在出口断面上的速度分布是均匀的，设出口速度为 v_0。气体从喷口喷出后，由于紊流脉动，射流气体与周围气体不断进行动量交换，从而把周围静止气体卷吸到射流中来，使得射流的流量和过流断面沿程不断增大，形成扩大圆锥状的结构。而在射流的扩散过程中，射流的速度沿程不断减小。通过实验研究得到了如图 6-1 所示的射流结构简图。

无限空间射流结构是放射圆锥状，在如图 6-1 所示的剖面图中，射线 AC 和 DF 是射流的外边界，外边界上各点的速度为零，外边界线反向延长交于喷口轴线上的 M 点，M 点称为射流极点。外边界线夹角的一半（见图 6-1 中 α 角）称为射流的极角。各点速度等于出口速度 v_0 的区域称为射流核心，如图 6-1 中 AOD 部分，AO 和 DO 称为射流内边界。射流的内边界和外边界之间的区域称为射流边界层。随着射流的向前发展，速度等于出口速度 v_0 的区域越来越小，到了 BE 断面，只有轴心速度等于出口速度 v_0，该断面称为过渡断面，又叫转折断面。过渡断面到出口断面的距离，称为起始段。过渡断面之后一直到射流的结束，称为主体段。

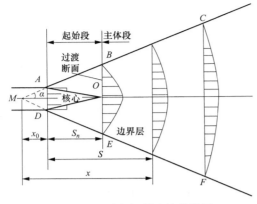

图 6-1　无限空间射流结构简图

二、射流的特征

根据实验，紊流射流的基本特征主要表现在三个方面。

1. 几何特征

从紊流射流结构简图可知，射流是在固定的扩散角（极角的 2 倍）下向前发展的。射流极角的大小和喷口断面的形状和紊流强度有关，通常按照下面的公式进行计算：

$$\tan\alpha = a\varphi \tag{6-1}$$

式中：α 为射流极角；a 为紊流系数，取决于喷嘴的结构和流体经过喷口时受扰动的程度，扰动越大，紊流强度越大，a 值也越大；φ 为形状系数，取决于喷口的形状，对于常用的圆喷口 $\varphi=3.4$，扁喷口 $\varphi=2.44$。

从式（6-1）可以看出，射流极角的大小取决于紊流系数，紊流强度越大，射流卷吸能力越强，被代入射流的周围气体数量越多，扩散角也相应增大。

表 6-1 中列出了常用喷口的紊流系数和相应的扩散角。

表 6-1　　　　　　　　　　　　　　**常用喷口的紊流系数和相应的扩散角**

喷口种类	紊流系数 a	扩散角 α	喷口种类	紊流系数 a	扩散角 α
带有收缩口的光滑卷边喷嘴	0.066	12°40′	带有导风板或栅栏的喷管	0.09	17°00′
圆柱形喷口	0.076	14°30′	平面狭缝喷口	0.12	16°20′
方形喷管	0.10	18°45′	带有金属网的流风机	0.24	39°20′
带有导风板的轴流式通风机	0.12	22°15′	带导流板的直角弯管	0.2	34°15′
收缩极好的平面喷口	0.108	14°40′	具有导叶且加工磨圆边口的风道上纵向条缝	0.155	20°40′

当扩散角确定后，射流边界相应也被确定，因此射流只能以这样的扩散角做扩散运动。即射流各断面的半径（对平面射流为半高度）是成比例的，这就是射流的几何特征。

根据这一特征，就可以计算出圆断面射流各断面半径沿射程的变化规律，对照图 6-1 有

$$\frac{R}{r_0} = \frac{x_0 + s}{x_0} = 1 + \frac{s}{r_0/\tan\alpha} = 1 + 3.4a\frac{s}{r_0} = 3.4\left(\frac{as}{r_0} + 0.294\right) \tag{6-2}$$

以直径表示

$$\frac{D}{d_0} = 6.8\left(\frac{as}{d_0} + 0.147\right) \tag{6-3}$$

2. 运动特征

由于射流气体和周围气体的动量交换，射流各断面的射流半径和射流量沿程逐渐增大，流速逐渐减小。但对射流的任何断面来说，都是射流轴心处的流速最大，从射流轴心到外边界，流速由最大逐渐减小到零。针对射流的整个射程而言，各断面的流速是沿射程逐渐减小的，流速分布沿射程越来越扁平化。

图 6-2 中给出了某圆形断面气体射流的流速分布曲线，这是根据实验结果整理而成的，实验所用的喷口半径 $R_0=4.5\text{cm}$，喷口速度 $v_0=87\text{m/s}$，所取的 5 个计算断面到喷口的距离 S 分别为 0.6、0.8、1.0、1.2m 和 1.6m，在这 5 个计算断面上分别测出了气体射流的流速

值，根据这些值绘出了轴对称流速分布曲线的一半。图 6-2 中的纵坐标 u 表示射流过流断面上任一点的速度，横坐标 y 表示射流过流断面上任一点到射流轴心的距离。

如图 6-2 所示的流速分布曲线可以看出，射流断面到喷口的距离 S 越大，射流的作用半径 R 也越大，这样就使得射流各过流断面上的流速分布都不相同，因此也就不容易找出流速分布的共同规律。

如果采用无因次坐标去整理实验结果，就可以得出图 6-3 所示流速分布规律曲线。其中纵坐标 u/u_m 表示的是无因次流速，它表示射流过流断面上任一点的流速 u 与同一过流断面上轴心流速 u_m 的比值；横坐标 y/R 表示的是无因次距离，它表示射流过流断面上任一点到轴心的距离 y 与同一过流断面上射流半径 R 的比值，即

$$\frac{u}{u_m} = \frac{任意一断面上任意一点的流速}{同一断面上轴心流速}$$

$$\frac{y}{R} = \frac{横断面上流速为 u 的点到轴心的距离}{同一断面上的射流半径}$$

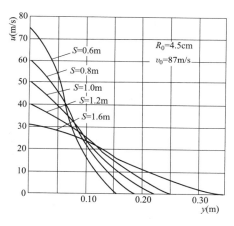

图 6-2　圆断面射流的流速分布

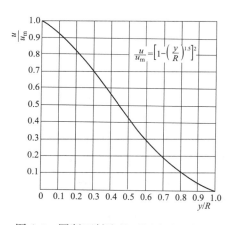

图 6-3　圆断面射流的无因次流速分布

由图 6-3 可以看出，射流各过流断面上的无因次流速沿无因次距离的分布是相同的，也就是说射流各过流断面上的无因次流速分布曲线对应于无因次分布距离具有相似性，这就是气体射流的运动特征，其数学表达式为

$$\frac{u}{u_m} = \left[1 - \left(\frac{y}{R} \right)^{1.5} \right]^2 \tag{6-4}$$

由式（6-4）可知，从轴心或内边界到射流外边界 y/R 的变化范围为 0→1，所对应的速度 u/u_m 变化范围为 1→0。

3. 动力特征

实验证明，射流中任意一点的压强均等于周围静止气体的压强。任取圆断面射流两横断面 1—1 与 2—2 间的部分为控制体，分析其受力情况（见图 6-4）。因各断面上所受压强相等，则沿喷口轴线（x 轴）方向上所有外力之和为零。由动量方程可导出，单位时间内射流各横截面上的动量相等，即动量守恒，这就是射流的动力特征。它是理论上推导射流各运动参数计算公式的主要依据。

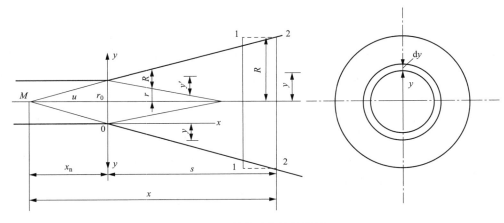

图 6-4　射流动力特性推导

应用动量守恒定律可推导出任意截面上的动量表达式

$$\rho Q_0 v_0 = \pi \rho r_0^2 v_0^2 = \int_0^R 2\pi \rho u^2 y \mathrm{d}y \qquad (6-5)$$

式中：ρ 为射流气体密度，$\mathrm{kg/m^3}$；Q_0 为射流喷口的出流量，$\mathrm{m^3/s}$；$\rho Q_0 v_0$ 为射流喷口的动量。

第二节　圆断面射流的运动分析

在上一节中介绍了圆截面射流的结构及特征。根据射流的几何特征，可以得出射流沿流程的作用范围（即射流半径沿程的变化规律）。而在实际工程中我们不但要了解射流运动的扩散范围，还要掌握射流在运动中的流速与流量沿射程的变化规律。

根据射流的结构，射流沿射程可以分为起始段和主体段两部分。由于紊流射流的卷吸作用，流速沿程衰减，射流轴心保持喷口速度的起始段一般很短，在工程中具有实用价值的主要为主体段，因此掌握射流在主体段上流速和流量的变化规律更有意义。

根据紊流射流的运动特性，射流主体段各断面的无因次速度分布的数学表达式，只要知道主体段上任一断面的轴心速度 u_m，并利用其几何特征求出相应断面的半径，就可以计算出主体段任意一断面上任意一点的流速。所以，计算圆断面射流的流速关键是要求出任一断面的轴心速度。

轴心速度的计算公式是根据射流动力特征，即各断面动量守恒的原理推导出来的。本节由于篇幅所限不进行公式的推导，而直接给出其计算公式

$$\frac{u_m}{v_0} = \frac{0.48}{\dfrac{as}{d_0} + 0.147} \qquad (6-6)$$

式中：u_m 为射流主体段任意一断面轴心流速，$\mathrm{m/s}$；v_0 为射流喷口气流流速，$\mathrm{m/s}$；a 为紊流系数；s 为所求断面到喷口的距离，m；d_0 为喷口的直径，m。

利用式（6-6）可计算出射流主体段中各断面的轴心流速，将这一流速代入无因次速度的数学表达式，即可求出主体段中各断面上任一点的气流速度。

在掌握了主体段各断面流速的分布规律后，可得出主体段各断面流量的计算公式为

$$\frac{Q}{Q_0} = 4.4\left(\frac{as}{d_0} + 0.147\right) \tag{6-7}$$

式中：Q 为射流主体段任一断面的流量，m^3/s；Q_0 为射流喷口的出流量，m^3/s；a、s、d_0 的意义同式（6-6）。

在讨论了射流主体段各断面流量及任意一点流速的计算方法之后，有时还需要计算任意一断面的断面平均流速。根据断面平均流速的概念 $v_1 = Q/A$，式中 v_1 为射流主体段任意一断面的断面平均流速，Q 为该断面的流量，A 为断面面积，可得

$$\frac{v_1}{v_0} = \frac{QA_0}{Q_0 A} = \frac{Q}{Q_0}\left(\frac{r_0}{R}\right)^2 = \frac{Q}{Q_0}\left(\frac{d_0}{D}\right)^2$$

式中：v_0 为喷口断面平均流速，m/s；A_0 为喷口过流断面面积，m^2。

将式（6-3）、式（6-7）代入得

$$\frac{v_1}{v_0} = \frac{0.095}{\dfrac{as}{d_0} + 0.147} \tag{6-8}$$

断面平均流速 v_1 表示射流主体段断面上各点流速的算术平均值。比较式（6-6）与式（6-8）可得 $v_1 = 0.2u_m$，这说明断面平均流速仅为同断面轴心流速的 20%，而在实际工程中使用的往往是靠近轴心的射流区。由于断面平均流速与轴心流速相差较大，工程中若按断面平均流速进行设计和计算，就会导致有关设备（如风机）过大，造成浪费。所以用 v_1 不能恰当地反映被使用区的速度。为此引入质量平均流速 v_2，用 v_2 乘以质量流量 ρQ，即得单位时间内射流任意一断面的动量。根据射流的动力特征，射流各断面的动量沿程不变。因此，对于射流出口断面和主体段任意一断面，单位时间内的动量平衡方程式为

$$\rho Q_0 v_0 = \rho Q v_2$$

$$\frac{v_2}{v_0} = \frac{Q_0}{Q} = \frac{0.23}{\dfrac{as}{d_0} + 0.147} \tag{6-9}$$

比较式（6-6）与式（6-9）得 $v_2 = 0.47u_m$。因此用 v_2 代表使用区的流速要比使用 v_1 更合适。但必须要注意，v_1、v_2 不仅在数值上不同，更重要的是定义上有根本区别，所以不可混淆。

以上介绍的是圆截面气体射流运动参数的计算，这些计算公式也同样适用于矩形喷口，但是在计算中要将矩形喷口换算成流速当量直径，才能代入上述公式进行计算。

【例 6-1】　锻工车间装有空气淋浴（即岗位送风）设备，已知送风口距地面的高度为 4.5m，选择的风口为带有栅栏的圆形风口。要求在离地面 1.5m 处造成一个空气淋浴作用区，该区直径为 2m，中心处流速为 2m/s，试求风口直径、出口流速及送风量。

解：

查表 6-1，带栅栏的圆形风口紊流系数 $a = 0.09$，风口至工作区的垂直距离

$$s = 4.5 - 1.5 = 3m$$

根据式（6-3）

$$\frac{D}{d_0} = 6.8\left(\frac{as}{d_0} + 0.147\right)$$

则送风口直径

$$d_0 = \frac{D - 6.8as}{6.8 \times 0.147} = \frac{2 - 6.8 \times 0.09 \times 3}{6.8 \times 0.147} = 0.16\text{m} = 160\text{mm}$$

根据式（6-6）

$$\frac{u_m}{v_0} = \frac{0.48}{\dfrac{as}{d_0} + 0.147} = \frac{0.48}{\dfrac{0.09 \times 3}{0.16} + 0.147} = 0.26$$

所以当 $u_m = 2\text{m/s}$ 时，送风口的流速为

$$v_0 = \frac{u_m}{0.26} = \frac{2}{0.26} = 7.69\text{m/s}$$

则送风口的送风量为

$$Q = \frac{1}{4}\pi d_0^2 v_0 = \frac{1}{4} \times 3.14 \times 0.16^2 \times 7.69 = 0.15\text{m}^3/\text{s} = 540\text{m}^3/\text{h}$$

第三节　平面射流

　　从圆形喷口或矩形喷口喷出的射流，是以喷口轴心延长线为对称的圆截面轴对称射流。但当矩形喷口长短边之比超过 10：1 时，从喷口喷出的射流只能在垂直长度的平面上做扩散运动。如果条缝相当长，这种流动可视为平面运动，故称为平面射流。

　　平面射流的几何、运动及动力特性完全与圆断面射流相似。所不同的是，对平面射流，喷口的形状系数 $\varphi = 2.44$，与圆断面射流相比，在相同的出流强度条件下，平面射流的扩散角 α 要小，即平面射流断面流量的增加、断面速度的衰减比圆射流要慢。

　　平面射流速度与流量等参数变化规律的推导过程与圆断面射流类似，不再详述。为了计算方便，现将圆截面射流和平面射流参数的计算公式列于表 6-2 中，以便对比和查阅。这里需注意平面射流计算公式中用 $2b_0$（b_0 为条缝喷口的半高度）表示喷口高度。

表 6-2　　　　　　　　　　射 流 参 数 计 算 公 式

段名	参数名称	符号	圆断面射流	平面射流
主体段	扩散角	α	$\tan\alpha = 3.4a$	$\tan\alpha = 2.44a$
	射流直径或半高度	D 或 b	$\dfrac{D}{d_0} = 6.8\left(\dfrac{as}{d_0} + 0.147\right)$	$\dfrac{b}{b_0} = 2.44\left(\dfrac{as}{b_0} + 0.41\right)$
	轴心速度	u_m	$\dfrac{u_m}{v_0} = \dfrac{0.48}{\dfrac{as}{d_0} + 0.147}$	$\dfrac{u_m}{v_0} = \dfrac{1.2}{\sqrt{\dfrac{as}{b_0} + 0.41}}$
	流量	Q	$\dfrac{Q}{Q_0} = 4.4\left(\dfrac{as}{d_0} + 0.147\right)$	$\dfrac{Q}{Q_0} = 1.2\sqrt{\dfrac{as}{b_0} + 0.41}$
	断面平均流速	v_1	$\dfrac{v_1}{v_0} = \dfrac{0.095}{\dfrac{as}{d_0} + 0.147}$	$\dfrac{v_1}{v_0} = \dfrac{0.492}{\sqrt{\dfrac{as}{b_0} + 0.41}}$
	质量平均流速	v_2	$\dfrac{v_2}{v_0} = \dfrac{0.23}{\dfrac{as}{d_0} + 0.147}$	$\dfrac{v_2}{v_0} = \dfrac{0.833}{\sqrt{\dfrac{as}{b_0} + 0.41}}$

第四节　温差或浓差射流及射流弯曲

前几节我们研究的是等温射流，但在供热通风与空调工程中，还经常遇到温差射流或浓差射流。例如，将暖风（冷风）送入低温（高温）的气体空间，形成温差射流；将清洁空气送入灰尘浓度（有害气体）较高的气体空间，形成浓差射流。本节主要讨论温差或浓差射流运动温度场和浓度场的分布规律。

温度场、浓度场的形成与等温射流速度场的形成过程相同。横向动量交换、旋涡的出现，使得发生质量交换的同时还发生热量交换、浓度交换。在这些交换中，由于热量扩散比动量扩散要快，因此温度边界层比速度边界层发展要快。如图 6-5（a）所示，实线表示的速度边界层的外边界比虚线表示的温度边界层的外边界要窄，而内边界则要宽些。然而在工程应用中为了简便起见，可认为温度或浓度边界层的外边界与速度边界层的外边界重合。这样处理的好处是，我们在前几节得出的等温射流参数 R、Q、u_m、v_1、v_2 仍可采用已介绍的公式计算。此处仅对温差射流中出现的轴心温差（或浓差）、平均温差（或浓差）等沿射程的变化规律进行讨论。

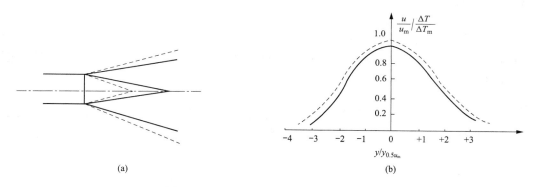

图 6-5　温度边界层与速度边界层的对比

根据以上分析我们提出在温差或浓差射流中所要研究的参数。

对温差射流：T 为射流任意断面上任意一点的温度，K；T_0 为喷口处射流的温度，K；T_m 为射流任意一断面轴心处的温度，K；T_e 为周围空气的温度，K。

对浓差射流：X 为射流任意断面上任意一点某种物质的浓度，mg/L 或 g/m^3；X_0 为射流喷口处某种物质的浓度；X_m 为射流任意一断面轴心处某种物质的浓度；X_e 为周围空气中某种物质的浓度。

根据以上参数我们要掌握其温度差或浓度差的变化规律。相应的温度差或浓度差如下：

对温差射流：

出口断面温度差 $\Delta T_0 = T_0 - T_e$

轴心温差 $\Delta T_m = T_m - T_e$

射流任意一断面上任意一点的温差 $\Delta T = T - T_e$

对浓差射流：

出口断面浓差 $\Delta X_0 = X_0 - X_e$

轴心浓差 $\Delta X_{\mathrm{m}} = X_{\mathrm{m}} - X_{\mathrm{e}}$

射流任意一断面上任意一点的浓度差 $\Delta X = X - X_{\mathrm{e}}$

尽管温差射流中各断面的温度分布有所不同，但是根据热力学可知，在射流压强相等的条件下，如果以周围气体的焓值为基准，则射流各横截面上的相对焓值不变。温差射流的这一特点，称为射流的热力特征。

通过实验证明，在射流主体段内，各横截面上的温差分布、浓差分布与流速分布之间存在如下关系：

$$\frac{\Delta T}{\Delta T_{\mathrm{m}}} = \frac{\Delta X}{\Delta X_{\mathrm{m}}} = \sqrt{\frac{u}{u_{\mathrm{m}}}} = 1 - \left(\frac{y}{R}\right)^{1.5} \tag{6-10}$$

将 $\dfrac{\Delta T}{\Delta T_{\mathrm{m}}}$ 与 $\dfrac{u}{u_{\mathrm{m}}}$ 同绘在一个无因次坐标上，如图 6-5（b）所示。可见，无因次温度、浓度、温差、浓差分布线在无因次速度线的上方，表明了温差、浓差分布比速度分布要宽，证明了前述的分析。此外，由式（6-10）可以看出，温差射流与浓差射流虽是两种完全不同的射流，但它们在各横截面上的温差分布与浓差分布与我们在第一节讨论的无因次流速和无因次距离的函数关系却是相同的，这表明这两种射流的运动规律相似。这是由于温差射流和浓差射流在其本质上没有区别，即这两种射流都与周围气体的密度不同。因此，它们的运动参数的计算公式也具有相同的表达形式。

温差射流与浓差射流的温度差与浓度差沿射程的变化规律，可以利用射流各横截面上的相对焓值不变的热力特征为基础，根据热力平衡方程式推导得出。由于篇幅所限，推导过程从略，现将计算公式列于表 6-3 中。

表 6-3　　　　　　　　　　　　温差（浓差）射流参数的计算公式

段名	参数名称	符号	圆断面射流	平面射流
主体段	轴心温差	ΔT_{m}	$\dfrac{\Delta T_{\mathrm{m}}}{\Delta T_0} = \dfrac{0.706}{\dfrac{as}{r_0} + 0.294}$	$\dfrac{\Delta T_{\mathrm{m}}}{\Delta T_0} = \dfrac{1.032}{\sqrt{\dfrac{as}{b_0} + 0.41}}$
	质量平均温差	ΔT_2	$\dfrac{\Delta T_2}{\Delta T_0} = \dfrac{0.4545}{\dfrac{as}{r_0} + 0.294}$	$\dfrac{\Delta T_2}{\Delta T_0} = \dfrac{0.833}{\sqrt{\dfrac{as}{b_0} + 0.41}}$
	轴心浓差	ΔX_{m}	$\dfrac{\Delta X_{\mathrm{m}}}{\Delta X_0} = \dfrac{0.706}{\dfrac{as}{r_0} + 0.294}$	$\dfrac{\Delta X_{\mathrm{m}}}{X_0} = \dfrac{1.032}{\sqrt{\dfrac{as}{b_0} + 0.41}}$
	质量平均浓差	ΔX_2	$\dfrac{\Delta X_2}{\Delta X_0} = \dfrac{0.4545}{\dfrac{as}{r_0} + 0.294}$	$\dfrac{\Delta X_2}{\Delta X_0} = \dfrac{0.833}{\sqrt{\dfrac{as}{b_0} + 0.41}}$
起始段	质量平均温差	ΔT_2	$\dfrac{\Delta T_2}{\Delta T_0} = \dfrac{1}{1 + 0.76\dfrac{as}{r_0} + 1.32\left(\dfrac{as}{r_0}\right)^2}$	$\dfrac{\Delta T_2}{\Delta T_0} = \dfrac{1}{1 + 0.43\dfrac{as}{b_0}}$
	质量平均浓差	ΔX_2	$\dfrac{\Delta X_2}{\Delta X_0} = \dfrac{1}{1 + 0.76\dfrac{as}{r_0} + 1.32\left(\dfrac{as}{r_0}\right)^2}$	$\dfrac{\Delta X_2}{\Delta X_0} = \dfrac{1}{1 + 0.43\dfrac{as}{b_0}}$

此外，温差或浓差射流由于密度与周围气体密度不同，所受的重力与浮力不相平衡，使整个射流向上或向下弯曲。对于冷射流或高浓度射流，由于射流密度大于周围气体密度，射流轴线将向下弯曲；对于热射流或低浓度射流则相反，射流轴线向上弯曲。如图 6-6 所示，

图中 y' 为射流轴心线上任意一点偏离喷口轴线的垂直距离，称为射流的轴线偏差。温差与浓差射流的轴线弯曲现象是区别于等温射流的主要特征之一。弯曲时，轴心线仍可看作是射流的对称轴线。因此，研究轴心线的弯曲轨迹即可得出射流的弯曲无因次轨迹方程。

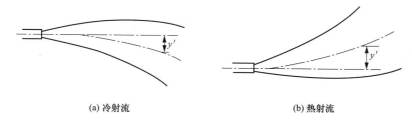

(a) 冷射流　　　　　　　　　　　　　　　　(b) 热射流

图 6-6　温差射流的轴线弯曲

当 $s \leqslant s_n$ 时

$$\frac{y}{d_0} = \frac{x}{d_0}\tan\beta + 0.5Ar\left(\frac{x}{d_0\cos\beta}\right)^2 \tag{6-11}$$

当 $s > s_n$ 时

$$\frac{y}{d_0} = \frac{x}{d_0}\tan\beta + Ar\left(\frac{x}{d_0\cos\beta}\right)^2\left(0.51\frac{ax}{d_0\cos\beta} + 0.35\right) \tag{6-12}$$

式中：Ar 为阿基米德准数，$Ar = \dfrac{g\Delta T_0 d_0}{v_0^2 T_e}$，是温差射流的相似准数。

对于平面温差射流，可得出以下结论：

当 $s \leqslant s_n$ 时

$$\frac{y}{2b_0} = \frac{x}{2b_0}\tan\beta + 0.5Ar\left(\frac{x}{2b_0\cos\beta}\right)^2 \tag{6-13}$$

当 $s > s_n$ 时

$$\frac{y}{2b_0} = \frac{0.266Ar\left(a\dfrac{x}{2b_0} + 0.205\right)^{\frac{5}{2}}}{a^2\sqrt{\dfrac{T_e}{T_0}}} \tag{6-14}$$

【例 6-2】 某车间采用带导叶的风机（紊流系数 $a = 0.12$）向工作地点喷射冷空气降温，要求工作地点的质量平均流速 $v_2 = 3\text{m/s}$，工作面直径 $D = 3\text{m}$，已知射流气体的温度为 15℃，车间温度为 30℃，如果要把工作地点的质量平均温度降为 23℃。计算：（1）喷口的直径和气体出口速度；（2）送风口到工作面的距离。

解：

（1）根据题意有

出口断面温差　$\Delta T_0 = T_0 - T_e = -15℃$

质量平均温差　$\Delta T_2 = T_2 - T_e = -7℃$

查表 6-3，利用公式 $\dfrac{\Delta T_2}{\Delta T_0} = \dfrac{0.454\,5}{\dfrac{as}{r_0} + 0.294} = \dfrac{0.23}{\dfrac{as}{d_0} + 0.147}$ 可得

$$\frac{-7}{-15} = \frac{0.23}{\dfrac{as}{d_0} + 0.147}$$

从而有$\dfrac{as}{d_0}+0.147=0.49$

利用式（6-3），即$\dfrac{D}{d_0}=6.8\left(\dfrac{as}{d_0}+0.147\right)$可得

$$d_0=\dfrac{D}{6.8\left(\dfrac{as}{d_0}+0.147\right)}=\dfrac{2}{6.8\times0.49}=0.60\text{m}$$

利用式（6-9），即$\dfrac{v_2}{v_0}=\dfrac{0.23}{\dfrac{as}{d_0}+0.147}$可得

$$v_0=\dfrac{v_2\left(\dfrac{as}{d_0}+0.147\right)}{0.23}=\dfrac{3\times0.49}{0.23}=6.39\text{m/s}$$

（2）将$d_0=0.60$m代入$\dfrac{as}{d_0}+0.147=0.49$，可得$s=1.72$m。

第五节　有限空间射流简介

工程实践中会涉及将气体送入某房间的射流，房间的围护结构会限制气流的扩散运动，因此属于有限空间射流。有限空间射流的结构和运动规律与无限空间射流有着明显的区别。目前关于有限空间射流的理论还不完善，设计计算所用公式多为根据实验结果整理而成的，因此本节仅对有限空间射流运动的特征及其有关运动参数的计算作一般性介绍。

一、有限空间射流运动的特征

当射流经喷口喷入房间后，由于房间边壁限制了射流边界层的发展，射流流量和半径不像无限空间射流那样是一直增大的，而是增大到一定程度以后又逐渐缩小，导致射流的外部边界呈橄榄形，如图 6-7 所示。

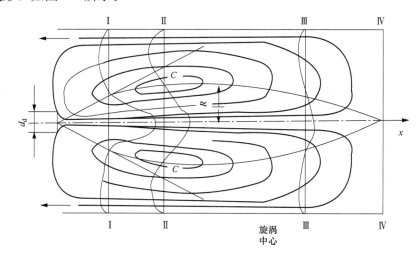

图 6-7　有限空间射流流场

如果以图 6-7 中的橄榄形周边为界，可将射流运动的整个空间分为两个区域，橄榄形边界以内的流体质点沿喷口流速方向运动，该区称为射流的作用区；而橄榄形边界以外的流体

质点，由于受到固体边壁阻滞和射流卷吸作用的影响，会产生与喷口流速方向相反的回流运动，该区称为射流的回流区。射流回流区的产生，使流线呈闭合状，这些闭合流线环绕的中心，就是射流与回流共同形成的旋涡中心 C。

有限空间射流在运动空间内引起的回流，是区别于无限空间射流的重要特征之一。供热通风与工程空调中正是利用射流的这一特征，在回流区组织气流运动，来改善环境气候条件。

射流出口至断面Ⅰ—Ⅰ之间的射流段，因为固体边壁尚未妨碍射流边界层的扩展，射流的外部边界和无限空间射流一样呈直线状扩散，因此各运动参数所遵循的规律与自由射流一样。我们把断面Ⅰ—Ⅰ称为第一临界断面，从喷口至Ⅰ—Ⅰ为自由扩张段。

在第一临界断面之后，固体边壁对射流边界层的限制和影响逐渐增大，致使射流对周围气体的卷吸作用减弱，因此射流半径和流量的增加幅度减慢，但总的趋势还是半径和流量随射程的增加仍有一定程度的增大，射流外部边界沿流速方向呈曲线状扩散。

通过旋涡中心 C 点的Ⅱ—Ⅱ断面，是射流各运动参数发生根本性转折的断面，称为第二临界断面。从实验结果可以得出这样的结论：该断面的回流平均流速、回流流量、射流主体段流量都达到最大值，而射流半径在该断面稍后一点也达到最大值。从Ⅱ—Ⅱ断面以后射流主体流量、回流流量、回流平均速度都将逐渐减小。射流主体段半径从Ⅱ—Ⅱ断面稍后一点处的最大值开始沿程收缩，在到达Ⅳ—Ⅳ断面处减小为零。

有限空间射流的结构，除了要受到固体边壁的影响之外，还取决于射流喷口的安装位置。如果喷口设在房间侧壁的正中央，则射流结构上下、左右对称，即中间为橄榄形射流主体，四周为回流区。但通风空调工程的送风口，一般都是设置在房间上部，如果送风口高度 h 位于房间高度 H 的 0.7 倍以上，即 $h \geqslant 0.7H$ 时，射流会出现贴附现象，使射流上部回流区过流断面减小，甚至消失，主流区流速增高，压强减小。这样造成射流上部的流体处于增速减压状态，而回流区则集中在射流主体段下部与地面之间，处于减速增压状态。在这个上下压差的作用下，射流将整个贴附在房间顶棚，回流则全部由射流下部区域通过，这种射流称为贴附射流。

二、动力特征

在实验中发现，有限空间射流，在第一临界断面以后，射流边界层内的压强受回流影响随射程逐渐增大，而且射程越大，压强就越大。在橄榄形射流主体的前端压强达到最大值，它略高于周围静止气体的压强。这样射流各横断面上的动量也不相等，其动量沿射程不断减小以至消失，即射流各横断面的动量是不守恒的，这是有限空间射流与无限空间射流的又一主要区别，也是从理论上还无法对有限空间射流各运动参数的计算公式进行推导的主要原因。

三、半经验公式

有限空间射流的计算，主要依靠实验得到的半经验公式。在通风与空调工程中，设计要求使工作区处于射流的回流区内，且对回流区内的风速有限制。

现给出回流平均流速 v 的半经验公式为

$$\frac{v}{v_0} \times \frac{\sqrt{F}}{d_0} = 0.177(10\bar{L}) \mathrm{e}^{10.7\bar{L}-37\bar{L}^2} = F(\bar{L}) \tag{6-15}$$

$$\bar{L} = \frac{aL}{\sqrt{F}} \tag{6-16}$$

上两式中：v_0 为喷口出口流速，m/s；F 为垂直于射流的房间横截面面积，m^2；d_0 为直径，m；$\overline{L}$ 为 L 的无因次距离；L 为计算断面至喷口的距离，m；a 为紊流系数。

注意 F 的取值，对 $h \geqslant 0.7H$ 的贴附射流，取 F；而完整的有限空间射流 $h < 0.7H$ 时，取 $0.5F$。

如前所述，第二临界面 Ⅱ—Ⅱ 上回流流速达最大值，设其为 v_1。由实验知，Ⅱ—Ⅱ 断面距送风口的无因次距离 $\overline{L} = 0.2$，代入式（6-15）得

$$\frac{v_1}{v_0} \times \frac{\sqrt{F}}{d_0} = 0.69 \qquad (6\text{-}17)$$

设距送风口 L 远处的计算断面上回流速度为 v_2，代入式（6-15）得

$$\frac{v_2}{v_0} \times \frac{\sqrt{F}}{d_0} = \cdots = F(\overline{L}) \qquad (6\text{-}18)$$

联立式（6-17）与式（6-18）得

$$0.69 \frac{v_2}{v_1} = 0.177(10\overline{L}) e^{10.7\overline{L} - 37\overline{L}^2} = F(\overline{L}) \qquad (6\text{-}19)$$

式中，v_1、v_2 由设计者根据工程要求确定，一般为已知值。将 v_1 与 v_2 值代入式（6-19），即可求出无因次距离 $\overline{L}$。再将 $\overline{L}$ 值代入式（6-16）中求得射流的作用距离即射程 $L = \overline{L} \cdot \frac{\sqrt{F}}{a}$。

为简化计算过程，根据不同的 v_1 和 v_2 值，代入式（6-19）中，算出相应的 $\overline{L}$ 值，制成计算表格，见表 6-4。

表 6-4　　　　　　　　　　　　　　　　无因次距离 $\overline{L}$ 值

v_1	v_2					
	0.07	0.10	0.15	0.20	0.30	0.40
0.50	0.42	0.40	0.37	0.35	0.31	0.28
0.60	0.43	0.41	0.38	0.37	0.33	0.30
0.75	0.44	0.42	0.40	0.38	0.35	0.33
1.00	0.46	0.44	0.42	0.40	0.37	0.35
1.25	0.47	0.46	0.43	0.41	0.39	0.37
1.50	0.48	0.47	0.44	0.43	0.40	0.38

【例 6-3】　车间空间长×高×宽＝70m×12m×30m。长度方向送风，直径 1m 圆形风口设在墙高 6m 中央处，紊流系数为 0.08。设计限制最大回流速度为 0.75m/s，工作区处回流速度为 0.3m/s，问风口送风量和工作区设置在何处？若风口提高 3m，以上计算结果如何改变？

解：

（1）风口高 $h = 6$m，$H = 12$m，则 $\dfrac{h}{H} = \dfrac{6}{12} = 0.5 < 0.7$，射流不贴附，公式中 F 用 $0.5F$ 代入。

将 $v_1 = 0.75$，$v_2 = 0.3$ 代入（6-17）得

$$v_0 = \frac{v_1}{d_0} \frac{\sqrt{0.5F}}{0.69} = \frac{0.75 \times \sqrt{0.5 \times 30 \times 12}}{1 \times 0.69} = 14.6 \text{m/s}$$

$$Q_0 = \frac{\pi}{4} d_0^2 v_0 = \frac{\pi}{4} \times 1^2 \times 14.6 = 11.45 \text{m}^3/\text{s}$$

由 $v_1 = 0.75$，$v_2 = 0.3$，查表 6-4 得 $\bar{L} = 0.35$，代入式（6-16）得

$$L = \frac{\bar{L}\sqrt{0.5F}}{a} = \frac{0.35 \times \sqrt{0.5 \times 30 \times 12}}{0.08} = 58.7 \text{m}$$

（2）当 $h = 9\text{m}$，$H = 12\text{m}$，则 $\frac{h}{H} = \frac{9}{12} = 0.75 > 0.7$，则射流贴附与不贴附相比增大 $\frac{1}{\sqrt{0.5}}$

$$v_0 = \frac{1}{\sqrt{0.5}} \times 14.6 = 20.65 \text{m/s}$$

$$Q_0 = \frac{1}{\sqrt{0.5}} \times 11.45 = 16.2 \text{m}^3/\text{s}$$

$$L = \frac{1}{\sqrt{0.5}} \times 58.7 = 83.01 \text{m}$$

小　结

本章主要对无限空间淹没紊流射流、温差或浓差射流进行了分析和介绍。学习中应掌握射流的概念及分类，熟知气体紊流射流及温差与浓差射流的特性，掌握气体紊流射流的运动规律及基本特征，熟知圆断面射流在主体段上流速和流量的变化规律，了解有限空间射流运动的特征及其有关运动参数的计算。

思考题与习题

6-1　什么是有限空间射流？什么是无限空间射流？

6-2　什么是质量平均流速？为什么要引入这一流速？

6-3　温差射流轴线为什么会弯曲？

6-4　某诱导器的静压箱上装有圆柱形管嘴，管径为 4mm，长度 $l = 100\text{mm}$，$\lambda = 0.02$，从管嘴入口到出口的局部阻力系数 $\sum \xi = 0.5$，求管嘴的流速系数和流量系数（见图 6-8）。

6-5　岗位送风所设置风口向下，距地面 4m。要求在工作区（距地 1.5m 高范围）造成直径为 1.5m 的射流，限定轴心速度为 2m/s，求喷嘴直径及出口流量。

6-6　某热车间采用带导叶的风机向工作地点喷射冷射流降温（紊流系数 $a = 0.12$），要求工作地点的质量平均流速 $v_2 = 2.5\text{m/s}$，工作面直径 $D = 3\text{m}$，已知冷射流的温度为 288K，车间温度为 305K，若要把工作地点的质量平均温度降到 298K。

试计算：（1）送风口的直径和流速；（2）送风口到工作面的距离。

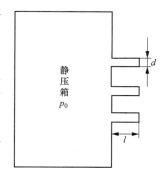

图 6-8　习题 6-4 用图

第七章 相似性原理和量纲分析

本章为拓展性内容，主要阐述了和实验有关的一些理论性基本知识，包括力学相似性原理的内容、相似准则及相似准数的推导、模型律的意义、量纲分析的概念和原理、量纲分析法等。具体内容请扫描二维码。

第八章　离心式泵与风机的构造与理论基础

第一节　泵与风机的分类及其应用

泵与风机是利用原动机（电动机）驱动使流体提高能量的一种流体机械。输送液体并提高液体能量的流体机械称为泵；输送气体并提高气体能量的流体机械称为风机。

泵与风机的用途广泛，种类繁多，因而分类方法也很多，但目前多采用以下两种方法。

一、按产生压力的大小分类

泵　$\begin{cases} \text{低压泵　}(p<2\text{MPa}) \\ \\ \text{中压泵　}(2\text{MPa}\leqslant p\leqslant 6\text{MPa}) \\ \\ \text{高压泵　}(p>6\text{MPa}) \end{cases}$

风机　$\begin{cases} \text{通风机　}(p<15\text{kPa})\begin{cases} \text{低压离心式通风机　}(p<1\text{kPa}) \\ \text{中压离心式通风机　}(1\text{kPa}\leqslant p\leqslant 3\text{kPa}) \\ \text{高压离心式通风机　}(3\text{kPa}<p\leqslant 15\text{kPa}) \\ \text{低压轴流式通风机　}(p<0.5\text{kPa}) \\ \text{高压轴流式通风机　}(0.5\text{kPa}\leqslant p\leqslant 5\text{kPa}) \end{cases} \\ \text{鼓风机　}(15\text{kPa}\leqslant p\leqslant 340\text{kPa}) \\ \text{压风机　}(p>340\text{kPa}) \end{cases}$

二、按工作原理分类

不同种类型泵与风机的使用范围是不同的，在供热通风与空调工程中，应用最多的是离心式泵与风机。故本书中主要以叶片式泵中的离心式泵与风机为研究对象，对其他形式的泵与风机仅摘选几种作一般简介。

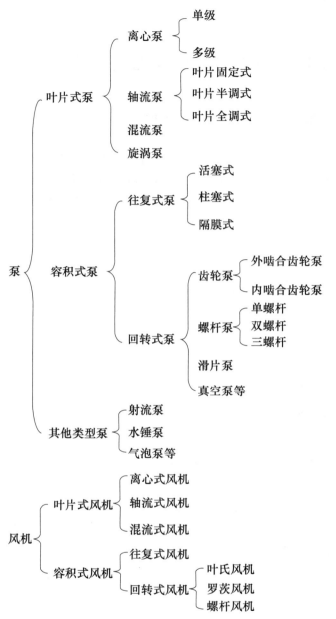

（一）离心式泵

离心式泵的构造形式、输送液体的种类较多，常按以下几种情况分类。

1. 按泵轴位置

按泵轴位置不同可分为卧式泵和立式泵两类。如 IS、KQW 系列卧式泵，KQL 系列立式泵等。

2. 按叶轮数量

按叶轮数量不同可分为单级泵和多级泵。

3. 按叶轮进水情况

按叶轮进水情况可分为单吸泵和双吸泵。

此外，按输送的液体不同，可分为污水泵和清水泵、冷水泵和热水泵；按泵轴与电机连接形式可分为悬臂式和直联式两种。

不同类型水泵有不同适用范围和特点，供热通风与空调工程专业中常用泵的形式和适用条件列于表 8-1 中。

表 8-1　　　　　　　　　　　　　　　　　**水泵形式及适用条件**

序号	水泵形式		适用条件及特点
1	标准立式单级泵		特点：效率高、体积小、噪声低、质量小、占地面积少、安装检修方便； 使用条件：转速 2960、1480、960r/min； 流量范围：1.8~1400m³/h；扬程：0~260mH₂O； 介质温度：冷水泵：−10~80℃；热水泵：<130℃； 用途：空调、采暖、卫生用水、水处理、市政给排水、消防给水等无腐蚀性的冷热水输送
2	标准卧式单级泵		与立式泵相比，占地面积大，安装灵活性差。在使用条件上，流量范围大：2.2~3600m³/h，安装时水泵轴向吸入，出水口交换方向（上方）输出，水力模型设计更优；用途同立式泵
3	双吸泵		这是一种大流量、低扬程水泵，是为满足特殊需要而专门开发的产品，适用于大流量冷、热水供应与循环，市政管网泵站等场合，属单级双吸（水平方向）卧式离心泵
4	单吸多级式泵		有立式和卧式两种，也有冷热水两种类型介质，其特点类同于单级立式和卧式水泵，主要区别在于提高了水泵的扬程，可达 360mH₂O，适用于高级建筑供水、锅炉给水等场合
5	其他	潜水排污泵	具有高效节能、可自动控制等特点，可用于楼宇、工矿企业、环保排污、勘探等场合，介质温度不大于 60℃
		立式排污泵	与潜水泵相比，无需潜入水中，若采用四氟乙烯材质，使用寿命更长，特别适宜于固定泵房的污水泵站
		专用泵	随着经济发展，城市、楼宇建设的不断创新，泵类产品也在与之相配备，如高层建筑给水泵、消防专用泵和稳压泵、锅炉给水泵、供暖空调循环泵等按专业不同、场合不同与之相配备

（二）离心式风机

离心式风机按其出口风压大小分：低压离心式风机，风机全压小于或等于 980Pa；中压离心式风机，风机全压介于 980~2940Pa（包括 2940Pa）；高压离心式风机，风机全压介于 2940~14 700Pa。

中、低压离心式风机在通风、除尘、空调系统中应用广泛，高压风机一般用于强制通风。

第二节　离心式泵与风机的基本构造及工作原理

一、离心式泵的基本构造

图 8-1 所示为一台单级单吸式离心泵结构，主要部件有叶轮、泵壳、泵轴、轴承及密封

填料等。

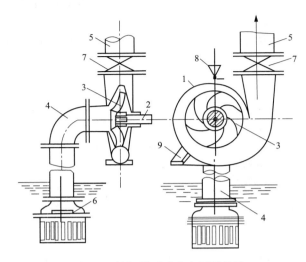

图 8-1　单级单吸式离心泵的构造

1—泵壳；2—泵轴；3—叶轮；4—吸水管；5—压水管；6—底阀；7—闸阀；8—灌水漏斗；9—泵座

1. 叶轮

叶轮由叶片和轮毂两部分组成，叶片固定于轮毂上，在轮毂中间设穿轴孔与泵轴相连，如图 8-2 所示。

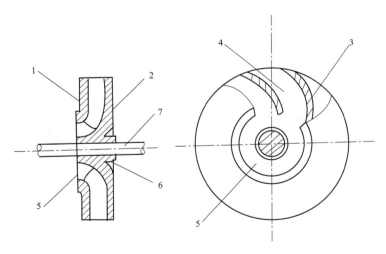

图 8-2　单吸式叶轮结构简图

1—前盖板；2—后盖板；3—叶片；4—流道；5—吸水口；6—轮毂；7—泵轴

叶轮按盖板设置情况可分为闭式、开式和半开式三种，如图 8-3 所示。闭式叶轮有前后两个盖板，一般有 6～8 片叶轮，多的可达 12 片，一般用于输送洁净无杂质液体，如清水泵。开式叶轮无盖板，半开式叶轮具有后盖盖板而无前盖盖板，这两种叶轮叶片数少，一般只有 2～4 片，常用于输送含杂质较多的液体，叶轮多用铸铁、铸钢制造，内表面要求光洁，有一定的粗糙度限制。

(a) 闭式叶轮

(b) 开式叶轮

(c) 半开式叶轮

图 8-3　叶轮形式

2. 泵壳

离心泵的泵壳是蜗壳形的外壳，其作用是汇集叶轮甩出的水，并引向压水管道。泵壳应有利于形成良好的水力条件，又能承受较高的水压作用，多用铸铁制造而成，内表面应光滑。

泵壳顶部设有充水和放气的螺孔，如图 8-4 所示，以便泵启动前充水和排气，在其底部设有方形螺栓，便于维修和停用时排水。

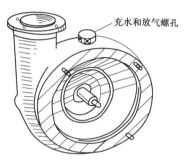

图 8-4　蜗壳形泵壳

3. 泵轴

泵轴是用来旋转叶轮并传递扭矩的。常用的材料是碳素钢和不锈钢。泵轴应有足够的抗扭强度和足够的刚度。它与叶轮用键进行连接。

4. 轴承

支承泵轴并便于旋转的装置为轴承。轴承有滑动轴承和滚动轴承两种，常用油脂或润滑油作润滑剂。

5. 减漏装置

在叶轮和泵壳之间总存在缝隙，使泵壳内压力高的水从缝隙处漏回到泵的入口，从而降低了水泵的工作效率。一般要求缝隙为 1.5～2mm，以减少漏水量。同时，泵运行时，泵壳、叶轮缝隙处最易磨损或腐蚀，使缝隙越来越大，从而漏水量也越来越大。为避免更换叶轮和泵壳，常在缝隙处的泵壳上或泵壳和叶轮上安装减漏环或承磨环，如图 8-5 所示。当减漏环被磨损到一定程度后，进行更换。

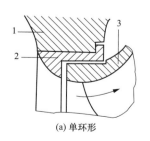
(a) 单环形
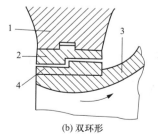
(b) 双环形
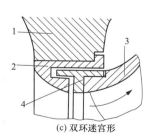
(c) 双环迷宫形

图 8-5　减漏环

1—泵壳；2—镶在泵壳上的减漏环；3—叶轮；4—镶在叶轮上的减漏环

6. 轴向平衡装置

水泵运行时，叶轮进水侧上部受高压水作用，下部受低压水作用，而叶轮背面均受到高压水作用，从而形成一个轴向压差作用在叶轮上，如图8-6所示。在此压力作用下，叶轮和轴被推向进水侧，造成叶轮产生轴向位移并与泵壳发生磨损，且泵的能耗也相应加大。

一般解决方法有三种：一是在叶轮后盖上开平衡孔并加装减漏环，如图8-7所示。此法简单、易行，但叶轮内水流受到回流水冲击，水力条件变差，泵的效率下降；二是采用止推轴承，适用于轴向推力较小的情况；三是采用减压环。

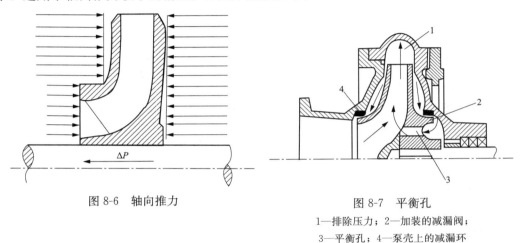

图 8-6　轴向推力

图 8-7　平衡孔

1—排除压力；2—加装的减漏阀；

3—平衡孔；4—泵壳上的减漏环

7. 轴封装置

用来密封泵轴与泵壳之间的空隙，防止漏水和空气吸入泵内，有机械密封和填料密封两种。密封装置各密封件的间隙应符合要求，松紧应以稍有滴水为宜，过紧会使泵轴与密封件间摩擦增大，降低水泵工作效率。

二、离心式风机的基本构造

离心式风机主要构件有叶轮、机壳、机轴及吸入口等。离心式风机主要结构分解示意如图8-8所示。

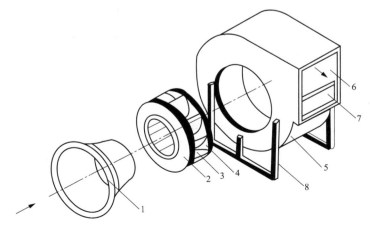

图 8-8　离心式风机主要结构分解示意

1—吸入口；2—叶轮前盘；3—叶片；4—后盘；5—机壳；6—出口；7—截流板（风舌）；8—支架

1. 叶轮

叶轮由前盘、后盘和叶片组成。后盘固于轮壳上，轮壳与机轴用键连接。

按叶片出口安装角度不同，叶轮分为以下三种形式，如图 8-9 所示。

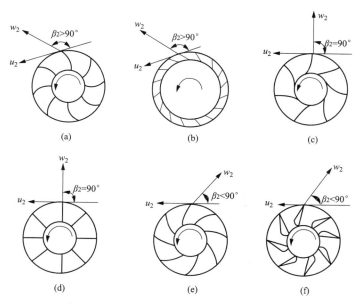

图 8-9　离心式风机叶轮形式

（1）前向叶片叶轮。叶片出口安装角大于 90°，如图 8-9（a）、（b）所示。其中图（a）为薄板前向叶轮，图（b）为多叶前向叶轮。这种类型的叶轮流道短而出口较宽。

（2）径向叶片叶轮。叶片出口安装角等于 90°，如图 8-9（c）、（d）所示。其中图（c）为曲线形径向叶轮，图（d）为直线形径向叶轮。前者制作复杂，但损失小，后者则相反。

（3）后向叶片叶轮。叶片出口安装角小于 90°，如图 8-9（e）、（f）所示。其中图（e）为薄板后向叶轮，图（f）为机翼形后向叶轮。这类叶型的叶轮能量损失少，整机效率高，运转时噪声小，但产生的风压较低。

2. 机壳

与离心式泵的泵壳相似，风机机壳常呈蜗壳形，用钢板焊接或者咬口制成。其作用与泵壳基本相同，即高速低压的气体被叶轮甩出后，在机壳内将部分气体动能转换成压力能，并导向风机出口。

3. 吸入口

如图 8-10 所示，风机吸入口有三种形式。一是圆筒形，如图 8-10（a）所示，其特点是制作简单，但压头损失较大；二是圆锥形，如图 8-10（b）所示，其制作较简单，压头损失也较小；三是圆弧形，如图 8-10（c）所示，其压头损失最小，但制作较难。

4. 支承及传动方式

支承由机座、轴承和机轴三部分组成，机座常用型钢焊接而成，轴承与轴安于机座之上，对于引风机轴承宜设冷却装置，防止转轴过热。

如图 8-11 所示，按电机与风机连接不同，分为六种传动方式，其特点见表 8-2。

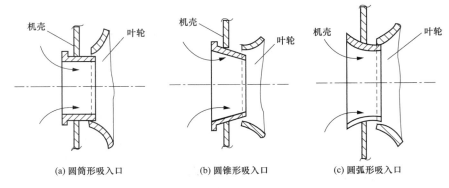

(a) 圆筒形吸入口　　　　(b) 圆锥形吸入口　　　　(c) 圆弧形吸入口

图 8-10　离心式风机吸入口形式

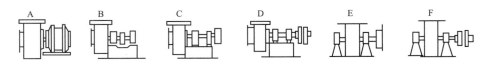

图 8-11　离心式风机六种传动方式

表 8-2			离心式风机传动方式特点		
代号	A 型	B 型	C 型	D 型	E 型	F 型
特点	叶轮装在电机轴上，无轴承	叶轮悬臂，皮带轮在两轴承中间，并处风机一侧	叶轮、皮带轮均悬臂，并处风机一侧	叶轮悬臂，联轴器直联传动，并处风机一侧	叶轮在两轴承中间，皮带轮悬臂传动	叶轮在轴承中间，联轴器直接传动

　　离心式风机可以做成右旋转或左旋转两种形式。从电动机一端正视，叶轮旋转为顺时针方向的称为右旋转，用"右"表示；叶轮旋转为逆时针方向的称为左旋转，用"左"表示。但是必须注意叶轮只能顺着蜗壳螺旋线的展开方向旋转。

三、离心式泵与风机的工作原理

　　离心（式）泵借助于旋转叶轮对液体作用，将原动机的机械能传递给液体。在离心泵启动前，先将泵灌满水，再驱动电动机，使叶轮高速旋转，由于离心力作用，液体从叶轮进口流向叶轮出口，并甩出叶轮，其流速水头和压力水头都得到增加，液体经泵壳的压出室，大部分流速水头转变为压力水头，然后沿泵出口进入管道。与此同时，叶轮进口处液体在叶轮旋转运动中，形成真空状态，从泵入口吸入的液体不断进入叶轮。这样就形成了离心泵连续吸水，连续进行能量传递和转化，使液体的动能和压力能均被提高，并不断地将液体输出水泵。

　　离心式风机与离心式泵的工作原理基本相同。当风机叶轮旋转时，叶片中的气体随叶轮获得离心力，并在离心力作用下，气体通过叶片而获得动能和压力能，从而源源不断地输送气体。

　　综上所述，离心式泵与风机的工作过程，实际上是一个能量的传递和转化过程，它把原动机高速旋转的机械能转化为被输送流体的动能和压力能。在这个能量的传递和转化过程中，必然伴随着诸多的能量损失，这种损失越小，该泵或风机的性能就越好，工作效率就越高。

第三节　离心式泵与风机的基本性能参数

泵与风机的主要参数包括流量、扬程（全压）、功率、转速及效率等。泵的主要参数还有气蚀余量。

一、流量

单位时间内泵或风机在出口截面所输送的流体量称为流量。这个量常用的有体积流量与质量流量两种。体积流量用符号 q_V 或 Q 表示，单位为 m³/s、m³/min、m³/h。质量流量用符号 q_m 表示，单位为 kg/s、kg/min、kg/h。

二、扬程或全压

单位质量的液体在泵内所获得的能量也即泵出口与进口截面能量差，称为扬程，用符号 H 表示，其单位为 m，习惯上称为米液柱高。

单位体积的气体在风机内所获得的能量也即风机出口高于进口截面的能量，称为全压，用符号 p 表示，其单位为 Pa。

工程上，常把扬程与全压统称为能头。

三、功率

泵与风机的功率是指原动机传递给泵或风机轴上的功率，即它们的输入功率，又称轴功率，以 P 表示，单位为 kW。

泵与风机的有效功率是指被输送的流体实际所得到的功率，以 P_e 表示，单位为 kW，则

$$P_e = \frac{\rho g q_V H}{1000} \text{ 或 } P_e = \frac{q_V p}{1000}$$

四、转速

泵与风机轴叶轮每分钟旋转的圈数称为转速，以 n 表示，单位为 r/min。常用的转速有 2900、1450 和 960r/min。在选泵与风机的配套电动机时，两者的转速应相同。

泵与风机的流量、扬程（全压）与转速有关。泵与风机的转速越高，则它们所输送的流量及扬程（全压）也越大。

五、效率

泵与风机输入功率不可能全部传给被输送的流体，其中必有一部分能量损失。被输送的流体实际所得到的功率 P_e 比原动机传递至泵或风机轴端的功率 P 要小，它们的比值称为泵或风机的效率，以符号 η 表示。泵或风机的效率越高，则流体从泵或风机中得到的能量有效部分就越大，经济性就越高。

六、气蚀余量

气蚀余量有必需气蚀余量与有效气蚀余量之分。泵的必需气蚀余量是指单位重力的液体从泵吸入口流至叶轮进口压力最低处的压力降落量。有效气蚀余量是吸入管路系统所提供的，在泵吸入口大于饱和蒸汽压力的富余能量。气蚀余量是表示泵抗气蚀性能好坏的一个重要参数。

为了方便用户使用，泵或风机制造厂家提供两种性能资料。一是泵或风机样本。在样本中，除了泵或风机的结构、尺寸外，主要提供一套各性能参数相互之间关系的性能曲线，以便用户全面了解该泵或风机的性质。二是在每台泵或风机的机壳上都钉有一块铭牌，铭牌上

简明地列出了该泵或风机在设计转速下运转时，效率为最高时的流量、扬程（或全压）、转速、电机功率及必需气蚀余量。现举例如下：

（1）型号为 25LG3-10×10 泵的铭牌如下：

立式多级离心泵

型号：25LG3-10×10	必需汽蚀余量：2.0m
流量：3m³/h	效率：42%
扬程：100mH₂0	配套功率：3kW
转速：2900r/min	质量：124kg
出厂编号：	出厂日期：　　年　　月　　日

泵的型号说明

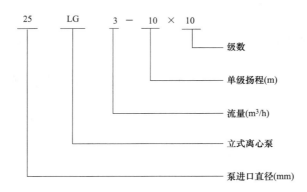

（2）型号为 4-72-11No 4.5A 离心式风机的铭牌如下：

离心式通风机

型号：4-72-11	No4.5A
流量：5780～10610m³/h	电机功率：7.5kW
全压：2590～1630Pa	转速：2900r/min
出厂编号：	出厂日期：　　年　　月　　日

风机的型号说明

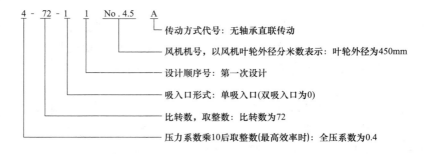

第四节　离心式泵与风机的基本方程

本节将从分析流体在叶轮中的运动入手，得出外加轴功率与流体所获能量之间的理论依据。

一、流体在叶轮中的运动

由离心式泵与风机的工作原理，我们知道旋转的叶轮通过叶片直接将能量传递给流体，而流体在叶轮中又是如何运动的呢？

下面先分析一下流体在叶轮中的流速情况。如图 8-12 所示，D_1 为叶轮进口直径，D_2 为叶轮外径，b_1 为叶片入口宽度，b_2 为出口宽度，v_0 为流体进入叶轮的轴向绝对速度，w 为流体沿旋转叶片的流动速度，是相对于叶片而言的一种相对运动速度，u 为流体在沿叶片流动同时又随叶轮而旋转的圆周速度，v 为流体相对机壳的绝对运动速度，由向量加减法可知，它们三者之间关系为

$$v = w + u$$

以上关系也可用三角形法则来表示，如图 8-13 所示。β 是 w 与 u 反方向的夹角，即叶片安装角，α 是 v 与 u 的夹角，即叶片的工作角。

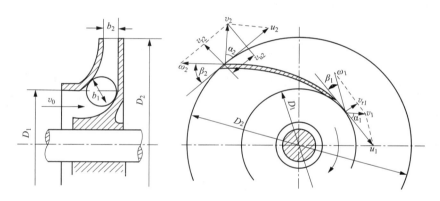

图 8-12　流体在叶轮流道中的流动

进一步分析速度三角形，并只对流体在叶轮进口处的运动参数分析。绝对速度 v 又对流体通过泵与风机的流量和能量有何影响呢？如果将 v 分解成径向分速度 v_r 和切线方向分速度 v_u，则不难理解 v_r 与流体流过叶轮的流量有关，v_u 与流体的扬程（或全压）有关。从叶轮出口速度三角形中，可得如下关系：

$$v_{u2} = v_2 \cos\alpha_2 = u_2 - v_{r2} \cot\beta_2 \qquad (8\text{-}1)$$
$$v_{r2} = v_2 \sin\alpha_2 \qquad (8\text{-}2)$$

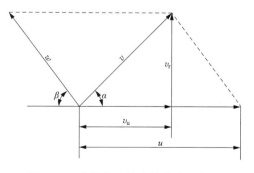

图 8-13　流体在叶轮中的速度三角形

由此，速度三角形表达了流体在叶轮中的运动情况。应当说明，当叶轮流道几何形状（安装角 β 已定）及尺寸确定后，如已知叶轮转速 n 和流量 Q，即可求得叶轮内任何半径 r 上的某点的速度三角形。这里，流体的圆周速度 u 为

$$u = wr = \frac{n\pi d}{60} \tag{8-3}$$

二、基本方程式——欧拉方程

流体在叶轮中的流动过程是十分复杂的。为便于用一元流动理论来分析其流动规律，首先对叶轮的构造及流动性质做以下三个理想化假设。

（1）流体在叶轮中的流动是恒定流，即流动不随时间变化。

（2）叶轮的叶片数目为无限多，叶片厚度为无限薄。因此可以认为流体在流道间做相对运动时，其流线与叶片形状一致。叶轮同半径圆周上各质点流速相等。

（3）流经叶轮的流体是理想不可压缩流体，流体在流动过程中不计能量损失。

实际情况与上述条件有相当大的出入，但根据这些条件研究得出的结果，仍有十分重要的意义。对于那些与实际情况不符的地方，以后再逐步加以修正。

用动量矩定理可以方便地导出离心式泵与风机的基本方程——欧拉方程。力学中的动量矩定理表明：质点系对某一转轴的动量矩对时间的变化率，等于作用于该质点系的所有外力对该轴的合力矩 M。用公式表示为

$$M = \rho Q_{T\infty} (r_2 v_{u2T\infty} - r_1 v_{u1T\infty})$$

由于外力矩 M 乘以叶轮角速度 w 就正是加在转轴上的外加功率 $P = Mw$；而在单位时间内叶轮内流体所做的功 P，在理想条件下，又全部转化为流体的能量，即 $P = \rho g Q_{T\infty} H_{T\infty}$。再将 $u = rw$ 关系带入上式，便得

$$H_{T\infty} = \frac{1}{g} (u_2 v_{u2} - u_1 v_{u1})_{T\infty} \tag{8-4}$$

式中：$H_{T\infty}$ 为离心式泵与风机的理论扬程（压头）；$T\infty$ 为角标，表示理想流体与无穷多叶片；u_1、u_2 为叶轮进、出口处的圆周速度；v_{u1}、v_{u2} 分别为叶轮进、出口处绝对速度的切向分速。

式（8-4）表示单位重力作用下流体所获得的能量，也就是离心式泵与风机的基本方程，即欧拉方程。从此方程式可知：

（1）流体所获得扬程只与流体在叶轮的进出口处的流速有关，而与流体流动的过程无关。

又 $v_{u1} = v_1 \cos\alpha_1$，当 $\alpha_1 = 90°$ 时，$v_{u1} = 0$，则方程式为

$$H_T = \frac{u_2 v_{u2}}{g} \tag{8-5}$$

又 $v_{u2} = v_2 \cos\alpha_2$，若 $H_T > 0$，则 $\alpha_2 < 90°$，且 α_2 越小，H_T 就越大。

（2）由于 $u_2 = n\pi D_2 / 60$，所以可通过加大 n 和 D_2 来提高 H_T。

（3）H_T 与被输送液体的种类无关，所以不同类的流体，只要叶片进口处速度三角形相同，则可得到相同的 H_T。

此外，由叶片出口速度三角形可知：

$$v_{u2} = u_2 - v_{r2} \cot\beta_2$$

代入式（8-5）得

$$H_T = \frac{1}{g} (u_2^2 - u_2 v_{r2} \cot\beta_2) \tag{8-6}$$

式（8-6）表示出理论扬程 H_T 与出口安装角 β_2 之间的关系。

在叶轮直径固定不变，且转速相同的条件下，对于 $\beta_2<90°$ 的后向型叶轮，$\cot\beta_2>0$，则 $H_T<u_2^2/g$；对于 $\beta_2=90°$ 的径向型的叶轮，$\cot\beta_2=0$，则 $H_T=\dfrac{u_2^2}{g}$；对于 $\beta_2>90°$ 的前向型的叶轮，$\cot\beta_2<0$，则 $H_T>u_2^2/g$，如图 8-14 所示。

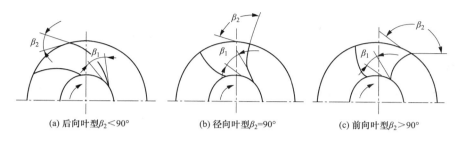

(a) 后向叶型$\beta_2<90°$　　　　(b) 径向叶型$\beta_2=90°$　　　　(c) 前向叶型$\beta_2>90°$

图 8-14　叶轮叶型与出口安装角

显然，前向叶型的叶轮获得的理论扬程最大，其次为径向叶型，而后向叶型的叶轮所获得的理论扬程最小。

三、叶片数对基本方程的修正

由于实际叶片数有限，使叶轮旋转时，流体的惯性作用而使流体运动不可能与叶片保持一致，并在叶槽内产生"反旋现象"，导致叶轮内叶片迎水面的压力高于背水面，且实际流速分布不均并使出口处的方向朝叶轮旋转反方向偏转，即影响相对速度 w_2 的分布，也就影响了 $H_{T\infty}$。所以，流体实际获得理论扬程 H_T' 小于理想叶轮中获得的扬程 $H_{T\infty}$，两者之间用式（8-7）表示，即

$$H_T'= KH_{T\infty} \tag{8-7}$$

式中：H_T' 为理想流体在有限叶片的叶轮中所获得的理想扬程；K 为经验修正系数，$K<1$。

第五节　离心式泵与风机的理论性能曲线

由于泵与风机的扬程、流量以及所需的功率等性能是相互影响的，所以通常用以下三种函数关系式来表示这些性能之间的关系：

（1）泵与风机所提供的流量和扬程之间的关系，用 $H=f_1(Q)$ 来表示；

（2）泵与风机所提供的流量与所需外加轴功率之间的关系，用 $P=f_2(Q)$ 来表示；

（3）泵与风机所提供的流量与设备本身效率之间的关系，用 $\eta=f_3(Q)$ 来表示。

上述三种关系常以曲线形式绘在以流量 Q 为横坐标的图上。这些曲线叫泵与风机的性能曲线。

从欧拉方程出发，我们总可以在理想条件下得到 $H_T=f_1(Q_T)$ 及 $P_T=f_2(Q_T)$ 的关系。

设叶轮的出口面积为 F_2（这是以叶片出口宽度 b_2 作母线，绕轴心旋转一周所成的曲面面积），叶轮工作时所排出的理论流量应为

$$Q_T = u_{r2}F_2$$

代入式（8-6）得

$$H_T = \frac{1}{g}\left(u_2^2 - \frac{u_2}{F_2}Q_T\cot\beta_2\right)$$

对于大小一定的泵与风机来说，转速不变时，上式中 u_2、g、β_2、F_2 均为常数。

令 $A = \dfrac{u_2^2}{g}$ $B = \dfrac{u_2}{F_2 g}$，可得

$$H_T = A - B\cot\beta_2 Q_T \tag{8-8}$$

显然：这是一个斜率为 $B\cot\beta_2$、截距为 A 的直线方程。图 8-15 绘出了三种不同叶型的泵与风机理论上的 Q_T-H_T 曲线。图中看出由 $B\cot\beta_2$ 所代表的曲线斜率是不同的，因而三种叶型具有各自的曲线倾向。同时还可以看出，当 $Q_T = 0$ 时，$H_T = A = \dfrac{u_2^2}{g}$。

下面研究理论上的流量与外加轴功率的关系。理想条件下，理论上的有效功率就是轴功率即

$$P_e = P_T = \rho g Q_T H_T$$

将式（8-8）代入上式可得

$$P_T = \rho g Q_T (A - B\cot\beta_2 Q_T) = C Q_T - D\cot\beta_2 Q_T^2$$

从公式可以看出：当泵与风机的转速一定时，其理论流量 Q_T 与功率 P_T 的关系是非线性的。且对于不同的 β_2 值具有不同的曲线形状，这里 $C = A\rho g$、$D = B\rho g$，但 $Q_T = 0$ 时，$P_T = 0$，三条曲线同交于原点；径向叶型，$\beta_2 = 0$、$\cot\beta_2 = 0$，功率曲线为一条直线；前向叶型，$\beta_2 > 90°$、$\cot\beta_2 < 0$，功率曲线为一条上凹的二次曲线；后向叶型，$\beta_2 < 90°$、$\cot\beta_2 > 0$，功率曲线则为一条下凹曲线，如图 8-16 所示。

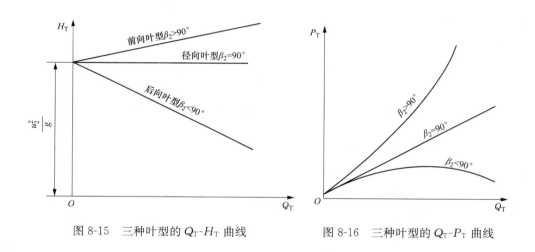

图 8-15　三种叶型的 Q_T-H_T 曲线　　　　图 8-16　三种叶型的 Q_T-P_T 曲线

以上分析所得出的 Q_T-H_T、Q_T-P_T 曲线均为泵与风机的理论性能曲线，并可得出如下结论：

（1）前向型叶轮所获得的扬程或全压最大，但流体在叶轮中流动速度也大，故能量损失和噪声均较大，使效率较低，且功率也随流量加大而增加，则电动机过载的可能性增大。

（2）后向型叶轮所获得的扬程或全压小于 u_2^2/g，并随 Q_T 增大而减小，从而有利于增加效率，降低噪声。

在工程实践中，大型风机多采用后向型叶轮，因中小型风机效率不是主要考虑因素，也有的采用前向型叶轮，这样有利于减小叶轮直径和风机外形尺寸。

第六节　离心式泵与风机的实际性能曲线

前面研究的是不计各种损失时泵与风机的理论性能曲线。只有考虑机内的损失问题，才能得到实际的性能曲线。然而机内流动情况十分复杂，现在还不能用分析方法精确地计算这些损失。当运行偏离设计工况时，尤其如此。所以各制造厂都只能用实验方法直接测出性能曲线。但从理论上对这些损失进行研究并将其分类整理，做出定性分析，可以找出减少损失的途径。

一、泵与风机中的能量损失

泵与风机中的能量损失按其产生的原因常分为三类：水力损失、容积损失及机械损失。

图 8-17 所示为外加于机轴上的轴功率扣除机内损失以后和实际得到的有效功率之间的关系。

1. 水力损失

水力损失又分为摩阻损失和冲击损失两类，其大小与过流部件的几何形状、壁面粗糙度以及流体的黏滞性有关。

摩阻损失包括局部损失和沿程损失两项，主要发生于以下几部分：流体经泵或风机入口进入叶片进口之前，发生摩擦及 90°转弯所引起的水力

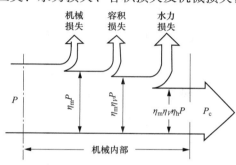

图 8-17　轴功率与机内损失的关系

损失；当实际运行流量与设计额定流量不同时，相对速度的方向就不再同叶片进口安装角的切线相一致，从而发生冲击损失；叶轮中的沿程摩擦损失和流道中流体速度大小、方向变化及离开叶片出口等局部损失；流体离开叶轮进入机壳后，由动压转换为静压的转换损失；机壳的出口损失。上述这些水力损失都遵循流体力学中流动阻力的规律。

水力损失常用水力效率来估计，即

$$\eta_h = \frac{H_T - \Sigma \Delta H}{H_T} = \frac{H}{H_T} \tag{8-9}$$

式中：$H = H_T - \Sigma \Delta H$ 为泵或风机的实际扬程。

2. 容积损失

当叶轮工作时，机内存在着高压区和低压区。同时，由于结构上有运动部件和固定部件之分，这两种部件之间必然存在缝隙。这就使流体从高压区通过缝隙泄漏到低压区，显然这部分流体也获得能量，但未能有效利用。此外，对离心泵来说，常设置平衡孔来平衡轴向推力，同样引起泄漏回流量，如图 8-18 所示。

通常用容积效率 η_V 来表示容积损失的大小。如以 q 表示泄漏的总回流量，则

$$\eta_V = \frac{Q_T - q}{Q_T} = \frac{Q}{Q_T} \tag{8-10}$$

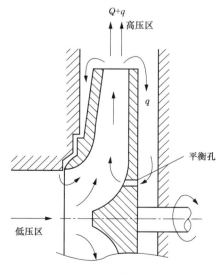

图 8-18　机内流体泄漏回流示意

式中：$Q = Q_T - q$ 为泵或风机的实际流量。

显然，要提高容积效率，就必须减小回流量。减小回流量的措施有两个，一是尽可能增加密封装置的阻力，如减小密封环的间隙或将密封环做成曲折形状；二是尽量减小密封环的直径，从而降低其周长，使流通面积减少。实践还证明，大流量泵或风机的回流量相对较少，因而 η_V 值较高。离心式风机通常没有消除轴向力的平衡孔，且高压区与低压区之间的压差也较小，因而它们的 η_V 值也较高。

3. 机械损失

泵或风机的机械损失包括轴承和轴封的摩擦损失以及叶轮盖板旋转时与机壳内流体之间发生的所谓圆盘摩擦损失。

摩擦损失的大小通常以损耗的功率表示。设轴承与轴封摩擦损失的功率为 ΔP_1，圆盘摩擦损失的功率为 ΔP_2，机械损失的总功率 ΔP_m 为

$$\Delta P_m = \Delta P_1 + \Delta P_2$$

泵或风机的机械损失可以用机械效率表示为

$$\eta_m = \frac{P - \Delta P_m}{P} \tag{8-11}$$

二、泵与风机的全效率

当只考虑机械效率时，供给泵或风机的轴功率应为

$$P = \frac{\rho g Q_T H_T}{\eta_m}$$

而泵或风机实际所得的有效功率为

$$P_e = \rho g Q H$$

根据效率的定义，结合式（8-10）、式（8-11），泵和风机的全效率可表示为

$$\eta = \frac{P_e}{P} = \frac{\rho g Q H}{\rho g Q_T H_T} \eta_m = \eta_V \eta_h \eta_m \tag{8-12}$$

三、泵与风机中的实际性能曲线

利用泵与风机内部的各种能量损失，对理论性能曲线逐步进行修正，可以得出泵与风机的实际性能曲线。

在图 8-19 中采用流量 Q 与扬程 H 组成直角坐标系，纵坐标轴上还标注了功率 P 和效率 η 的尺度。根据理论流量和扬程的关系式（8-8）可以绘出一条 Q_T-H_T 曲线。以后向叶型的叶轮为例，这是一条下倾的直线，见图 8-19 中的Ⅱ。当 $Q_T = 0$ 时，$H_T = \dfrac{u_2^2}{g}$。

显然，如按无限多叶片的欧拉方程，可以绘制一条 $Q_{T\infty}$-$H_{T\infty}$ 的关系曲线，这是一条位于曲线Ⅱ上方的曲线Ⅰ。

当机内存在水力损失时，流体必将消耗部分能量来克服流动阻力。这部分损失应从曲线Ⅱ中扣除，于是就得出如曲线Ⅲ的曲线。所扣除的包括以直影线部分（图 8-19 中的竖直影线）代表的撞击损失和以倾斜影线部分代表的其他水力损失。

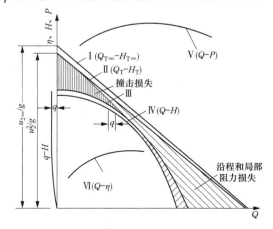

图 8-19　离心式泵或风机性能曲线定性分析

除水力损失之外，还应从曲线Ⅲ扣除泵与风机的容积损失。容积损失是以泄漏流量 q 的大小来估算的。可以证明，当泵或风机的结构不变时，q 值与扬程的平方根成比例，因而能够做出一条 $q\text{-}H$ 的关系曲线，示于图 8-19 的左侧。曲线Ⅳ从曲线Ⅲ扣除相应的 q 值后得出的泵或风机的实际性能曲线，即 $Q\text{-}H$ 曲线。

流量-功率曲线表明泵或风机的流量与轴功率之间的关系。因为轴功率 P 是理论有效功率 $P_T = \rho g Q_T H_T$ 与机械损失功率 ΔP_m 之和，即

$$P = P_T + \Delta P_m = \rho g Q_T H_T + \Delta P_m$$

根据这一关系式，可以在图 8-19 上绘制一条 $Q\text{-}P$ 曲线，即图 8-19 中的曲线Ⅴ。

有了 $Q\text{-}P$ 和 $Q\text{-}H$ 两曲线，按式（8-12）计算在不同流量下的 η 值，从而得出 $Q\text{-}\eta$ 曲线，即图中的Ⅵ。$Q\text{-}\eta$ 曲线的最高点为最大效率点，它的位置与设计流量是相对应的。

$Q\text{-}P$、$Q\text{-}H$ 和 $Q\text{-}\eta$ 三条曲线是泵或风机在一定转速下的基本性能曲线。其中最重要的是 $Q\text{-}H$ 曲线，因为它揭示了泵或风机的两个最重要、最有实用意义的性能参数之间的关系。

通常按 $Q\text{-}H$ 曲线的大致倾向可将其分为下列三种：①平坦形；②陡降形；③驼峰形，如图 8-20 所示。

具有平坦形 $Q\text{-}H$ 曲线的泵或风机，当流量变动很大时能保持基本恒定的扬程。陡降形曲线的泵或风机则相反，即流量变化时，扬程的变化相对地较大。至于驼峰形曲线的泵或风机，当流量自零逐渐增加时，相应的扬程最初上升，达到最高值后开始下降。具有驼峰性能的泵或风机在一定的运行条件下可能出现不稳定工作。这种不稳定工作状况是应当避免的。

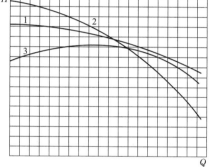

图 8-20　三种不同的 $Q\text{-}H$ 曲线
1—平坦形；2—陡降形；3—驼峰形

如前所述，泵和风机的性能曲线实际上都是由制造厂根据实验得出的。这些性能曲线是选用泵或风机和分析其运行工况的依据。尽管在工程实践中还有其他类型的性能曲线，如选择性能曲线和通用性能曲线等，也都是以本节所述的性能曲线为基础演化出来的。

图 8-21 绘出了型号为 6B33 型离心式水泵的性能曲线。此图是在 $n = 1450\text{r/min}$ 的条件

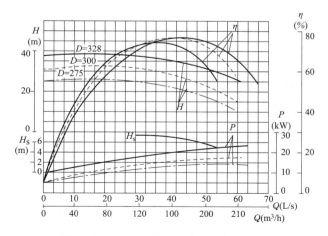

图 8-21　6B33 型离心式水泵的性能曲线

下，通过性能实验数据绘制的。该泵的标准叶轮直径为 328mm。制造厂还提供了经过切削的较小直径的叶轮，直径分别为 300mm 及 275mm，这两种叶轮的泵的性能曲线也绘在同一张性能曲线图上。

第七节　离心式泵的气蚀与安装高度

水泵的安装高度指水泵轴线距水池最低水位的高度，如图 8-22 所示。对于大型泵应以吸液池液面至叶轮入口边最高点的距离为准。

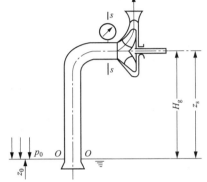

图 8-22　离心泵的几何安装高度

离心泵安装高度的确定是泵站设计中的一项重要内容，它决定泵房内地坪标高。水泵安装得低，会增加土建工作量，不经济；水泵安装得过高，会发生气蚀现象，以致最后不能工作。所谓正确的安装高度，就是指水泵在运行过程中，泵内不产生气蚀情况下的最大安装高度。

一、泵的气蚀现象

根据物理学知识，当液面压强降低时，相应的汽化温度也降低。例如，水在一个大气压（101.3kPa）下的汽化温度为 100℃；当水面压强降至 0.024at（2.43kPa），水在 20℃时就开始沸腾。开始汽化时的液面压强称为汽化压强，用 p_v 表示。

水泵工作时，当叶轮入口某处的压强低于水在工作温度下的汽化压强时，水就发生汽化，产生大量气泡；与此同时，由于压强降低，原来溶解于液体的某些活泼气体，如水中的氧也会逸出而成为气泡。这些气泡随液流进入泵内高压区，由于该处压强较高，气泡迅速破灭。于是在局部地区产生高频率、高冲击力的水击，不断打击泵内部件，特别是工作叶轮。因此，泵出现振动和噪声，在叶轮表面形成麻点和斑痕。此外，在

图 8-23　气蚀后水泵的叶片

凝结热的助长下，活泼气体还对金属发生化学腐蚀，以至金属表面发生块状脱落，这种现象就是气蚀，如图 8-23 所示。

当气蚀不严重时，对泵的运行和性能还不致产生明显的影响。如果气蚀持续发生，气泡大量产生，使水泵过流断面减小以致流量降低。因水流状态遭到破坏时，使水泵的能量损失增大，扬程降低，效率也相应下降，严重时，会停止出水，水泵空转。因此，泵在运行中应严格防止气蚀产生。

产生气蚀的具体原因不外以下几种：泵的安装位置高出吸液面高度太大，即泵的几何安装高度 H_g 过大；泵安装地点的大气压较低，例如安装在高海拔地区；泵所输送的液体温度过高等。

二、泵的安装高度

如上所述，正确决定泵吸上真空高度 H_s 是控制泵运行时不发生气蚀而正常工作的关键，而它的数值与泵的安装高度以及吸入侧管路系统、吸液池液面压强、液体温度等密切相关。

用能量方程式即可建立求泵吸入口压强的计算公式。这里列出图 8-22 中吸液池液面 0—0 和泵入口断面 s—s 的能量方程为

$$z_0 + \frac{p_0'}{\rho g} + \frac{v_0^2}{2g} = z_s + \frac{p_s'}{\rho g} + \frac{v_s^2}{2g} + \Sigma h_{ws}$$

式中：z_0、z_s 为液面和泵入口中心标高，即泵的安装高度 $z_s - z_0 = H_g$，m；p_0'、p_s' 为液面和泵入口处压强，Pa；v_0、v_s 为液面和泵吸入口的平均流速，m/s；Σh_{ws} 为吸液管路的水头损失，m。

通常认为，吸液池液面处的流速甚小，$v_0 = 0$，由此可得

$$\frac{p_0'}{\rho g} - \frac{p_s'}{\rho g} = H_g + \frac{v_s^2}{2g} + \Sigma h_{ws} \tag{8-13}$$

此式说明，吸液池液面与泵入口断面之间泵所提供的压强水头差，可用来克服吸入管的水头损失 Σh_{ws}，建立流速水头 $\frac{v_s^2}{2g}$，并将液体吸升到某一高度 H_g。

如果吸液池液面受大气压 p_a 作用，即 $p_0' = p_a$，那么 $\frac{p_a - p_s'}{\rho g} = H_s$，正是泵的吸上真空高度，单位为 m。于是式（8-13）可改写为

$$H_s = \frac{p_a - p_s'}{\rho g} = H_g + \frac{v_s^2}{2g} + \Sigma h_{ws} \tag{8-14}$$

由于泵通常是在一定流量下运行的，则 $\frac{v_s^2}{2g}$ 及管路水头 Σh_{ws} 都应是定值，所以 H_s 将随泵的几何安装高度 H_g 的增加而增加。如果 H_s 增加至某一最大值 H_{smax} 时，即泵的吸入口处压强接近液体的汽化压强 p_v 时，则泵内就会开始发生气蚀。通常，开始气蚀的极限吸上真空高度 H_{smax} 值是由制造厂用试验方法确定的。

显然，为避免发生气蚀，由式（8-14）确定的实际 H_s 值应小于 H_{smax} 值，为确保泵的正常运行，制造厂又在 H_{smax} 值的基础上规定了一个允许吸上真空高度，用 $[H_s]$ 表示，即

$$H_s \leqslant [H_s] = H_{smax} - 0.3 \tag{8-15}$$

在已知泵的 $[H_s]$ 的条件下，可用式（8-14）计算出允许几何安装高度 $[H_g]$，而实际的安装高度应遵守

$$H_g < [H_g] \leqslant [H_s] - \left(\frac{v_s^2}{2g} + \Sigma h_{ws} \right) \tag{8-16}$$

计算中应注意：

（1）由于泵的流量增加时，流体流动损失和速度头都增加，使得叶轮进口附近的压强更低了，所以 $[H_s]$ 应随流量增加而有所降低，如图 8-24 中 Q-$[H_s]$ 曲线所示。因此，用式（8-16）确定 H_g 时，必须以泵在运行中可能出现的最大流量为准。

（2）$[H_s]$ 值是由制造厂在大气压为 101.325kPa 和 20℃ 的清水条件下试验得出的。当泵的使用条件与上述条件不符时，应对样本上规定的 $[H_s]$ 值按下式进行修正：

$$[H'_s] = [H_s] - (10.33 - h_A) + (0.24 - h_v) \tag{8-17}$$

式中：$(10.33 - h_A)$ 为因大气压不同的修正值，其中 h_A 是当地的大气压强水头，它的值随海拔而变化，如图 8-25 所示；$(0.24 - h_v)$ 为因水温不同所作的修正值，其中 h_v 是与实际工作水温相对应的汽化压强水头，见表 8-3。

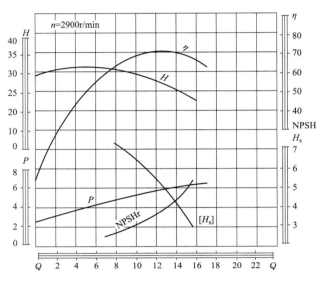

图 8-24　离心式泵 Q-$[H_s]$ 图和 Q-NPSH 曲线简图
NPSH$_r$—汽蚀余量

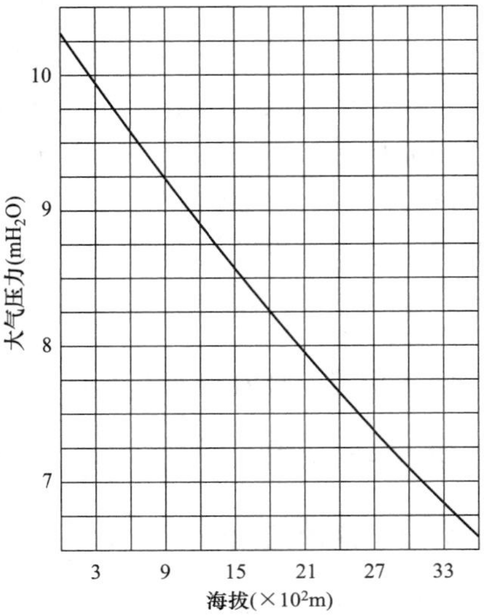

图 8-25　海拔与大气压力的关系

表 8-3　　　　　　　　　　　　　　不同水温下的汽化压强

水温（℃）	5	10	20	30	40	50	60	70	80	90	100
汽化压强（kPa）	0.7	1.2	2.4	4.3	7.5	12.5	20.2	31.7	48.2	71.4	103.3

三、气蚀余量

液体自吸入口 S 流进叶轮的过程中，在它还未被增压之前，因流速增大及流动损失增加，而使静压水头由 $\dfrac{p_S}{\rho g}$ 降至 $\dfrac{p_k}{\rho g}$。这说明泵的最低压强点不在泵的吸入口 S 处，而是在叶片进口的背部 k 点处，即泵内易产生气泡的部位在叶轮入口叶片背面 k 点位置，如图 8-26 所示。如果 k 点的压强 p_k 小于液体在该温度下的汽化压强 p_v，即 $p_k < p_v$，就会产生气泡。我们把泵进口处单位重力作用下液体所具有超过饱和蒸汽压力的富裕能量称为气蚀余量，以符号 NPSH 表示，单位为 m。

如果实际气蚀余量 NPSH，正好等于泵自吸入口 S 至压强最低点 k 的总水头降 $\dfrac{\Delta p}{\rho g}$ 时，就刚好发生气蚀；当 NPSH>

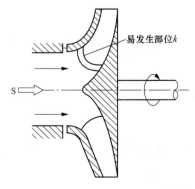

图 8-26　泵内易发生气泡的部位

易发生部位 k

$\dfrac{\Delta p}{\rho g}$ 时，就不会发生气蚀。所以人们把 $\dfrac{\Delta p}{\rho g}$ 又称为临界气蚀余量 $NPSH_{cr}$。

在工程实际中，为确保安全运行，规定了一个必需气蚀余量以 $NPSH_r$ 表示。对于一般清水泵来说，为不发生气蚀，又增加了 0.3m 的安全量，故有

$$NPSH_r = NPSH_{min} + 0.3 = \frac{\Delta p}{\rho g} + 0.3 \tag{8-18}$$

显然，要使液体在流动过程中，自泵吸入口到最低压强点 k，水头降低了 $\dfrac{\Delta p}{\rho g}$ 后，最低压强还高于汽化压强 p_v，就必须使叶片入口处的实际气蚀余量 $NPSH$ 符合下述安全条件：

$$NPSH \geqslant NPSH_r = NPSH_{cr} + 0.3 \tag{8-19}$$

应当指出，和 $[H_s]$ 相仿，$NPSH_r$ 也随泵流量的不同而变化。图 8-24 中 $Q\text{-}NPSH_r$ 曲线所示，当流量增加时，必需气蚀余量 $NPSH_r$ 将急剧上升。忽视这一特点，常是导致泵在运行中产生噪声、振动和性能变坏的原因。

同样，用能量方程式可建立求气蚀余量 $NPSH_r$ 与泵的允许几何安装高度 $[H_g]$ 之间的关系式为

$$[H_g] = \frac{p_0' - p_v'}{\rho g} - \Sigma h_{ws} - NPSH_r \tag{8-20}$$

式中：p_0' 为吸液池液面压强，如果吸液池液面受大气压 p_a 作用，则 $p_0' = p_a$，单位 Pa；p_v' 为与工作流体相对应的汽化压强，单位 Pa。

此式与式（8-16）有相同的实用意义，只不过从不同的角度来确定泵的几何安装高度。

工程实际中最常见的泵的安装位置是在吸液面之上，然而，还可能遇到泵安装在吸液面下方的情况，如采暖系统的循环泵、锅炉凝结水泵，如图 8-27 所示。泵的这种安装形式称为"灌注式"。

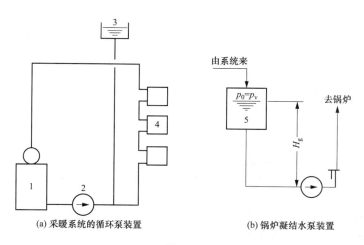

图 8-27

1—锅炉；2—循环水泵；3—膨胀水箱；4—暖气片；5—凝结水箱

究竟在什么情况下要采用"灌注式"安装方式呢？这必须根据式（8-16）、式（8-17）或式（8-20）做出技术上的判断。

【例 8-1】   12Sh-19A 型离心泵，流量为 $0.22\text{m}^3/\text{s}$ 时，由水泵样本中的 $Q\text{-}[H_s]$ 曲线中查得，其允许吸上真空高度 $[H_s]=4.5\text{m}$，泵进水口直径为 300mm，吸入管段的损失估计为 1.0m，当地海拔为 1000m，水温为 $40℃$。试计算其允许几何安装高度 $[H_g]$。

解：

由式（8-17）计算 $[H'_s]$。

由图 8-25 查出海拔 1000m 处的大气压为 $9.2\text{mH}_2\text{O}$，查表 8-3 得，水温为 $40℃$ 时的汽化压强为 0.75m（7.5kPa），则有

$$[H'_s]=[H_s]-(10.33-h_A)+(0.24-h_v)$$
$$=4.5-(10.33-9.2)+(0.24-0.75)=2.86\text{m}$$

泵入口的流速

$$v_s=\frac{Q}{\frac{\pi}{4}D^2}=\frac{0.22}{0.785\times(0.3)^2}\approx3.11\text{m/s}$$

$$\frac{v_s^2}{2g}\approx0.5\ \Sigma h_{ws}=1\text{m}$$

由式（8-16）得允许几何安装高度为

$$H_g=[H'_s]-\left(\frac{v_s^2}{2g}+\Sigma h_{ws}\right)=2.86-(0.5+1)=1.36\text{m}$$

【例 8-2】   一台单级离心泵，流量 Q 为 $20\text{m}^3/\text{h}$，$\Delta h_{min}=3.3\text{m}$，从封闭容器中抽送温度为 $50℃$ 的清水，容器中液面压强为 8.05kPa，吸入管阻力为 0.5m，已知水在 $50℃$ 时的密度为 988kg/m^3，试求该泵允许的几何安装高度 $[H_g]$。

解：

由表 8-3 中查得水在 $50℃$ 时汽化压强 $p_v=1.25\text{mH}_2\text{O}(12.5\text{kPa})$，由式（8-19）及（8-20）可求出 $[H_g]$

$$[H_g]=\frac{p'_0-p'_v}{\rho g}-\Sigma h_{ws}-\text{NPSH}_r=\frac{p'_0}{\rho g}-\frac{p'_v}{\rho g}-\Sigma h_{ws}-(\text{NPSH}_{cr}+0.3)$$
$$=\frac{8050}{988\times9.81}-1.25-0.5-(3.3+0.3)$$
$$=-4.52\text{m}$$

计算结果为负值，故该泵的轴中心至少位于容器液面以下 4.52m。

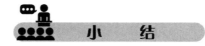

小　结

本章介绍了离心式泵与风机的分类、应用、基本构造及工作原理，对泵与风机的基本性能参数进行了讲解，分析了流体在泵与风机中的运动情况和泵与风机的基本方程式，对离心式泵与风机的性能曲线进行了剖析。此外，介绍了泵的气蚀及其危害，给出了泵安装高度的计算方法。要求熟悉离心式泵与风机的基本构造，不同叶形的叶轮对泵或风机工作的影响，掌握离心式泵或风机的工作原理，熟练识记泵与风机的基本性能参数，理解离心式泵与风机性能曲线的变化规律，了解泵与风机的基本方程式，熟知泵的气蚀现象及泵安装高度的确定方法。

思考题与习题

8-1　离心式泵的轴心推力产生的原因和危害是什么？试分析采用的平衡措施的利弊。

8-2　泵与风机有哪些损失？如何降低这些损失？

8-3　离心式泵与风机的基本参数有哪些？最主要的性能参数是哪几个？

8-4　在分析泵与风机的基本方程时，首先提出的三个理想化假设是什么？

8-5　为什么离心式泵与风机性能曲线中的 Q-η 曲线有一个最高效率点？

8-6　什么是水泵气蚀现象？其产生的原因和危害是什么？

8-7　有一转数 $n=2900$ r/min 的离心式水泵，理论流量 $Q_T=0.033$ m³/s，叶轮直径 $D_2=218$ mm，叶轮出口有效面积 $A_2=0.014$ m²，$\alpha_1=90°$，$\beta_2=30°$，涡流修正系数 $k=0.8$，试求有限叶片下的理论扬程 H_T，并绘出叶轮出口速度三角形。

8-8　一台输送清水的离心泵，现用来输送密度为水的 1.3 倍的液体。该液体的其他物理性质可视为与水相同，水泵装置均相同，试问：（1）该泵在工作时，其流量 Q 与扬程 H 的关系曲线有无变化？在相同的工况下，水泵所需扬程的功率有无变化？（2）水泵出口处的压力表读数有无变化？如果输送清水时，水泵扬程为 50m，此时压力表的读数应为多少？

8-9　已知某泵的流量为 10.2L/s，扬程为 20m，轴功率为 2.5kW，求该泵的效率 η。若泵效率提高 5% 后，轴功率应为多少？

8-10　某水泵 $Q=0.25$ m³/s，必需气蚀余量为 $NPSH_r=4.5$ m，泵吸水管直径为 350mm，水头损失为 1.0m，当地海拔为 800m，水温为 45℃，试计算该泵最大安装高度。

第九章　离心式泵与风机的工况分析、调节与选择

第一节　管路性能曲线与工作点

泵或风机是在一定工况的管路系统中工作的。泵或风机的性能曲线在某一转数下，所提供的流量和扬程是密切相关的，并有无数组对应值。一台泵或风机究竟能给出哪组值，即在泵或风机性能曲线上哪一点工作，并非任意，而是取决于所连接的管路性能。当泵或风机提供的压头与管路所需要的压头得到平衡时，也就确定了泵或风机所提供的流量，这就是泵或风机的"自动平衡性"。此时，如该流量不能满足设计需要时，就需另选一台泵或风机的性能曲线，不得已时也可用调整管路性能来满足需要。

一、管路性能曲线

泵或风机和管路相连构成一个完整的工作系统。泵或风机能提供的流量和扬程，应与管路系统所要求的流量和能量相吻合，才能使整个系统安全、可靠、经济地运行。

一般情况下，流体在管路中流动所消耗的能量，用于补偿下述压差、高差和阻力（包括流体流出时的动压头）：

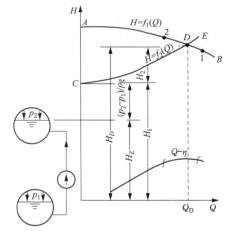

图 9-1　管路系统的性能曲线与泵或风机的工作点

（一）管路系统两端的压力差 H_1

管路系统两端的压力差包括两液面之间高差 H_z 以及高压流体液面（或高压容器）的压强 p_2 与低压流体液面（或低压容器）的压强 p_1 之间的压差，如闭式锅炉给水系统的 $\dfrac{p_2-p_1}{\rho g}$，如图 9-1 所示。

设这部分水头为 H_1，则

$$H_1 = H_z + \frac{p_2-p_1}{\rho g} \tag{9-1}$$

当 $p_1 = p_2 = p_a$ 时，即两流体液面上的压强均为大气压时，式中第二项 $\left(\dfrac{p_2-p_1}{\rho g}\right) = 0$，这是常见的情况。对于风机，由于被输送的介质为空气，因气柱产生的压头常可忽略不计，这时 $H_z = 0$。总之，对于一定的管路系统来说，H_1 是一个不变的常量。

（二）管路中流体流动阻力 H_2

流动阻力包括沿程损失和局部损失，以及末端出口流速水头 $\dfrac{v^2}{2g}$，设这部分水头为 H_2，则

$$H_2 = \sum h_f + \sum h_j + \frac{v^2}{2g} = SQ^2 \tag{9-2}$$

式中：S 为阻抗，与管路系统的沿程阻力与局部阻力以及几何形状有关，s^2/m^5。

于是，流体在管路系统中流动所需的总水头 H 为

$$H = H_1 + H_2 = H_1 + SQ^2 \tag{9-3}$$

式（9-3）为管路总特性关系式。如将这一关系绘在以流量 Q 与压头 H 组成的直角坐标图上，就可以得到一条管路性能曲线，即图 9-1 中 $C\text{-}E$ 曲线。

对通风管路系统，式（9-3）可表示为

$$p = \rho g S Q^2 \tag{9-4}$$

二、泵或风机的工作点

如上所述，管路系统的性能是由工程实际要求所决定的，与泵或风机本身的性能无关。但是工程所需的流量及其相应的扬程必须由泵或风机来满足，这是一对供求矛盾。利用图解法可以方便地加以解决。

鉴于通过泵或风机管路系统中的流量也就是泵或风机本身的流量，可以将泵或风机的性能曲线 $A\text{-}B$ 与管路性能曲线 $C\text{-}E$ 按同一比例绘制在同一坐标图（$H\text{-}Q$）上，如图 9-1 所示。这两条曲线的交点 D 就是泵或风机的工作点。显然，D 点表明所选定的泵或风机在流量 Q_D 的条件下，向该装置提供的扬程 H_D 正是该工程所要求的，而又处在泵或风机的高效率范围内，这样的安排是恰当的、经济的。否则，应重新选择合适的泵或风机。

【例 9-1】　当某管路系统风量为 $500\mathrm{m^3/h}$ 时，系统阻力为 $300\mathrm{Pa}$，今预选一个风机的性能曲线如图 9-2 所示。试计算：（1）风机实际工作点；（2）当系统阻力增加 50% 时的工作点；（3）当空气送入有正压 $150\mathrm{Pa}$ 的密封舱时的工作点。

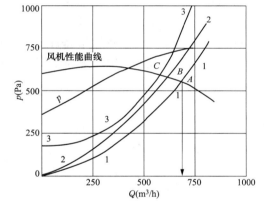

图 9-2　风机工况计算举例（$n = 2800\mathrm{r/min}$）

解：

（1）先绘出管网性能曲线

$p = S_p Q^2$，当 $Q = 500\mathrm{m^3/h}$，$p = 300\mathrm{Pa}$ 时

$$S = \frac{300}{500^2} = 0.001\,2$$

当　$Q = 500\mathrm{m^3/h}$ 时，$p = 300\mathrm{Pa}$；

当　$Q = 750\mathrm{m^3/h}$ 时，$p = 675\mathrm{Pa}$；

当　$Q = 250\mathrm{m^3/h}$ 时，$p = 75\mathrm{Pa}$。

由此可以绘出管网性能曲线 1-1。由曲线 1-1 与风机性能曲线交点 A（工作点）得出。当 $p = 550\mathrm{Pa}$ 时，$Q = 690\mathrm{m^3/h}$。

（2）当阻力增加 50% 时，管网性能曲线将改变

$$S = \frac{300 \times 1.5}{500^2} = 0.001\,8$$

当　$Q = 500\mathrm{m^3/h}$ 时，$p = 450\mathrm{Pa}$；

当　$Q = 750\mathrm{m^3/h}$ 时，$p = 1012\mathrm{Pa}$；

当　$Q = 250\mathrm{m^a/h}$ 时，$p = 112\mathrm{Pa}$。

由此可绘出管网性能曲线 2-2。由曲线 2-2 与风机性能曲线交点 B 得出，当压力为 $610\mathrm{Pa}$ 时，$Q = 570\mathrm{m^3/h}$。

（3）对第一种情况附加正压 $150\mathrm{Pa}$（即管路系统两端压差）

$$p = 150 + SQ^2 = 150 + 0.001\,2Q^2$$

当　$Q=500\mathrm{m}^3/\mathrm{h}$ 时，$p=300+150=450\mathrm{Pa}$；

当　$Q=750\mathrm{m}^3/\mathrm{h}$ 时，$p=150+675=825\mathrm{Pa}$；

当　$Q=250\mathrm{m}^3/\mathrm{h}$ 时，$p=150+75=225\mathrm{Pa}$。

按此点做出管网性能曲线 3-3（它相当于 1-1 曲线平移 150Pa），由它与风机性能曲线的交点 C 得出：当 $p=590\mathrm{Pa}$ 时，$Q=590\mathrm{m}^3/\mathrm{h}$。

此例可看出：当阻力增加 50% 时，风量减少 $\dfrac{690-570}{690}\times100\%=17\%$，即阻力急剧增加，风量相应降低，但不与阻力增加成比例。因此，当管网计算的阻力与实际应耗的压力存在某些偏差时，对实际风量的影响并不突出。

当风机供给的风量不能符合实际要求时，可采用以下三种方法进行调整。

1. 减少或增加管网的阻力（压力）损失［见图 9-3（a）］

增大管网管径或缩小管网管径（有时不得已要关小阀门），使管网特性改变，例如曲线 1-1，由于阻力降低而变为 2-2，风量因而由 Q_1 增加到 Q_2。

2. 更换风机［见图 9-3（b）］

这时管网特性没有变化，适用于所需风量的另一风机（2-2）代替原预选的风机（1-1），以满足风量 Q_2。

3. 改变风机转数［见图 9-3（c）］

改变风机转数，以改变风机特性曲线，即由（1-1）变为（2-2），改变转数的方法很多，例如用变速电机、改变供电频率、改变皮带轮的传动数比、采用水力联轴器等。

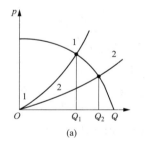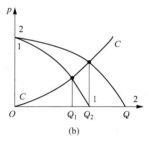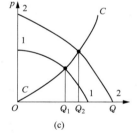

图 9-3　风机工作调整

三、运行工况的稳定性

泵或风机的 Q-H 性能曲线大致可分为三种类型：平坦形、陡降形及驼峰形，如图 8-20 所示。前两种类型的性能曲线与管路性能曲线一般只有一个交点 D，如图 9-1 所示。D 点便是泵或风机输出的流量恰好等于管道系统所需要的流量。而且，泵或风机所提供的扬程（或压头）也恰好满足管道在该流量下所需要的扬程，因而泵或风机能够在 D 点稳定转动。一旦工作点 D 受机械振动或电压波动所引起流速干扰而发生偏离时，那么，当干扰过后，工作点会立即恢复到原工作点 D 运行，所以称 D 点为稳定的工作点。

有些低比转数泵或风机的性能曲线呈驼峰形，这样的性能曲线与管路性能曲线有可能出现两个交点 D 和 K，如图 9-4 所示。这种情况下，只有 D 点是稳定工作点，在 K 点工作是不稳定的。

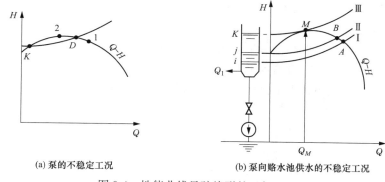

(a) 泵的不稳定工况　　　　　　　(b) 泵向赂水池供水的不稳定工况

图 9-4　性能曲线呈驼峰形的运行工况

如图 9-4（b）所示，具有驼峰特性的泵在系统中运转，这时泵的性能曲线与管路性能曲线可能相交于两点，导致发生了不正常的运转。例如，泵向水池送水，而水池又向用户供水。假如水泵开始运转时水池水面高度为 i，管路性能曲线为Ⅰ，一旦水泵送入流量 Q_A 大于水池出水量 Q_1，则水池水面升高，与此同时，管道性能曲线也就向上平移。当水面上升到 K 点时，管路性能曲线已移至Ⅲ，此时它与泵的性能曲线相切于 M 点，此时泵的送入流量 Q_M 大于水池出水量 Q_1，则水池中水面继续升高，管路性能曲线就与泵的性能曲线脱离。于是泵的流量立刻自 Q_M 突变为零，水池水面开始下降，管路性能曲线重新与泵的性能曲线相交于两点，但此刻泵的流量等于零，泵的工况停留在性能曲线的左侧，泵的扬程低于管路所需，故泵仍不能将水送入水池，直至水池中水面降低至 j 时，泵才开始送水。此时管路性能曲线为Ⅱ，流量为 Q_B，以后水池中水面又上升，重复上述过程。

与此类同，当一台风机向压力容器（或较密闭的房间）或容量甚大的管道送风时，也可能发生此种不稳定运行。

由此可见，泵与风机具有驼峰性能曲线是产生不稳定运行的内在因素，但是否产生不稳定工况还要看管路性能——它是外在因素。

大多数泵或风机的性能都具有平缓下降的曲线，当少数曲线有驼峰时，则工作点应选在曲线下降段，故通常的运转工况是稳定的。

第二节　泵或风机的联合运行

两台或两台以上的泵或风机在同一管路系统中工作，称为联合运行。联合运行分为并联和串联两种形式，联合运行的工况需根据联合运行的机器总性能曲线与管路性能曲线确定，联合运行的目的在于增加流量或增加压头。

一、泵或风机的并联运行

并联运行是将两台或两台以上的泵或风机向同一压出管路供给流体，使管网在同一扬程或全压情况下，获得比单机运行更大的流量。

当系统中要求的流量很大，用一台泵或风机流量不够时，或需要增开或停开联合工作台数，以实现大幅度调节流量时，宜采用并联运行。

由此可见，泵或风机并联运行使系统运行更灵活和可靠，既节能又可安全运行，是最常用的一种运行方法。

（一）两台性能相同的泵或风机的并联运行

1. 并联泵或风机总性能曲线的绘制

在绘制并联泵或风机总性能曲线时，先把并联的各台机械的 $Q\text{-}H$ 曲线绘在同一坐标图上，然后把对应等扬程（H）值的各个流量叠加起来。如图 9-5 中 AB' 为两台性能曲线相同的泵或风机的并联，曲线 AB 为单机运行性能曲线。因两台泵性能曲线相同，故彼此重合在一起。

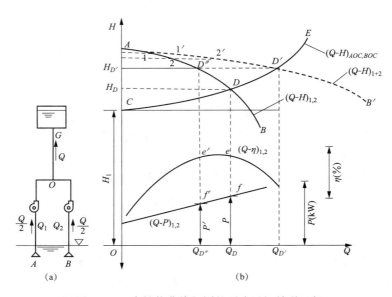

图 9-5 两台性能曲线相同的泵或风机并联运行

这时两台泵吸入口与压出口均处在相同的压头下运行，在总管中的流量为两泵流量之和。于是并联泵或风机的总性能曲线是由同一压力下的各机流量叠加而得。具体做法：在性能图上先绘出一系列水平虚线，这就是一系列等压线，然后，在每一根水平虚线（如 2-2′ 线）上，将与各单机性能曲线交点所对应的流量相加（如 $Q_2 + Q_2$）便找到了两泵并联总性能曲线上一点 2′。依此类推，便可绘出两泵并联工作的总性能曲线，如线 AB' 为并联运行时总性能曲线。

2. 管路性能曲线的绘制

前已述及，管路性能曲线为 $H = H_1 + SQ^2$，S 为管路总特性阻力数。在图 9-5（a）中，并联管路水力对称，两台泵又为同型号，故 $S_{AO} = S_{BO}$，$Q_1 = Q_2 = \dfrac{1}{2}Q$，则管路性能曲线为

$$H = H_1 + S_{AO}Q_1^2 \text{（或 } S_{BO}Q_2^2 \text{）} + S_{OG}Q^2 = H_1 + \left(\frac{1}{4}S_{AO} + S_{OC}\right)Q^2$$

由此可绘出 AOG（或 BOG）管路性能曲线 CE。

从图 9-5（b）可以看出：CE 为管路性能曲线，它与泵联合总性能曲线的交点 D' 就是并联运行的工作点，其流量为 $Q_{D'}$，压头为 $H_{D'}$，它代表联合运行的最终效果；过 D' 点做水平虚线与各泵性能曲线相交于 D''，它代表参加联合运行时每台泵所"贡献"的工况，各自所提供的流量是 $Q_{D''}$，各自所提供的压头皆为 $H_{D'}$。

如果对此管路系统关掉其余各泵，只以单机运行，则与管道性能曲线 CE 交于 D，D 点

为单机运行工作点。

（二）两台性能不同的泵或风机的并联运行

如图 9-6 所示，单台泵或风机的性能曲线为 A_1B_1、A_2B_2，管路性能曲线为 CE，单独运行时的工作点分别为 D_1 和 D_2。两台泵或风机联合运行时其叠加方法：做一系列水平虚线，在每根水平线上（如 $D_2'D_1'$ 线）上，将与各单机性能曲线交点所对应的流量进行相加（如 $Q_{D_2'}+Q_{D_1'}$）便找到了两机并联总性能曲线上的一点 D。依此类推，便绘出两机械并联后的曲线 AB。AB 与 CE 线相交于 D，D 点为并联运行的工作点。与之对应的两台机的工作点分别是 D_1' 和 D_2'。

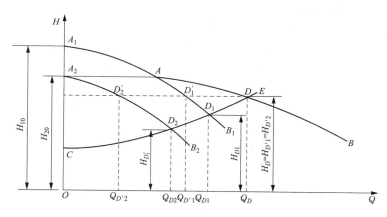

图 9-6　两台性能曲线不同的泵或风机并联运行

（三）泵或风机并联运行的工况分析

通过分别对两台性能曲线相同的泵或风机并联运行、两台不同性能曲线的泵或风机并联运行的工况分析可得出下述结论：

（1）由图 9-5（b）看出：$H_D''=H_D'$，$Q_D'=2Q_D''$，而 $H_D<H_D'$，$Q_D''<Q_D<Q_D'$；由图 9-6 看出：$H_{D_1'}=H_{D_2'}=H_D$，而 $Q_{D_1'}<Q_{D_1}$，$Q_{D_2'}<Q_{D_2}$，$H_{D_1'}=H_{D_2'}>H_{D_1}$，所以 Q_D 小于 $Q_{D_1}+Q_{D_2}$，且两泵的工作点与单独运行工作点相比，也均左移。所以两泵并联运行时均未发挥出单机的能力，并联总流量小于两单机单独运行的流量和。说明两泵并联运行都受到了"共同压头"的制约。一般来说，两泵并联增加流量的效果只有在管路压头损失小（即管路曲线较平坦）的系统才明显。

（2）由图 9-5 中可以看出，两台泵分别单独运行时所提供的流量都小于联合运行的流量，同时也可以看出单机运行的压头均低于联合运行的压力值。这种压头差值是由于并联运行的流量增大后，增加了流动损失所引起的。

（3）并联运行是否经济合理，要通过研究各机效率而定。如图 9-5（b）中绘有两台泵的效率曲线，当管路性能曲线为 CE 时，两泵联合下各泵的工作点 D'' 所对应的效率为 e'。

（四）两台性能曲线不同的泵或风机并联运行的特殊情况

以风机为例，如图 9-7 所示，两台不同型号或

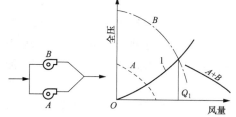

图 9-7　两台型号不同风机的并联

转数的风机 A 与 B，并联时的总性能曲线为 $A+B$，管路性能曲线 1 不与曲线 $A+B$ 相交而是与单台风机 B 曲线相交，在此特殊情况下并联后的流量可能并不增加，甚至还可能通过 A 风机发生倒流，使总流量反而小于 B 风机单独运行的情况。

总之，两台不同型号的泵或风机并联运行时，应注意各机械的扬程或全压范围应比较接近，否则找不到具有相等扬程或全压的并联工作点，则扬程高或全压高的机械有流量输出，而扬程低或全压低的机械无流量输出，使并联运行无效。一般情况下应少用并联运行，但目前空调冷、热水系统中，多台水泵并联已广为采用，此时，宜采用相同型号及转数的水泵。

二、泵或风机的串联运行

当单台泵或风机不能提供所需的较高的扬程或风压时，或在改建扩建的管路系统中，由于阻力增加较大，需要提供较大的扬程或风压时，宜采用串联运行。串联运行时，第一台泵或风机的出口与第二台泵或风机的吸入口连接，如图 9-8 所示。

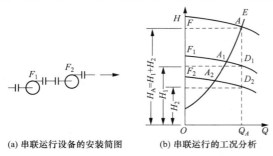

(a) 串联运行设备的安装简图　(b) 串联运行的工况分析

图 9-8　两台性能曲线不同的泵或风机串联运行

图 9-8 中两台不同性能的机械串联运行时，流量不变，而扬程叠加，绘出串联运行的性能曲线 F，与管路性能曲线 E 相交于 A 点，A 点为串联运行工作点；D_1 和 D_2 是参加串联运行时各机的工作点；A_1 和 A_2 为不联合，单开某一机的工作点。读者可用类似前述的方法自行分析其运行工况。

串联运行时，应保证各单机在高效区内运行。在串联管路后面的单机，由于承受较高的扬程（风压）作用，选机时应考虑其构造强度。风机串联，因操作上可靠性较差，一般不推荐采用。

一般来说，两台或两台以上的泵或风机联合运行要比单机运行效果差，工况复杂，分析烦琐。

第三节　泵与风机的工况调节

实际工程中，随着外界的需求改变，泵与风机都要经常进行流量调节，即进行工况调节。如前所述，泵或风机运行时工况点的参数是由泵或风机的性能曲线与管路性能曲线共同决定的。所以工况调节就是用一定方法改变泵与风机性能曲线或管路性能曲线，来满足用户对流量变化的要求。

一、改变管路性能曲线的调节方法

改变管路性能曲线最常用的方法就是改变管路中的阀门开启程度，从而改变管路的阻抗，使管路性能曲线变陡或变缓，达到调节流量的目的。这种调节方法十分简单，应用最广。

1. 压出管路上阀门调节

图 9-9 所示为管路性能调节的工况分析示意。曲线 1、2 和 3 分别为管网初始状态的性能曲线和调节后阻力增减的性能曲线；曲线 4 为泵或风机的性能曲线。当关小压出管道上阀门时，阻力增大，管路性能曲线变陡为曲线 2，工况移至 B，相应的流量由 Q_A 减至 Q_B。当开

大管网中的阀门时，阻力较小，管路性能曲线变为曲线 3，工况点移至 C 点，相应流量增加为 Q_C。

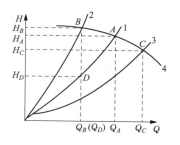

由于阀门关小额外增加的能量损失为 $\Delta H = H_B - H_D$。因为原来管路中流量为 Q_B 时需要的扬程为 H_D，相应多消耗的功率为

$$\Delta P = \frac{\rho g Q_B \Delta H}{\eta_B}$$

可见，由于增加了阀门阻力，额外增加了压力损失，是不经济的，这种方法常用于临时性的调节。

图 9-9　管路性能调节的工况分析

2. 吸入管路上阀门调节

这是在通风系统中所应用的一种调节方法。因吸水管上增加能耗后易引起汽蚀现象，故此法不宜用于水泵装置系统中。

如图 9-10 所示，此法是利用风机吸入端调节阀门或导流装置的过流能力来调节工作点的，是一种既改变管路特性又改变风机性能曲线的调节方法。

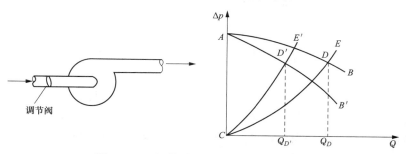

图 9-10　吸风管路中的调节阀及调节工况

由于调节阀开度调小，风机入口气体的压强降低，密度变小，使风机性能产生相应变化，图 9-10 中由 AB 变为 AB' 曲线。管路性能曲线也随流量变小和压头降低由 CE 移至 CE'，工作点从 D 左移至 D' 点。

因为节流后风机的流量和全压均有所减小，使风机额外能耗也减小，所以，与压出端节流相比，更有利于节能。

二、改变泵或风机性能曲线的调节方法

改变泵或风机性能的主要调节方法有变速调节和变径调节两种。

（一）变速调节

泵或风机的变速即改变其转数。由相似理论可知，改变泵或风机的转数，可以改变泵或风机的性能曲线，从而使工况点移动，流量随之改变。

转数改变时泵或风机的性能参数变化如下：

$$\frac{Q}{Q'} = \frac{n}{n'}, \quad \frac{H}{H'} = \left(\frac{n}{n'}\right)^2, \quad \frac{p}{p'} = \left(\frac{n}{n'}\right)^2, \quad \frac{P}{P'} = \left(\frac{n}{n'}\right)^3$$

$$(9\text{-}5)$$

变速调节的工况分析如图 9-11 所示，图中曲线 I 为转数 n 时泵或风机的性能曲线。曲线 II 为管路性能曲线。两线交点 A 就是工况点。

将工况点调节至管路性能曲线上的 B 点，通过 B

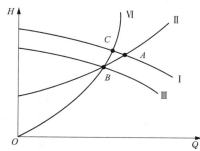

图 9-11　变速调节工况分析

点的泵或风机性能曲线Ⅲ，转数为 n'。转数比为

$$\frac{n}{n'} \neq \frac{Q_A}{Q_B}$$

因为相似理论应满足相似工况的条件，而 A、B 两点不满足运动相似条件。

由式（9-5）可知，相似工况点应满足以下关系：

$$\frac{H}{H'} = \frac{Q^2}{Q'^2} \quad 或 \quad \frac{H}{Q^2} = \frac{H'}{Q'^2} = K$$

得到相似工况曲线方程为

$$H = KQ^2 \tag{9-6}$$

将 Q_B 及 H_B 代入得

$$S = \frac{H_B}{Q_B^2}$$

则可以绘出通过 B 点的相似工况曲线Ⅳ。与转数 n 的性能曲线Ⅰ交于 C 点。B 点与 C 点是相似工况点，C 点又在转数 n 的性能曲线上，因此有

$$\frac{n}{n'} = \frac{Q_C}{Q_B}$$

改变泵或风机转数的方法有以下几种。

1. 改变电机转数

用电机拖动的泵或风机，可以在电机的转子电路中串接变阻器来改变电机的转数。这种方法的缺点是必须增加附属设备，调速系统价格较贵、对运行和检修的技术要求高；优点是可以实现无级调速，调速操作简单，提高了水泵的运行效率和扬程利用率。另一种通过改变电机输入电流的频率来改变电机转数——变频调速的方法是目前最为常用的。优点是可实现无级调速，操作非常简单，效率高，而且变频装置体积小便于安装等；缺点是调速系统（包括变频电源、参数测试设备、参数发送与接收设备、数据处理设备等）价格较贵，检修和运行技术要求高，对电网产生某种程度的高频干扰等。

2. 调换皮带轮

改变叶轮的转速还可调换传动皮带轮的大小，在一定范围内调节转数。这种方法的优点是不增加额外的能量损失；缺点是调速范围很有限，并且要停机换轮。

3. 采用液力耦合器

液力耦合器是安装在电机与泵或风机之间的传动设备。它和一般联轴器不同之处在于通过液体（如油）来传递转矩，从而在电机转速恒定的情况下，改变泵或风机的转数。优点是调速连续，很容易实现空载或轻载启动，调速操作简便；缺点是调节装置复杂，维修运行技术要求高，电能浪费大。

在理论上可以用增加转数的方法来提高流量，但是转数增加后，使叶轮圆周速度增大，因而可能增大振动和噪声，且可能发生电机超载等问题，所以一般不用增速的方法来调节工况。

（二）切削叶轮外径调节

将水泵的叶轮切削一部分，使叶轮外径变小，可改变水泵的性能，达到改变工作点的目的。叶轮切削后，水泵流量、扬程及功率均相应降低。实践证明，当切削量不大时，水泵的效率几乎不变。那么，切削前后水泵的性能参数变化关系又如何呢？因为切削后，水泵与原叶轮并不相似，故不能按前述相似律来解决，而是通过实验，得出下列公式，又称为切削定律。

$$\frac{Q}{Q_0}=\frac{D_2}{D_{20}} \tag{9-7}$$

$$\frac{H}{H_0}=\left(\frac{D_2}{D_{20}}\right)^2 \tag{9-8}$$

$$\frac{P}{P_0}=\left(\frac{D_2}{D_{20}}\right)^3 \tag{9-9}$$

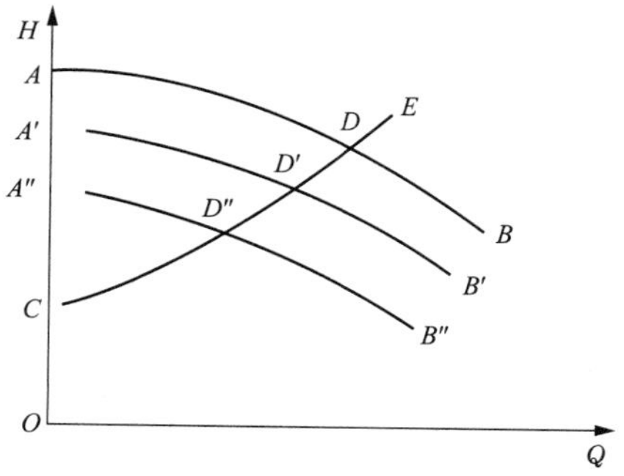

式中：Q、H、P、D_2 分别为叶轮切削前的流量、扬程、轴功率和叶轮外径；Q_0、H_0、P_0、D_{20} 分别为叶轮切削后的流量、扬程、轴功率和叶轮外径。

如图 9-12 所示，AB 线为某水泵性能曲线，$A'B'$ 为第一次切削后的性能曲线，$A''B''$ 为第二次切削后的性能曲线，CE 为管路特性曲线，D、D'、D'' 分别为原水泵、叶轮第一次切削和第二次切削后的工作点。

切削叶轮是离心式水泵的一种独特方法，一般只适用于比转数不超过 350 的系列泵。并应注意：不同类型叶轮，应采用不同的切削方式。如高比转数叶轮，后盖板的切削量大于前盖板，而对低比转数叶轮，其前后盖板和叶片的切削量是相等的；因叶轮切削后使出口端变厚，故需在背水面出口端部适当范围内予以修锉，使泵性能得到改进。

图 9-12　切削叶轮的调节方法

【例 9-2】已知水泵性能曲线如图 9-13 所示。管路阻抗 $S=76\,000\text{s}^2/\text{m}^5$，静扬程 $H_{st}=19\text{m}$，转数 $n=2900\text{r/min}$。试求：（1）水泵流量 Q、扬程 H、效率 η 及轴功率 P。（2）用阀节门调节方法使流量减少 25%，求此时水泵的流量、扬程、轴功率和阀门消耗的功率。（3）用变速调节方法使流量减少 25%，转速应调至多少？

解：

（1）由管路性能曲线方程 $H=H_{st}+SQ^2=19+76\,000Q^2$ 计算，结果见表 9-1。

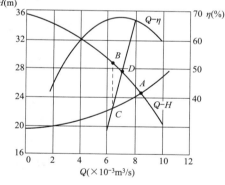

图 9-13　泵性能曲线

表 9-1　　　　　　　　　　　　　　　　　　　　　计算结果

$Q(\times10^{-3}\text{m}^3/\text{s})$	0	2	4	6	8	10
$H(\text{m})$	19	19.30	20.22	21.74	23.86	26.60

管路性能曲线与泵的 Q-H 曲线交于 A 点，则

$$Q_A=8.5\times10^{-3}\text{m}^3/\text{s},\quad H_A=24.5\text{m},\quad \eta_A=65\%$$

$$P_A=\frac{\rho g Q_A H_A}{\eta_A}=\frac{9.807\times8.5\times10^{-3}\times24.5}{0.65}=3.14\text{kW}$$

（2）阀门调节方法。

$$Q_B=(1-0.25)\,Q_A=0.75\times8.5\times10^{-3}=6.38\times10^{-3}\text{m}^3/\text{s}$$

在泵的 Q-H 曲线上查得 B 点，$H_B=28.8\text{m}$，$\eta_B=65\%$，则

$$P_B=\frac{\rho g Q_B H_B}{\eta_B}=\frac{9.807\times 6.38\times 10^{-3}\times 28.8}{0.65}=2.77\text{kW}$$

由 B 点作垂直线与管路性能曲线交于 C 点，则

$$H_C=19+76\,000\times 0.006\,38^2=22.09\text{m}$$

阀门增加的水头损失

$$\Delta H=H_B-H_C=28.8-22.09=6.71\text{m}$$

阀门消耗的功率

$$\Delta P=\frac{\rho g Q_B \Delta H}{\eta_B}=\frac{9.807\times 6.38\times 10^{-3}\times 6.71}{0.65}=0.65\text{kW}$$

（3）变速调节方法。

将工况点调至 C 点的相似工况曲线的特性方程 $H=SQ^2$，则有

$$S=\frac{H_C}{Q_C^2}=\frac{22.09}{(6.38\times 10^{-3})^2}=542\,693\text{s}^2/\text{m}^5$$

依据 S 值代入 Q 值，可得出 H 值，见表 9-2。

表 9-2 与 Q 对应的 H 值

$Q(\times 10^{-3}\text{m}^3/\text{s})$	6	6.38	7	8
$H(\text{m})$	19.55	22.09	26.61	34.75

相似工况曲线与泵的 Q-H 曲线交于 D 点，则

$$Q_D=7.2\times 10^{-3}\text{m}^3/\text{s}$$

由 $\dfrac{n}{n'}=\dfrac{Q_D}{Q_C}$ 得

$$n'=n\frac{Q_C}{Q_D}=2900\times\frac{0.006\,38}{0.007\,2}=2570\text{r/min}$$

第四节 泵与风机的选用

由于泵或风机装置的用途和使用条件千变万化，而泵或风机的种类又十分繁多，故合理地选择其类型或形式及决定它们的大小，以满足实际工程所需的工况是很重要的。

泵或风机选择时，应同时满足使用与经济两方面的要求，具体方法步骤归纳如下。

一、选类型

首先应充分了解整个装置的用途、管路布置、地形条件、被输送流体的种类、性质以及水位高度等原始资料，以便正确选取泵或风机种类。例如，在选水泵时，应弄清楚被输送液体的性质，以便选择不同用途的水泵（如清水泵、污水泵、锅炉给水泵、凝结水泵、氨水泵等）。同理，在选风机时，应弄清楚被输送的气体性质（如清洁空气、烟气、含尘空气或易燃易爆及腐蚀性气体等），以便选择不同用途的风机。

常用各类水泵与风机性能及适用范围，见表 9-3 及表 9-4。

表 9-3　　　　　　　　　　　　**常用水泵性能及适用范围（示例）**

型号	名称	扬程范围（m）	流量范围（m³/h）	电机功率（kW）	介质最高温度（℃）/汽浊余量	适用范围
BG	管道泵	8～30	6～50	0.37～7.5	2～4m（汽蚀余量）	输送清水或理化性质类似的液体，装于水管上
NG	管道泵	2～15	6～27	0.20～1.3	95～150	输送清水或理化性质类似的液体，装于水管上
SG	管道泵	10～100	1.8～400	0.50～26		有耐腐型、防爆型、热水型，装于管道上
XA	离心式清水泵	25～96	10～340	1.50～100	105	输送清水或理化性质类似的液体
IS	离心式清水泵	5～25	6～400	0.55～110	2m（汽蚀余量）	输送清水或理化性质类似的液体
BA	离心式清水泵	8～98	4.5～360	1.5～55	80	输送清水或理化性质类似的液体
BL	直联式离心泵	8.8～62	4.5～120	1.5～18.5	60	输送清水或理化性质类似的液体
Sh	双吸离心泵	9～140	126～12 500	22～1150	80	输送清水，也可作为热电站循环泵
D，DG	多级分段泵	12～1528	12～700	2.2～2500	80	输送清水或理化性质类似的液体
GC	锅炉给水泵	46～576	6～55	3～185	110	小型锅炉给水
N，NL	凝结水泵	54～140	10～510		80	输送发电厂冷凝水
J，SD	深井泵	24～120	35～204	10～100		提取深井水
4PA-6	氨水泵	86～301	30	22～75		输送 20%浓度的氨水，吸收式冷冻设备主机

表 9-4　　　　　　　　　　　　**常用通风机性能及适用范围（示例）**

型号	名称	全压范围（Pa）	风量范围（m³/h）	功率（kW）	介质最高温度（℃）	适用范围
4-68	离心通风机	170～3370	565～79 000	0.55～59	80	一般厂房通风换气、空调
4-72-11	塑料离心风机	200～1410	991～55 700	1.10～30	60	防腐防爆厂房通风排气
4-72-11	离心通风机	200～3240	991～227 500	1.1～200	80	一般厂房通风换气
4-79	离心通风机	180～3400	990～17 720	0.75～15	80	一般厂房通风换气

续表

型号	名称	全压范围 （Pa）	风量范围 （m³/h）	功率 （kW）	介质最高 温度（℃）	适用范围
7-40-11	排尘离心通风机	500～3230	1310～20 800	1.0～40		输送含尘量较大的空气
9-35	锅炉通风机	800～6000	2400～150 000	2.8～570		锅炉送风助燃
Y4-70-11	锅炉通风机	670～1410	2430～14 360	3.0～75	250	用于1～4t/h的蒸汽锅炉
Y9-35	锅炉通风机	550～4540	4430～473 000	4.5～1050	200	锅炉烟道排风
G4-73-11	锅炉离心式通风机	590～7000	15 900～680 000	10～1250	80	用于2～670t/h的蒸汽锅炉
30K4-11	轴流通风机	26～506	550～49 500	0.09～10	45	一般工厂、车间办公室换气

二、确定选机流量及压头

根据工程计算所确定的最大流量 Q_{max} 和最高扬程 H_{max} 或风机的最高全压 p_{max}，然后分别加 $10\%～20\%$ 的安全量（考虑计算误差及管网漏耗等）作为选泵或风机的依据，即

$$Q=1.1～1.2Q_{max}\, m^3/h$$

$$H=1.1～1.2H_{max}\, m \text{ 或 } p=1.1～1.2p_{max}\, Pa$$

三、确定型号大小和转数

当泵或风机的类型选定后，要根据流量和扬程（或全压），查阅样本手册，选择其大小（型号）和转数。

现行的样本有几种泵或风机性能的曲线或表格。一般可先用综合"选择曲线图"见图 9-14 和图 9-15，进行初选。此种选择曲线已将同一类型各种大小型号和转数的性能曲线绘在同一张图上，使用方便。表 9-5、表 9-6 分别为 IS 型单级单吸离心泵和 4-68 型离心式通风机的性能示例（择录），对于风机还可用无因次性能曲线进行选择工作。

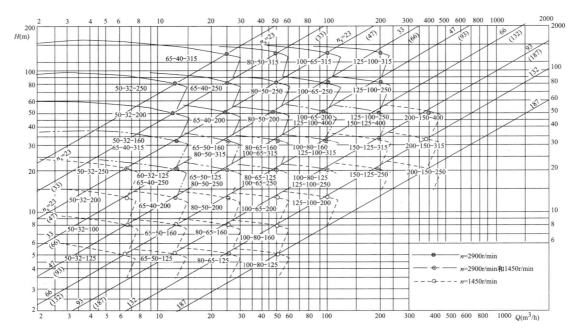

图 9-14　IS 系列离心水泵性能曲线综合图

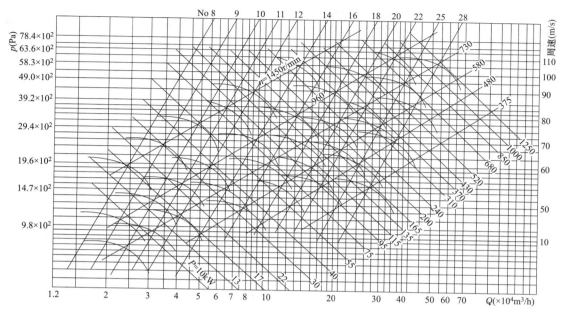

图 9-15　G4-72-1 单吸离心锅炉通风机性能选择曲线（轴向导流、导叶全开 0℃时，
进口温度 20℃，进口压力 101 325Pa，介质密度 1.2kg/m³）

表 9-5　　　　　　　　　　　　　　**IS 型离心泵性能**

型号	流量 Q(m³/h)	扬程 H(m)	电机功率（kW）	转速 n(r/min)	效率（%）	吸程（m）	叶轮直径（mm）
IS50-32-160	8-12.5-16	35-32-28	3	2900	55	7.2	160
IS50-32-250	8-12.5-16	86-80-72	11	2900	3.5	7.2	250
IS65-50-125	17-25-32	22-20-18	3	2900	69	7	125
IS65-50-165	17-25-32	35-32-28	4	2900	66	7	160
IS65-40-250	17-25-32	86-80-72	15	2900	48	7	250
IS65-40-315	17-25-32	140-125-115	30	2900	39	7	315
IS80-50-200	31-50-64	55-50-45	15	2900	69	6.6	200
IS80-65-160	31-50-64	35-32-28	7.5	2900	73	6	160
IS80-65-125	31-50-64	22-20-18	5.5	2900	76	6	125
IS100-65-200	65-100-125	55-50-45	22	2900	76	5.8	200
IS100-65-250	65-100-125	86-80-72	37	2900	72	5.8	250
IS100-65-315	65-100-125	140-125-115	75	2900	65	5.8	315
IS100-80-125	65-100-125	22-20-28	11	2900	81	5.8	125
IS100-80-160	65-100-125	35-32-28	15	2900	79	5.8	160
IS150-100-250	130-200-250	86-80-72	75	2900	78	4.5	250
IS150-100-315	130-200-250	140-125-115	110	2900	74	4.5	315
IS200-150-250	230-315-380	22-20-18	30	1460	85	4.5	250
IS200-150-400	230-315-380	55-50-45	75	1460	80	4.5	400

表 9-6　　　　　　　　　　　　　　　4-68 型离心式通风机性能（摘录）

型号	传动方式	转速（r/min）	序号	全压（Pa）	流量（m³/h）	内效率（%）	电机功率（kW）	电机型号
2.8	A	2900	1	990	1131	78.5	1.1	Y802-2
			2	990	1319	83.2		
			3	980	1508	86.5		
			4	940	1696	87.9		
			5	870	1885	86.1		
			6	780	2073	80.1		
			7	670	2262	73.5		
4	A	2900	1	2110	3984	82.3	4	Y112M-2
			2	2100	4534	86.2		
			3	2050	5083	88.9		
			4	1970	5633	90.0		
			5	1880	6182	88.6		
			6	1660	6732	83.6		
			7	1460	7281	78.2		
4.5	A	2900	1	2700	5790	83.3	7.5	Y132S₂-2
			2	2680	6573	87.0		
			3	2620	7355	89.5		
			4	2510	8137	90.5		
			5	2340	8920	89.2		
			6	2110	7902	84.5		
			7	1870	10485	79.4		
4.5	A	1450	1	680	2895	83.3	1.1	Y90S-4
			2	670	3286	87.0		
			3	650	3678	89.5		
			4	630	4069	90.5		
			5	580	4460	89.2		
			6	530	4851	84.5		
			7	470	5242	79.4		

　　选择泵和风机的出发点，是把工程需要的工作点（即 Q、H）选在机器最高效率（η 线的顶峰值）的 $\pm10\%$ 的高效区，并在 Q-H 曲线的最高点的右侧下降段上，以保证工作的稳定性和经济性。

　　目前，生产厂家多用表格给出该机在高效率和稳定区的一系列数据点，选机时应使所需的 Q 和 H 与样本给出值分别相等，不得已时，允许样本值稍大于需要值（多指扬程）。

四、选电动机及传动配件或风机转向及出口位置

　　用性能表选机时，在性能表上附有电机功率及型号和传动配件型号，可一并选用。

　　用性能曲线选机时，因图 9-15 上只有轴功率 P，故电机及传动件需另选。

　　配套电机功率 P_{m} 可按式（9-10）计算：

$$P_{\mathrm{m}}=k\frac{P}{\eta_{\mathrm{t}}}=k\frac{\rho gQH}{\eta\eta_{\mathrm{t}}}=k\frac{Qp}{1000\eta\eta_{\mathrm{t}}} \tag{9-10}$$

式中：P_{m} 为电动机功率，kW；Q 为流量，m³/s；H 为扬程，m；p 为风机全压，Pa；k 为

电机安全系数，见表 9-7；P 为泵或风机轴功率；η_t 为传动效率，电动机直接传动 $\eta_t=1.0$，联轴器传动 $\eta_t=0.95\sim0.98$，三角带传动 $\eta_t==0.9\sim0.95$。

表 9-7　　　　　　　　　　　　　　　　**电 动 机 安 全 系 数**

电动机功率（kW）	>0.5	0.5~1.5	1.0~2.0	2.0~5.0	>5.0
安全系数	1.5	1.4	1.3	1.2	1.15

另外，泵或风机转向及进、出口位置应与管路系统相配合。风机叶轮转向及出口位置按图 9-16 代号表达，即从电动机或皮带轮一端正视，顺时针方向为"右"旋，反之为"左"旋，出风口位置用右旋（左旋）加角度表示。

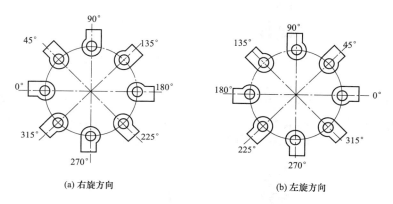

(a) 右旋方向　　　　　　　　　　　　(b) 左旋方向

图 9-16　离心式风机出风口位置

五、注意事项

选用中的注意事项如下：

（1）当选水泵时，应注意防止汽蚀发生，从样本上查出标准条件下的允许吸上真空高度 $[H_s]$ 或临界汽蚀余量 $NPSH_{cr}$，并验算其几何安装高度。

此时，如输送液体温度及当地大气压强与标准条件（20℃清水，$p=101.325\text{kPa}$）不同时，还需对 $[H_s]$ 进行修正。

（2）对非样本规定条件下的流体参数的换算。

泵或风机样本所提供的（Q、H）是在规定的条件下得出的，当所输送的流体温度或密度以及当地大气压强与规定条件不同时，应进行参数转换。

一般风机的标准条件是大气压强为 101.325kPa，空气温度为 20℃，相对湿度为 50%；锅炉引风机的标准条件是大气压强为 101.325kPa，空气温度为 200℃，相应的密度为 76.02g/m³。

（3）必要时还需进行初投资与运行费的综合经济及技术比较。

【例 9-3】　某地大气压为 98.07kPa，输送温度为 70℃的空气，风量为 5900m³/h，管道阻力为 2000Pa，试选用风机、应配用的电机及其他配件。

解：

因为用途和使用条件无特殊要求，因而可选用新型节能型 4-68 型离心式通风机。根据工况要求的风量和风压，考虑增加 10% 的附加预见量作为选用时的依据，即

$$Q = 1.1 \times 5900 = 6490 \text{m}^3/\text{h}$$

$$p = 1.1 \times 2000 = 2200 \text{Pa}$$

由于使用地点大气压及输送气体温度与样本数据采用的标准不同，应予换算，即

$$p_0 = p \times \frac{101.325}{98.07} \times \frac{273+70}{273+20} = 2200 \times 1.033 \times \frac{343}{293} = 2660 \text{Pa}$$

$$Q_0 = Q = 6490 \text{m}^3/\text{h}$$

根据 p 和 Q 值，查表 9-4，在 4-68 型离心式通风机的性能表中，选用一台 4-68No.4.5A 型风机，该机转速 $n = 2900 \text{r/min}$，性能序号 2，工况点参数 $p = 2680 \text{Pa}$，$Q = 6573 \text{m}^3/\text{h}$，内效率 87%，配用电机功率 7.5kW，型号为 $Y132S_2\text{-}2$。

小　结

本章首先介绍了管路特性曲线及泵与风机工作点的确定，对泵与风机运行工况的稳定性进行了分析，然后介绍了泵与风机串联运行和并联运行，并简单概述了工况调节的方法，最后对泵与风机的选用原则、选用方法和选用中的注意事项进行了介绍。要求熟悉管路特性曲线的特点，掌握泵与风机工作点的确定以及工况调节的方法，理解并联运行及串联运行的工况分析，并重点掌握泵与风机选用中的选择方法、步骤以及注意事项。

思考题与习题

9-1　什么是泵与风机的工作点？它与设计点有何区别？

9-2　改变管路性能曲线的调节方法有哪些？

9-3　改变泵或风机性能曲线的调节方法有哪些？

9-4　泵或风机联合运行可分为哪几种形式？联合运行的目的是什么？如何根据工程实际工况选择联合运行的形式？

9-5　某泵叶轮外径为 268mm，流量为 72m³/h，扬程 $H = 22$m，若叶轮切削成 250mm 时，转速不变，请计算切削后的参数值。

9-6　某送风系统输送 70℃ 的空气，风量为 11 000m³/h。要求风压为 1830Pa，当地大气压强为 96kPa，试选择风机。

第十章　其他常用泵与风机

第一节　轴流式泵与风机

轴流式泵与风机是一种比转数较高的叶片式流体机械，它们的突出特点是流量大而扬程较低，在工程上也是一种应用较广的流体输送机械。

一、轴流式泵与风机的基本构造

（一）轴流式泵的构造

轴流式泵也是一种叶片泵，其形状是一个圆柱体。按泵轴安装方式分立式、卧式及斜式三种。应用较多的是立式，其特点是启动方便，占地面积小。图 10-1 所示为立式轴流泵工作示意。其主要组成部件有吸入管（喇叭管）、叶轮、导叶、压水管、轴、轴承及填料函等。

1. 吸入管

吸入管也称喇叭管，做成喇叭形，是立式轴流泵的吸水室，用铸铁制作。进口外呈圆弧形，直径约为叶轮直径的 1.5 倍。大型轴流泵的吸水管做成流道形。

2. 叶轮

一般用铸铁制造，大型泵则用铸钢制造。叶轮由叶片、轮毂及导水锥组成。叶片数一般为 2～6 片，呈扭曲形装在轮毂上，并按其可调性分成固定式、半调节式和全调节式三种。

半调节式叶片用螺栓紧在轮毂上，轮毂上刻有相应安装角度位置线，可按不同需要调节其安装角。调节时一般应停机拆卸叶轮后，将螺母松开转动叶片并对准轮毂上的角度线，再安装好叶轮，一般用于中小型轴流泵。

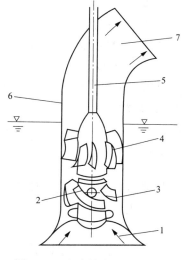

图 10-1　立式轴流泵工作示意

1—吸入管；2—叶片；3—叶轮；4—导叶；5—轴；6—机壳；7—压水管

全调节式叶片可不停机或只停机而不必拆卸叶轮能改变叶片安装角度，其调节方法是由机械或液压调节机构进行，结构复杂，适于大型轴流泵。

3. 导叶

导叶在叶轮上面，固定在导叶管中，其作用是消除液流的旋转，并将液流的部分动能转为压力能。一般设有 6～12 片导叶。

4. 轴和轴承

轴用优质碳素钢制成，中小型泵为实心，而大型泵因设叶片调节机构而制作成空心。

轴承分为导轴承和推力轴承两种。导轴承起径向定位作用，防止摆动；推力轴承承受轴向推力，并将其推力传到基础上去。

5. 填料函

填料函的构造与离心泵的相似，设在出水管处。

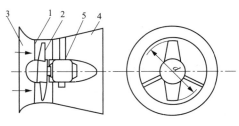

图 10-2　轴流式风机的基本构造
1—圆形风箱；2—叶片及轮毂；3—钟罩形吸入口；
4—扩压管；5—电动机及轮毂

（二）轴流式风机的构造

图 10-2 所示为轴流式风机的基本构造，它主要由叶轮、机壳及集风器等部件组成。

1. 叶轮

叶轮由叶片及轮毂组成。叶片由薄钢板制作，与轮毂采用焊接或铆接，叶片从根部到叶梢做成扭曲形，并与轮毂成一定角度，即安装角。大型风机叶片安装角是可调的，且常在进风口设导流片，出风口设整流叶片，以改善其气流运动性能，提高效率。

2. 机壳

机壳由风筒及支架组成，采用钢板及型钢制作。风筒为直圆筒形，与叶轮间有一定间隙。

3. 集风器

集风器由钢板制成，形状常为圆弧流线型，以减少吸入口处的气流能量损失。

二、轴流式泵与风机的工作原理

1. 轴流泵的工作原理

轴流泵的工作原理与机翼具有相似的断面形状，在水中高速旋转时，水流相对于叶片产生急速的绕流，翼型叶片上下表面流体产生流速差，相应地形成流体对叶片的一个由下而上的作用力，而叶片也对流体产生一个反作用力。在此反作用力的作用下，水沿泵轴方向由进口流向出口，完成输送介质工作。

2. 轴流风机工作原理

轴流风机工作原理与轴流泵一样，是受轴向推力作用来完成对气体输送的。其叶片上侧流速小而压力大，将气体向前送走，而叶片下侧压力差即为风机风压，也是风机产生的轴向推力。

三、轴流式泵与风机性能曲线的特点

和离心式泵与风机一样，轴流式泵与风机的性能曲线也是指在一定转速下，流量 Q 与扬程 H（或压头 p）、功率 P 及效率 η 等性能参数之间的内在关系。性能曲线也是根据实测获得的。

图 10-3 所示为轴流式泵与风机性能曲线示例，从图中可以看出，轴流式泵与风机的性能有如下特点：

（1）Q-H 曲线呈陡降型，曲线上有拐点。扬程随流量的减小而剧烈增大，当流量 $Q=0$ 时，其空转扬程达最大值。这是因为当流量比较小时，在叶片的进出口处产生二次回流现象，部分从叶轮中流出的流体又重新回到叶轮中被二次加压，使压头增大。同时，由于二次回流的反向冲击造成的水力损失，致使机器效率急剧下降。因此，轴流式泵或风机在运行过程中适宜在较大的流量下工作。

（2）Q-P 曲线也呈陡降曲线。机器所需的轴功率随流量的减少而迅速增加。当流量 $Q=0$ 时，功率 P 达到最大值。此值要比最高效率工况时所需的功率大 1.2~1.4 倍。因此，与离心式泵与风机相反，轴流式泵或风机应当在管路畅通下开动。尽管如此，当启动与停机时，总是会经过最低流量的，所以轴流泵或风机所配用的电机要有足够的余量。

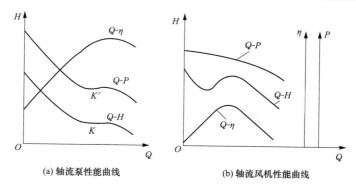

(a) 轴流泵性能曲线　　　　　　(b) 轴流风机性能曲线

图 10-3　轴流式泵与风机性能曲线

（3）Q-η 曲线呈驼峰形。这表明轴流式泵或风机的高效率工作范围很窄。一般都不设置调节阀门来调节流量，而采用调节叶片安装角度或改变机器转速的方法来调节流量。

四、轴流式泵与风机的选用

轴流式泵与风机的选用方法与离心式泵与风机的选择类同，具体步骤归纳如下：

（1）了解工况要求及所输介质种类等情况。如烟气排除应选高温排烟风机，表 10-1 为 HTF-Ⅱ 型消防高温排烟风性能参数。

表 10-1　　　　　　　　　　　HTF-Ⅱ 型消防高温排烟风机性能参数

型号	叶轮直径 ϕ(mm)	风量 Q (m³/h)	全压 Δp (Pa)	转速 n (r/min)	装机容量 P(kW)	实耗功率 (kW)	A 声级 LA(dB)	质量 （kg）
5	500	9824	510	2900	3/2.5	2.5/0.3	≤80	115
		8861	610					
		6817	752					
		4912	127	1450			≤75	
		4413	153					
		3410	188					
6	600	16090	510	2900	5.5/4.5	4.7/0.6	≤86	115
		15102	610					
		13197	760					
		8045	127	1450			≤75	
		7551	153					
		6599	190					
7	700	24380	610	1450	8/6.5	7/2	≤88	218
		22439	655					
		18908	728					
		16141	267	960			≤80	
		14865	287					
		12518	319					

（2）按最不利工况的要求确定 Q_{max} 和 H_{max}，考虑 10%～15% 的附加值后作为泵或风机的选用依据。

（3）按用途定泵与风机类型，查阅有关产品样本或手册，依据流量和扬程（全压）要求，选择大小型号合适的泵与风机，并使工作点在高效区范围内。

（4）在选用风机时，还应按管路布置确定气流方向和风口位置。

气流方向用"入"和"出"表示正对风口气流顺向流入和迎面流出。

风口位置分为进风口和出风口，按出入角度表示，如图 10-4 所示。若无进风口和出风口位置，则可不表示。

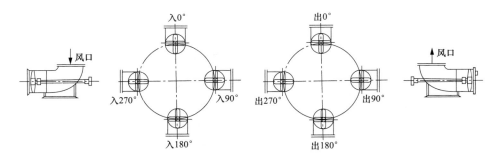

图 10-4　进出风口的位置

第二节　真空泵与射流泵

一、真空泵

真空式气力输送系统中，要利用真空泵在管路中保持一定的真空度。在抽吸式吸入管段的大型装置中，启动时也常用真空泵抽气充水。常用的真空泵是水环式真空泵，水环式真空泵实际上是一种压气机，它抽取容器中的气体将其加压到高于大气压，从而能够克服排气阻力将气体排入大气。

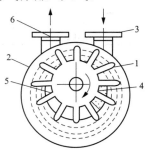

图 10-5　水环式真空泵的构造
1—叶轮；2—泵壳；3—进气管；
4—进气空间；5—排气空间；
6—排气管

水环式真空泵的构造如图 10-5 所示，它是由泵壳、叶轮、进气口及排气口等组成。其工作原理：叶轮偏心地安装在泵壳内，启动前泵内充一定量的水，叶轮旋转后，由于离心力的作用使水在泵腔内形成旋转水环。由于边界条件的约束，在图示方向旋转时，上部水环表面与轮毂相切，下部水环内表面脱离轮毂，在叶片间形成空腔。右半部沿旋转方向片间空腔逐渐增大，从吸入口吸入的空气压力逐渐降低；左半部片间空腔逐渐变小，空腔内的气体受到压缩，压力逐渐增大，最后从排气口排出。

真空泵在工作时应不断补充水，用来保证形成水环和带走摩擦引起的热量。

我国生产的水环式真空泵有 SZ 型和 SZB 型，前者最高压强可达 205.933kPa（作为压气机时用）。表 10-2 为 SZ 型水环式真空泵的性能。

表 10-2　　　　　　　　　　　　**SZ 型水环式真空泵的性能**

型号	抽气量（m³/min）					极限压强（mmHg）	电机功率（kW）	转速（r/min）	耗水量（L/min）
	760	465	304	152	76				
	压强（mmHg）								
SZ-1	1.5	0.64	0.40	0.12		122	4	1450	10
SZ-2	3.4	1.65	0.95	0.25		98	10	1450	30
SZ-3	11.5	6.8	3.6	1.5	0.5	60	30	975	70
SZ-4	27.0	17.6	11	3	1	53	70	730	100

二、射流泵

图 10-6 所示为射流泵构造，其主要组成部件有喷嘴、吸入室、混合室及扩散管等。

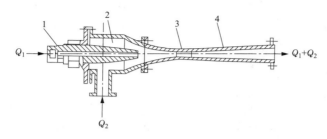

图 10-6　射流泵构造
1—喷嘴；2—吸入室；3—混合室；4—扩散管

射流泵是利用高速流体的能量来输送流体的机械。图 10-7 所示为射流泵装置示意。其工作原理：有压流体 Q_1、H_1 经喷嘴高速喷出后，使吸入室内形成真空，再使另一股流体 Q_2 沿吸入管进入吸入室，Q_1、Q_2 两股流体在混合室中进行能量传递和交换，使其流速和压力均衡一致后，经扩散管使部分动能转化为压力能后，再经压出管导出，该流体流量为 Q_1+Q_2，扬程为 H_2。

射流泵的性能可用流量比 q、压头比 h、断面比 m 和效率 η 表示为

$$q=\frac{Q_2}{Q_1}, \quad h=\frac{H_2}{H_1-H_2}, \quad m=\frac{A_1}{A_2}$$

$$\eta=\frac{Q_2 H_2}{Q_1(H_1-H_2)}=qh \qquad (10\text{-}1)$$

式中：Q_1 为工作流体流量，m^3/s；Q_2 为被抽升流体流量，m^3/s；H_1 为喷嘴前流体的能量，m；H_2 为射流泵扬程，m；A_1、A_2 为喷嘴和混合管断面面积，m^2。

式（10-1）表明：当被抽升流体 Q_2 一定时，若 Q_1 减小，则 q 变大，而 h 变小，则 H_2 降低，此时，若使泵效率较高，则应使 m 较小，即混合管断面应加大，形成低扬程射流泵；反之，Q_2 一定，若 Q_1 加大，q 变

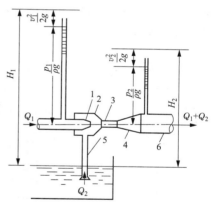

图 10-7　射流泵装置示意
1—喷嘴；2—吸入室；3—混合室；
4—扩散管；5—吸入管；6—压水管

小，h 值变大，则 H_2 加大，此时 m 值较大，则混合管 A_2 要变小，形成高扬程射流泵。

由上可知，射流泵具有以下特点：因泵内无转动部件，从而其构造简单，加工容易，操作维修方便；体积小，质量小，利于组合使用；工作可靠，密封性好，并可抽升污泥和有毒、易燃介质等；其动力来源于有压流体，且效率偏低。

第三节　管　道　泵

管道泵也称为管道离心泵，其结构如图 10-8 所示，该泵的基本结构与离心泵十分相似，主要由泵体、泵盖、叶轮、轴及泵体密封环等零件组成，泵与电动机共轴、叶轮直接装在电机轴上。

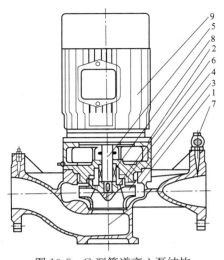

图 10-8　G 型管道离心泵结构

1—泵体；2—泵盖；3—叶轮；

4—泵体密封环；5—轴；6—叶轮螺母；

7—空气阀；8—机械密封；9—电动机

管道泵是一种比较适合于管道增压及冷热水循环等系统应用的水泵，与离心泵相比具有以下特点：

（1）泵的体积小，质量小，进、出水口均在同一直线上，可以直接安装在回水主管上，不需设置混凝土基础，安装方便，占地极少。

（2）采用机械密封，密封性能好，泵运行时不会漏水。

（3）泵的效率高、耗电少、噪声低。

常用的管道泵有 G 型及 BG 型两种。

G 型管道泵是立式单级单吸离心泵，适宜于输送温度低于 80℃、无腐蚀性的清水或物理及化学性质类似清水的液体，该泵可以直接安装在水平或竖直管道中，也可以多台串联或并联运行，宜作循环水或高楼供水用泵。G32 型管道泵的性能曲线如图 10-9 所示。

BG 型立式单级单吸离心管道泵适用于输送温度不超过 80℃ 的清水、石油产品及其他无腐蚀性液体，可供城市给水及供热管道中途加压之用。流量范围为 2.5～25m³/h；扬程 4～20m。BG 型管道泵性能曲线如图 10-10 所示。

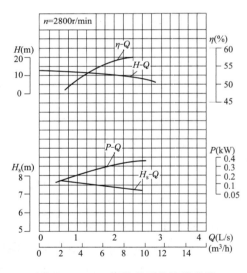

图 10-9　G32 型管道泵的性能曲线

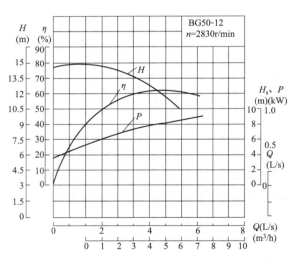

图 10-10　BG 型管道泵性能曲线

第四节　贯　流　式　风　机

图 10-11 所示为贯流式风机，这是一种新型风机，其风量小、噪声低、压头适当，安装时与建筑物配合方便，其主要特点如下：

（1）叶轮为多叶式前向型，两端面封死；

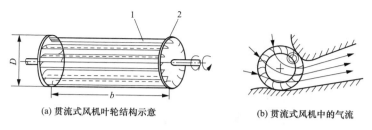

(a) 贯流式风机叶轮结构示意　　　　(b) 贯流式风机中的气流

图 10-11　贯流式风机示意
1—叶片；2—封闭端面

（2）叶轮宽度无限制，宽度越大，流量也越大；

（3）机壳部分敞开，气流直接径向进入风机，气流横穿叶片两次；

（4）风机的 Q-H 曲线呈驼峰形，效率较低，一般为 30%～50%；

（5）进出风口均为矩形，与建筑物配合方便。

第五节　往　复　泵

往复泵是一种容积式泵，其工作示意如图 10-12 所示。往复泵由活塞、泵缸、吸水阀、压水阀、吸水管及压水管等组成。因活塞的往复运动而称往复泵，当活塞向右运动时，泵缸容积增大，压力降低，缸内外压差使吸水阀打开，水进入缸内，而压水阀关闭，完成吸水；反之，活塞向左运动时，缸内水压升高，压水阀打开，将高压水排出。往复一次，完成一次吸水和排水，称为单作用往复泵。若活塞两侧均设有吸水阀和压水阀，则往复一次形成两次吸水和压水，称为双作用往复泵。

往复泵具有以下特点：

（1）小流量、高扬程。因流量受到缸体大口的限制，且往复次数较低，使其流量较小；而其扬程取决于泵本身强度、原动功率及管路装置，从理论上分析，其扬程可无限高。

（2）流量与扬程无关。流量大小取决于缸径、

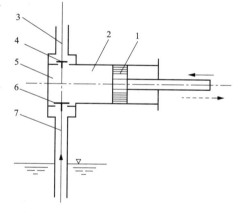

图 10-12　往复泵工作示意
1—活塞；2—泵缸；3—压水管；4—压水阀；
5—工作室；6—吸水阀；7—吸水管

往复转数和活塞行程，而与扬程无关，故应采用开闸启动，且不可用闸阀调节流量，为防超压而使泵受损，应设有流量调节和安全保护装置。

（3）有自吸能力。其工作是由活塞运动改变缸内容积和压力来吸入和压出液体，运行时吸入口和压出口互不相通，故不必像离心泵一样充水，而是有自吸能力。

（4）出水不均匀。因吸水和压水过程是间隔进行的，故出水量不均匀，且易产生冲击和振动。

与离心泵相比，往复泵外形尺寸和质量大、价格高、构造复杂、易损件多且操作管理不便，故应用不广，一般适于高扬程、小流量、输送特殊液体、要求自吸能力高的场合及要求

准确计量的工程中。

小　　结

　　本章介绍了轴流式泵与风机的基本构造、工作原理、性能曲线的特点及选用方法，同时还介绍了一些常用的水泵和风机，如真空泵、管道泵、往复泵及贯流式风机的结构、工作原理、性能特点及适用场合。要求掌握轴流式泵与风机的工作原理和性能曲线的特点；理解轴流式泵与风机的基本构造，往复泵的构造、工作原理及性能特点；熟悉贯流式风机的特点；了解管道泵及真空泵的构造及特点。

思考题与习题

10-1　简述轴流式泵与风机的基本构造与工作原理。

10-2　简述水环式真空泵的构造和工作原理。

10-3　管道泵与离心泵相比有哪些特点？

10-4　贯流式风机的主要特点有哪些？

10-5　往复泵与离心泵相比有哪些特点？

参 考 文 献

[1] 白桦. 流体力学泵与风机. 2 版. 北京：中国建筑工业出版社，2016.

[2] 蔡增基. 流体力学学习辅导与习题精解. 北京：中国建筑工业出版社，2007.

[3] 马庆元，郭继平. 流体力学及输配管网学习指导. 北京：冶金工业出版社，2012.

[4] 蔡增基，龙天渝. 流体力学泵与风机. 5 版. 北京：中国建筑工业出版社，2009.

[5] 王宇清. 流体力学泵与风机. 北京：中国建筑工业出版社，2001.

[6] 邢国清. 流体力学泵与风机. 4 版. 北京：中国电力出版社，2015.

[7] 白扩社. 流体力学·泵与风机. 北京：机械工业出版社，2014.

[8] 施永生，徐向荣. 流体力学. 北京：科学出版社，2005.

[9] 张兆顺，崔桂香. 流体力学. 3 版. 北京：清华大学出版社，2015.

[10] 约翰芬纳莫尔，弗朗兹尼. 流体力学及其工程应用. 钱翼稷，周玉文等，译. 北京：机械工业出版社，2009.